高等学校计算机应用规划教材

计算机应用技术教程

时巍　李爽　主　编
刘晓峰　郭崇　周静　副主编

清华大学出版社
北　京

内 容 简 介

本书介绍计算机的基本知识及常用办公软件的使用。全书按 7 个项目进行编写,主要内容包括:计算机的基础知识,Windows 7 系统安装与设置,Word 2013 文档制作与处理,Excel 2013 电子表格应用,PowerPoint 2013 演示文稿制作,Photoshop CC 图像处理软件的应用以及 Internet 与病毒防御的知识。

本书以"项目引导,任务驱动"的形式进行编写,以贴近大学生生活、工作、学习的实例为主导,具有较强的实用性。本书适合作为高等院校计算机公共基础课程的教材,可供应用型高等院校非计算机专业使用,也可供自学计算机应用技术的读者参考。

本书配套的电子课件、实例源文件、习题答案可以到 http://www.tupwk.com.cn/downpage 网站下载,也可以扫描前言中的二维码下载。

图书在版编目(CIP)数据

计算机应用技术教程 / 时巍,李爽 主编. —北京:清华大学出版社,2019(2022.8 重印)
(高等学校计算机应用规划教材)
ISBN 978-7-302-53192-0

Ⅰ. ①计… Ⅱ. ①时… ②李… Ⅲ. ①电子计算机—高等学校—教材 Ⅳ. ①TP3

中国版本图书馆 CIP 数据核字(2019)第 122249 号

责任编辑:胡辰浩
装帧设计:孔祥峰
责任校对:成凤进
责任印制:曹婉颖

出版发行:清华大学出版社
       网　　　址:http://www.tup.com.cn,http://www.wqbook.com
       地　　　址:北京清华大学学研大厦 A 座　　　　　邮　　编:100084
       社 总 机:010-83470000　　　　　　　　　　　邮　　购:010-62786544
       投稿与读者服务:010-62776969,c-service@tup.tsinghua.edu.cn
       质 量 反 馈:010-62772015,zhiliang@tup.tsinghua.edu.cn
印 装 者:三河市龙大印装有限公司
经　　销:全国新华书店
开　　本:185mm×260mm　　　印　　张:19　　　字　　数:486 千字
版　　次:2019 年 7 月第 1 版　　　印　　次:2022 年 8 月第 3 次印刷
印　　数:4501~5500
定　　价:56.00 元

产品编号:084098-01

前　言

教育部、国家发展改革委、财政部联合下发的《关于引导部分地方普通本科高校向应用型转变的指导意见》指出地方高校应"确立应用型的类型定位"并以"培养应用型技术技能型人才"为职责使命。到 2022 年，一大批普通本科高等学校向应用型转变。这标志着我国高等教育"重技、重能"时代即将来临。计算机应用技能的培养是技能型人才培养的重要方面，"计算机应用技术"课程是面向非计算机专业应用型本科教育的一门计算机基础课程，是培养学生计算机应用能力的重要课程，一般在一年级开设，涉及的学生面较广，影响的范围比较大。可以说，计算机基础应用技能的掌握会给学生后续的学习、就业、工作、生活带来益处和方便。本书是为该课程编写的一本应用性较强的实用教程。

本书由多年从事大学计算机应用基础类课程一线教学、具有丰富教学经验和实践经验的教师编写。在编写过程中，教师们结合不同专业学生的特点将长期积累的教学经验和体会融入知识系统的各个部分。本书以"项目引导，任务驱动"的形式进行编写，每个任务按照"任务目标""任务描述""知识要点""任务实施"和"举一反三"等环节展开，适合在教学中开展项目教学方法，特别是"举一反三"环节，适合将课堂交给学生进行"翻转课堂"。本书的内容包括计算机的基础知识，Windows 7 系统安装与设置，Word 2013 文档制作与处理，Excel 2013 电子表格应用，PowerPoint 2013 演示文稿制作，Photoshop CC 图像处理软件的应用以及 Internet 与病毒防御的知识。每一部分都与学生从入学到就业的计算机应用需要相结合。书中提供的大量习题与操作练习可以满足学生的学习成果检验及计算机相关的考试复习需要。

本书由沈阳大学的时巍和鲁迅美术学院的李爽担任主编。刘晓峰、郭崇、周静担任副主编。项目 1 由刘晓峰编写，项目 2 由郭崇编写，项目 3 和项目 4 由时巍编写，项目 5 和项目 6 由李爽编写，项目 7 由周静编写，鲁迅美术学院的王理璞老师也参与了部分编写工作。

由于时间较紧，书中难免有错误与不足之处，恳请专家和广大读者批评指正。我们在编写本书的过程中参考了相关文献，在此向这些文献的作者深表感谢。我们的电话是 010-62796045，信箱是 huchenhao@263.net。

本书配套的电子课件、实例源文件、习题答案可以到 http://www.tupwk.com.cn/downpage 网站下载，也可以扫描右侧的二维码下载。

作　者
2019 年 2 月

目　　录

项目 1
计算机的基础知识

计算机的产生和发展是 20 世纪科学技术最伟大的成就之一。自世界上第一台电子计算机 ENIAC(Electronic Numerical Integrator and Calculator)于 1946 年问世以来，伴随着计算机网络技术的飞速发展和微型计算机的普及，计算机及其应用已经迅速地融入社会的各个领域。从 20 世纪 90 年代起，随着 Internet 的出现，人类开始进入信息化时代。在这样的信息化时代，计算机应用技术的掌握已经成为人才素质和知识结构中不可或缺的组成部分。

本项目包含计算机概述、计算机系统的组成和计算机软件与语言的发展三个任务，从计算机的产生、发展、分类、应用和多媒体技术等相关知识入手，详细介绍计算机的基本工作原理、计算机系统的组成以及决定计算机性能的指标，介绍计算机软件和计算机语言的分类、发展。通过这三个任务，使学生快速掌握计算机应用的相关基础知识。

教学目标

- 了解计算机的产生与发展。
- 了解计算机的分类及其应用领域。
- 掌握多媒体的相关概念。
- 掌握计算机系统的组成。
- 了解计算机的基本工作原理。
- 了解微型计算机的硬件配置。

项目实施

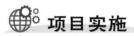

任务 1　计算机概述

任务目标

- 了解计算机的产生与发展。

- 了解计算机的特点。
- 了解计算机的分类及其应用领域。
- 掌握计算机的信息存储与表示。
- 掌握常用媒体文件的格式特点。

任务描述

目前,计算机的应用已经深入我们的学习、工作和生活中。大一新生小赵同学的父母为了方便他在校的学习,帮他购置了一台笔记本电脑。欣喜之余,在使用笔记本电脑的过程中也遇到了各种各样自己无法解决的问题。小赵同学对计算机的应用并不十分了解,计算机是谁?什么时候、怎么发明的?现在的计算机都有哪些应用领域?未来的计算机什么样?计算机中的信息是如何存放的呢?为了更好地学习计算机的使用,就让我们和小赵同学一起走进计算机的世界吧。

知识要点

(1) 计算机的发展。包括第一台计算机的产生过程及理论基础,计算机的发展从第一台计算机诞生到现在所经历的四个阶段。

(2) 计算机的特点。计算机具有运行速度快、计算精度高、存储容量大、判断能力强、工作自动化等特点。

(3) 计算机的分类。可以从计算机所处理信息的表示方式、计算机的用途、计算机的运算速度和应用环境等方面划分。

(4) 计算机的应用。虽然计算机的产生之初是用来进行科学计算的,但目前计算机的应用领域十分广泛,包括数据处理、实时控制、计算机辅助系统、网络通信、人工智能、电子商务、文化教育、休闲娱乐等生产、生活的各个方面。

(5) 信息的存储。计算机是如何存储和记录数据的,计算机采用二进制的原由,二进制和十进制的换算关系。

(6) 多媒体技术。多媒体和多媒体技术的相关概念,多媒体的特点,图形图像、音频、视频等常见的媒体文件格式及应用。

任务实施

步骤一:了解计算机的历史

1. 第一台通用计算机的诞生与发展

在计算机出现之前,主要通过算盘、计算尺、手摇或电动的机械计算器和微分仪等计算工具人工处理数值问题。在第二次世界大战中,美国作为同盟国,参加了战争。美国陆军要求宾夕法尼亚大学莫尔学院电工系和阿伯丁弹道实验室,每天共同提供6张火力表。每张表都要计算出几百条弹道,这项工作既繁重又紧迫。用台式计算器计算一道飞行时间为60秒的弹道,最快也得20小时,若用大型微积分分析仪进行计算,也需要15分钟。阿伯丁实验室当时聘用了200多名计算能手,即使这样,一张火力表往往也要计算两三个月,根本无法满足作战实际要求。

为了摆脱这种局面，迅速研究出一种能够提高计算速度的工具是当务之急。当时主持这项研制工作的总工程师是年仅 23 岁的埃克特，他与多位科学家合作，尤其是得益于当时任弹道研究所顾问，正在参加美国第一颗原子弹研制工作的数学家冯·诺依曼(如图 1-1 所示)，根据他提出的存储程序控制原理，对他们原有的设计进行了原理及结构上的再次更新，经过两年多的努力，终于在 1946 年初，成功地制造出了第一台电子计算机，并命名为"电子数字积分计算机"，简称 ENIAC。如图 1-2 所示，这台神奇的电子计算机犹如一个庞然大物，里面装有 18000 个电子管，占地面积 170 平方米，重 30 吨。每秒可做 5000 次加法或 400 次乘法运算，它比过去用台式计算器计算弹道要快 2000 多倍。当 ENIAC 公开展出时，一条炮弹的轨道用 20 秒就能算出来，比炮弹本身的飞行速度还快。虽然它是按照十进制，而不是按照二进制来操作的，但人类在计算领域从此进入了一个完全崭新的时代。

图 1-1　冯·诺依曼　　　　　　图 1-2　世界第一台计算机 ENIAC

2. 冯·诺依曼原理

20 世纪 30 年代中期，美籍匈牙利数学家冯·诺依曼大胆地提出，抛弃十进制，采用二进制作为数字计算机的数制基础。同时，他还提出预先编制计算程序，然后由计算机按照人们事前制定的计算顺序来执行数值计算工作。冯·诺依曼和同事们设计出了一个完整的现代计算机雏形，并确定了存储程序计算机的五大组成部分(输入设备、输出设备、运算器、控制器和存储器)和基本工作方法，如图 1-3 所示。冯·诺依曼的这一设计思想被称作存储程序控制原理，是计算机发展史上的里程碑，标志着计算机时代的真正开始。由于他对现代计算机技术的突出贡献，因此冯·诺依曼又被称为"计算机之父"，存储程序控制原理又称冯·诺依曼原理。

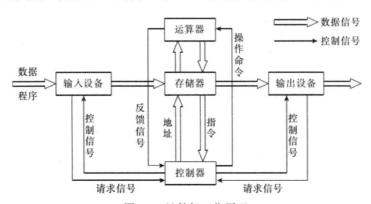

图 1-3　计算机工作原理

小赵同学的笔记——计算机的发明

- 第一台通用计算机：1946 年计算机诞生，命名为 ENIAC。
- 存储程序控制原理。
  - 计算机硬件设备由存储器、运算器、控制器、输入设备和输出设备 5 部分组成。
  - 存储程序思想——把计算过程描述为由许多命令按一定顺序组成的程序，然后把程序和数据一起输入计算机，计算机对已存入的程序和数据处理后，输出结果。
  - 数字计算机的数制采用二进制，计算机应该按照程序顺序执行。

3. 计算机的发展过程

通常以构成计算机的电子元件来划分电子计算机的发展阶段，从第一台计算机诞生到今天，在 70 多年时间里计算机得到了飞速发展，而且每隔数年，在逻辑元件、软件及应用方面就会有一次重大的发展，计算机的发展至今已经历了四代，目前正在向第五代过渡。

第一代，电子管计算机(1946—1957 年)。这一时期的电子计算机使用的主要元件是电子管。主存储元件为水银延迟线，数字表示为定点数据，语言仅为机器语言或汇编语言，速度不快，使用不便。例如 ENIAC、EDVAC 等。

第二代，晶体管计算机(1958—1964 年)。这一时期的电子计算机的主要元件逐步由电子管改为晶体管，使用磁芯存储器作为主存储器，外设采用磁盘、磁带等辅助存储器，大大增加了存储器容量，运算速度提高到每秒几十万次。程序设计使用 FORTRAN、COBOL、BASIC 等高级语言。与第一代计算机相比，其体积小、耗电少、性能高，除数值计算外，还能用于数据处理、事务管理及工业控制等方面。

第三代，集成电路计算机(1965—1970 年)。这一时期的电子计算机以中、小规模集成电路为主要元件，内存除了使用磁芯存储器之外，还出现了半导体存储器，这种存储器不仅性能好，而且存储容量更高。因此，计算机的体积进一步缩小，速度、容量及可靠性等主要性能指标大为改善，速度可达每秒几万次到几百万次。这个时期的计算机设计思维是标准化、模块化、系统化，使计算机的兼容性好、成本更低、应用更广。

第四代，大规模及超大规模集成电路计算机(1971 年至今)。这个时期的电子计算机以大规模及超大规模集成电路(VLSI)作为计算机的主要元件，采用集成度更高的半导体芯片作为存储器，运算速度可达每秒几百万次至几万亿次。计算机的操作系统也得到了不断发展和完善，数据库管理系统得到了进一步提高，软件产业高度发达，各实用软件层出不穷，极大地方便了用户，加之微型机所具有的体积小、耗电少、稳定性好、性价比高等显著优点，使它很快渗透到社会生活的各个方面。第四代计算机开始进入尖端科学、军事工程、空间技术、大型事务处理等领域。

小赵同学的笔记——计算机的发展

阶段	年代	主要元器件	
第一代	1946—1957 年	电子管	
第二代	1958—1964 年	晶体管	
第三代	1965—1970 年	集成电路	
第四代	1971 年至今	大规模及超大规模集成电路	

4. 计算机的发展趋势

今后计算机的发展方向大致有以下几种。

(1) 微型化。随着微电子技术的发展，微型计算机的集成程度将会得到进一步提高，除了把运算器和控制器集成到一个芯片之外，还要逐步发展对存储器、通道处理器、高速运算部件的集成，使其成为质量可靠、性能优良、价格低廉、体积小巧的产品。目前市场上已经出现的笔记本型、掌上型等个人便携式计算机，其快捷的使用方式、低廉的价格使其受到人们的欢迎。微型计算机从实验室走进了人们的生活，成为人类社会的必需工具。

(2) 巨型化。巨型化是指未来计算机相比现代计算机具有更高的速度、更大的容量、更强的计算能力，而不是指体积庞大。它主要用于发展高、精、尖的科学技术事业，如国防安全研究、航空航天飞行器的设计、地球未来的气候变化等。这是衡量尖端技术发展水平的一项重要技术指标。

(3) 网络化。网络是计算机技术和现代通信技术相结合的产物，它把分布在不同地理位置的多个计算机连接起来并进行信息处理。例如，覆盖大多数国家和地区的全球网络 Internet 就是全球最大的网络。网络化一方面可以使用户互通信息、实现资源共享，另一方面形成了功能更强大的分布式计算机网络。

(4) 智能化。智能化是新一代计算机追求的目标，即让计算机来模仿人类的高级思维活动，像人类一样具有"阅读""分析""联想"和"实践"等能力，甚至可以具有"情感"。智能计算机突破了传统的冯·诺依曼式机器模式，智能化的人机接口使人们不必编写程序，可以直接发出指令，经过计算机加以分析和判断，并自动执行。目前计算机正朝着智能化的方向发展，并越来越广泛地应用于人们的工作、学习和生活中，这将引起社会和生活方式的巨大变化。

步骤二：了解计算机的特点和分类

1. 计算机的特点

1) 运行速度快

采用高速微电子器件与合理系统结构制作的计算机可以极高速地工作。不同型号档次的计算机的执行速度每秒可达几十万次至几千万次，巨型机甚至可达几亿次至几千亿次。

2) 计算精度高

采用二进制表示数据的计算机，易于扩充机器字长，其精度取决于机器的字长位数，字长越长，精度越高。不同型号计算机的字长为 8 位、16 位、32 位或 64 位，为了获取更高的精度，还可进行双倍字长或多倍字长的运算，甚至达到数百位二进制。

3) 存储容量大

采用半导体存储元件作为主存储器的计算机，不同型号档次的主存容量可达几百 KB 至几百 MB，辅存容量可达几百 MB 至几十 GB，而且吞吐率很高。

4) 判断能力强

计算机除具有高速度、高精度的计算能力外，还具有强大的逻辑推理和判断能力及记忆能力，人工智能机器的出现将会进一步提高其推理、判断、思维、学习、记忆与积累的能力，从而可以代替人脑更多的功能。

5) 工作自动化

电子计算机最突出的特点就是可以在启动后不需要人工干预而自动、连续、高速、协调地完成各种运算和操作处理(这是由于采用了冯·诺依曼思想的"存储程序控制原理"而获得的)。而且通用性很强，是现代化、自动化和信息化的基本技术手段。

2. 计算机的分类

计算机的分类方法有很多种，可以从计算机所处理信息的表示方式、计算机的功能、计算机的运算速度和应用环境等方面划分。

1) 按照计算机所处理信息的表示方式来划分

可分为数字计算机、模拟计算机以及数模混合计算机三类。

(1) 数字计算机：计算机所处理的信息都是以二进制数字表示的离散量，具有运算速度快、准确、存储量大等优点，适用于科学计算、信息处理、过程控制和人工智能等，具有广泛的用途。我们通常所说的计算机就是指数字计算机。

(2) 模拟计算机：计算机所处理的信息是连续的模拟量。模拟计算机解题速度极快，但精度不高，而且信息不易存储，它一般用来解微分方程或用于自动控制系统设计中的参数模拟。

(3) 数模混合计算机：数模混合计算机集数字和模拟两种计算机的优点于一身。它既能处理数字信号，又能处理模拟信号。

2) 按照计算机的功能来划分

计算机已经在各行各业中得到了广泛应用，不同行业使用计算机的目的不尽相同，按照计算机的功能来划分，可以分为通用计算机和专用计算机两大类。

(1) 通用计算机：通用计算机广泛应用于一般科学运算、学术研究、工程设计和数据处理等方面，具有功能多、配置全、用途广、通用性强等特点，市场上销售的计算机多属于通用计算机。

(2) 专用计算机：专用计算机是为适应某种特殊的需要而专门设计的计算机。它的硬件和软件配置依据解决特定问题的需要而设计，通常增强了某些特定的功能，而忽略了一些次要要求，所以专用计算机能够高速、高效率地解决特定问题，具有功能单一、使用面窄的特点。

3) 按照计算机的运算速度来划分

按照由 IEEE 电气和电子工程师协会提出的运算速度分类法划分，可以将计算机划分为巨型机、大型机、小型机、工作站和微型机等。

(1) 巨型机：巨型机是指运算速度超过每秒 1 亿次的高性能计算机，是目前功能最强、运算速度最快、价格最昂贵的计算机。它主要解决诸如国防安全、能源利用、天气预报等尖端科学领域中的复杂计算问题。它的研制开发水平是衡量一个国家综合实力的重要技术指标。根据"国际超级计算机 TOP500 组织"的报告，2018 年 11 月 12 日，新一期全球超级计算机 500 强榜单在美国达拉斯发布，美国超级计算机"顶点"蝉联冠军，中国超级计算机上榜总数仍居第一，数量比上期进一步增加，占全部上榜超级计算机总量的 45%以上。中国超级计算机"神威·太湖之光(如图 1-4 所示)"和"天河二号"分别位列第三名、第四名。

图 1-4 神威·太湖之光

(2) 大型机：包括我们通常所说的大、中型计算机。这种计算机也有很高的运算速度和很大的存储容量，并允许相当多的用户同时使用。当然，在量级上大型机不及巨型机，结构上也较巨型机简单些，价格也相对巨型机便宜，因此，适用范围比巨型机更普遍，是事务处理、商业处理、信息管理、大型数据库和数据通信的主要支柱。

(3) 小型机：小型机的规模和运算速度比大型机要差，但仍能支持十几个用户同时使用，但比大型机价格低廉、操作简单、性能价格比高，适合中小企业、事业单位或某部门使用，例如，高等院校的计算机中心一般都以一台小型机作为主机，配以几十台甚至上百台终端机，以满足大量学生学习程序设计等课程的需要。当然，其运算速度和存储容量都比不上大型机。

(4) 工作站：工作站是介于微型机和小型机之间的一种计算机。工作站通常配有高性能CPU、高分辨率的大屏幕显示器和大容量的内、外存储器，具有较高的运算速度和较强的网络通信能力，有大型机或小型机的多任务和多用户功能，同时兼有微型机操作便利和人机界面友好的特点。

(5) 微型机：微型机是当今使用最普及、产量最大的一类计算机，体积小、功耗低、成本小、灵活性强，性能价格比明显优于其他类型的计算机，因而得到了广泛应用。

步骤三：了解计算机的应用领域

随着计算机的飞速发展，计算机应用已经从科学计算、数据处理、实时控制等扩展到办公自动化、生产自动化、人工智能等领域，逐渐成为人类不可缺少的重要工具。

1. 科学计算

进行科学计算是发明计算机的初衷，世界上第一台计算机就是为进行复杂的科学计算而研制的。科学计算的特点是计算量大、运算精度高、结果可靠，可以解决烦琐且复杂，甚至人工难以完成的各种科学计算问题。虽然科学计算在计算机应用中所占的比例不断下降，但在国防安全、空间技术、气象预报、能源研究等尖端科学中仍占有重要地位。

2. 数据处理

数据处理又称信息处理，是目前计算机应用的主要领域。数据处理是指用计算机对各种形式的数据进行计算、存储、加工、分析和传输的过程。数据处理不仅拥有日常事务处理的功能，它还是现代管理的基础，支持科学管理与决策，广泛地应用于企业管理、情报检索、档案管理、办公自动化等方面。

3. 实时控制

实时控制也称过程控制，是指用计算机作为控制部件对单台设备或整个生产过程进行控制。利用计算机高速运算和超强的逻辑判断功能，及时地采集数据、分析数据、制定方案，进行自动控制。实时控制在极大地提高自动控制水平、提高产品质量的同时，既降低了生产成本，又减轻了劳动强度。因此，实时控制在军事、冶金、电力、化工以及各种自动化部门均得到了广泛应用。

4. 计算机辅助系统

计算机辅助系统的应用可以提高产品设计、生产和测试过程的自动化水平、降低成本、缩短生产周期、改善工作环境、提高产品质量、获得更高的经济效益。

计算机辅助设计(CAD)，如图1-5所示，是指设计人员利用计算机进行产品和工程的设计，以提高设计工作的自动化程度，节省人力和物力。目前，此技术已经在机械设计、集成电路设计、土木建筑设计、服装设计等各个方面得到了广泛应用。

计算机辅助制造(CAM)，如图1-6所示，是指利用计算机进行生产设备的管理与控制。如利用计算机辅助制造自动完成产品的加工、包装、检测等制造过程，极大地缩短了生产周期，降低了生产成本，从而提高产品质量，并改善工作人员的工作条件。

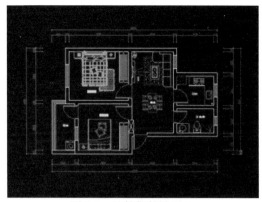

图1-5　计算机辅助设计

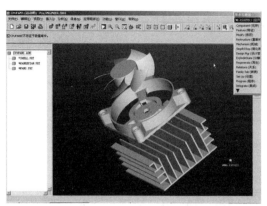

图1-6　计算机辅助制造

计算机辅助教学(CAI)，如图1-7所示，是指利用计算机帮助教师讲授和帮助学生学习的自动化系统。如利用计算机辅助教学制作的多媒体课件可以使教学内容生动、形象逼真、活跃课堂气氛，达到事半功倍的效果。

计算机辅助测试(CAT)，如图1-8所示，是指利用计算机进行繁杂而大量的产品测试工作。

图1-7　计算机辅助教学

图1-8　计算机辅助测试

5. 网络与通信

计算机技术与现代通信技术的结合构成了计算机网络，利用计算机网络进行通信是计算机应用最为广泛的领域之一。Internet已经成为覆盖全球的信息基础设施，在世界的任何地方，人们都可以彼此进行通信，如收发电子邮件、QQ聊天、拨打IP电话等。

6. 人工智能

人工智能(Artificial Intelligence, AI)是指利用计算机来模拟人类的大脑，使其具有识别语言、文字、图形和进行推理、学习以及适应环境的能力，以便让计算机自动获取知识、解决问题，它是应用系统方面的一门新的技术。

7. 电子商务

电子商务是指在 Internet 与传统信息技术系统相结合的背景下应运而生的一种网上相互关联的动态商务活动。通俗地讲，就是利用计算机和网络进行交易的商务活动。这种电子交易不仅方便快捷，而且现金的流通量也将随之减少，还避免了货币交易的风险和麻烦。它是近年来新兴的、发展最快的应用领域之一。

8．休闲娱乐

随着计算机的飞速发展和应用领域的不断扩大,它对社会的影响已经有了文化层次的含义。多媒体计算机还可用于欣赏电影、观看电视、玩游戏等。

小赵同学的笔记——计算机的应用

● 计算机应用领域

计算机在科学计算、数据处理、实时控制、计算机辅助系统、人工智能、电子商务、文化教育与休闲娱乐方面渗透到各个领域。

● 常见计算机辅助系统

· 计算机辅助设计(CAD)　· 计算机辅助制造(CAM)

· 计算机辅助教学(CAI)　· 计算机辅助测试(CAT)

步骤四：掌握信息在计算机中的存储和表示方法

1．信息和数据概述

1) 数据和信息

数据是一个广义的、相对模糊的概念,以文字、符号、数字、图形等表示出来就形成了数据。数据可分为两大类：数值数据和字符数据(也叫非数值数据),任何形式的数据,进入计算机后都必须进行二进制编码转换。很多时候信息和数据表示同一个概念,两者的区别是：数据处理之后产生的结果为信息,信息具有针对性、时效性。信息有意义,而数据没有。

2) 信息的单位

计算机中信息的存储和传送都是用二进制数来表示的,因此信息单位也是用二进制数位的多少来表示的。

(1) 位(bit)

位又叫 bit(比特),在计算机中位表示的是一个二进制数的一个数位,是计算机中信息存储的最小单位。一个位可以表示二进制中的"0"或"1"。比如,二进制数 110110110 的每个数符就是位,该二进制数一共有 9 个位。

(2) 字节(Byte)

字节是计算机中信息表示的基本存储单位,1 字节由 8 个二进制位组成,也就是 8 个位,即 1Byte=8bit,由于位太小,因此计算机中表示存储容量时都以字节为单位。KB 称为千字节,1KB 等于 1024B,即 2^{10}B,一般的文件都是以 KB 为单位的,较大的文件以 MB 为单位,1MB 等于 1024KB,即 2^{20}B。硬盘空间的大小以 GB 或 TB 为单位,1GB 等于 2^{10} MB,即 2^{30}B;1TB 等于 2^{10} GB,即 2^{40}B。

2．计算机中数的表示

计算机在处理数值型数据时需要指定数的长度、符号及小数点的表示形式。

1) 数的长度和符号

数的长度是指用一个十进制数表示一个数值所占的实际位数。例如 372 的长度为 3。

由于数值有正负之分，因此在计算机科学中通常用数的最高位(一个数符)来表示数的正负号，一般约定是以"0"表示正数，以"1"表示负数。

2) 小数点的表示

在计算机中表示数值时，小数点的位置是隐含的，即约定小数点的位置，这样有利于节省存储空间。

3. 计算机常用数制

数制也称计数制，是指用一组固定的符号和统一的规则来表示数值的方法。计算机中常用的数制有二进制、十进制、八进制及十六进制四种。

计算机内部能够直接进行处理的是二进制数，也就是说，计算机内部是以"0"和"1"两位数码的二进制作为计数系统，任何信息和数据都必须以二进制的形式在机器内部存储和处理，但二进制数码太少，表示数时有时会写很长，也容易写错，且难于记忆、不便理解(人们习惯十进制数)，所以为了弥补这些不足，在使用计算机时常用十进制、八进制或十六进制来表示数。

(1) 二进制数(B)，表示二进制数的数符是 0、1，共两个数符，例如，101111B、110B 等都是二进制数。运算规则是"逢 2 进 1"。比如，0+0=0，1+0=0+1=1，1+1=10。

(2) 十进制数(D)，表示十进制数的数符是 0、1、2、3、4、5、6、7、8、9，共 10 个数符，运算规则是"逢 10 进 1"。

(3) 八进制数(O)，表示八进制数的数符是：0、1、2、3、4、5、6、7，共 8 个数符，运算规则是"逢 8 进 1"。比如，$(5+3)_8=(10)_8$，$(7+3)_8=(12)_8$。

(4) 十六进制数(H)，表示十六进制数的数符是 0、1、2、3、4、5、6、7、8、9、A、B、C、D、E、F，共 16 个数符，其中 A 表示十进制的 10，B 表示 11，以此类推，F 表示十进制的 15，运算规则是"逢 16 进 1"。比如，38A、6CF 等都是十六进制数。

4. 进位数制的数码、基数和位权的概念

表示进位数制的数符就是数码，比如八进制的数码是 0、1、2、3、4、5、6、7。

基数(基)是指进位数制里数码的个数，比如十进制数的数码有 10 个，因此十进制的基是 10，同样的道理，二进制的基是 2，八进制的基是 8。

位权，也称"权"，是以基数为底的幂。如十进制数 365 中，基数为 10，"3"的位权是 10^2。

5. 进制的转换

1) 其他数制转换成十进制数制

根据位权的概念，其他数制要转换成十进制数制十分方便，方法就是"按位权展开求和"。

例如：$(1101)_2=1\times2^3+1\times2^2+0\times2^1+1\times2^0=8+4+0+1=(13)_{10}$

$(46)_8=4\times8^1+6\times8^0=32+6=(38)_{10}$

$(25A)_{16}=2\times16^2+5\times16^1+10\times16^0=2\times256+5\times16+10\times1=(602)_{10}$

2) 十进制数制转换成其他数制

十进制整数转换为其他进制整数规则：除基数取余，余数倒排。

十进制小数转换成其他进制小数规则：乘基数取整数，整数顺排。

如图 1-9 所示，将十进制的 17.125 转换为二进制，$(17)_{10} = (10001)_2$，$(0.125)_{10} = (0.001)_2$，将整数部分和小数部分分别转换后相加得到$(17.125)_{10}=(10001.001)_2$。

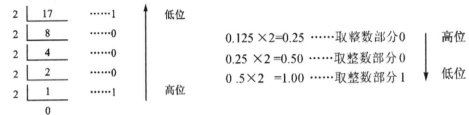

图 1-9　十进制转换为其他数制

6. 字符的编码表示

计算机中信息都是用二进制编码表示的，用于表示字符的二进制编码称为字符编码。

计算机中最常用的字符编码是 ASCII，被国际标准化组织指定为国际标准。ASCII 有 7 位码和 8 位码两种版本，分别对应标准 ASCII 码和扩展 ASCII 码。

基本 ASCII 码用 7 位二进制(或最高位为 0 的 8 位二进制)编码来表示，0~7 的编码范围为 00000000~01111111，相当于十进制数的 0~127，即 $2^7=128$ 个字符。ASCII 码基本字符集包括：数字 0~9，大小写英文字母，控制字符(32 个)，专用字符(34 个)。

由于标准 ASCII 码字符集字符数目有限，在实际应用中往往无法满足要求。因此，国际标准化组织(ISO)又制定了将 ASCII 字符集扩充为 8 位代码的统一方法。

7. 汉字的编码表示

为了使计算机能够处理、显示、打印、交换汉字字符，需要对汉字进行编码。汉字编码一般分为汉字输入码、国标码、机内码、地址码、字形码等。对于我们来说只要掌握汉字输入码，能够在计算机中进行汉字的输入即可。国标码、机内码、地址码是汉字在计算机内的编码形式，汉字是用 16 位二进制来编码的，因而每个汉字在计算机内占两字节。字形码是对汉字输出形状的编码存储。

小赵同学的笔记——信息的存储与表示

- 信息采用二进制存放在计算机中。
- 信息存储的最小单位是二进制的位，基本单位是字节。
- 字节换算关系如下。

单位名称	表示符号	值
位(bit)	b	0 或者 1
字节(Byte)	B	8 个二进制位
千字节	KB	$2^{10}B=1024B$

(续表)

单位名称	表示符号	值
兆字节	MB	$2^{10}KB=2^{20}B$
吉字节	GB	$2^{10}MB=2^{20}KB=2^{30}B$
太字节	TB	$2^{10}GB=2^{20}MB=2^{30}KB=2^{40}B$

- 计算机中常用的数制有二进制、十进制、八进制及十六进制四种。
- 进制转换规则
  - 其他数制转换成十进制数：按位权展开求和。
  - 十进制整数转换为其他进制数规则：除基数取余，余数倒排。
  - 十进制小数转换成其他进制小数规则：乘基数取整数，整数顺排。
- 计算机中最常用的字符编码是 ASCII 码，一个字符占一字节。
- 一个汉字在计算机中用两个字节存储。

步骤五：掌握多媒体技术知识常识

多媒体时代的来临，为人们勾勒出一个多姿多彩的视听世界。多媒体技术的应用是 20 世纪 90 年代以来计算机的又一次革命。它不是某个设备所要进行的变革，也不是某种应用所需要的特殊支持，而是在信息系统范畴内的一次革命。信息处理的思想、方法乃至观念都会由于多媒体的引入而产生极大的变化。

1. 多媒体的基本概念

多媒体(Multimedia)是多种媒体的综合，一般包括文本、声音和图像等多种媒体形式。在计算机系统中，多媒体指组合两种或两种以上媒体的一种人机交互式信息交流和传播媒体。

多媒体技术是指通过计算机对文字、数据、图形、图像、动画、声音和视频等多种媒体信息进行综合处理和管理，使用户可以通过多种感官与计算机进行实时信息交互的技术，又称为计算机多媒体技术。

2. 多媒体文件类型

计算机上的多媒体文件类型众多，大致分声音、图像及视频等几大类。下面对这些多媒体文件类型进行全面的介绍。

1) 声音文件格式

(1) CD 格式

CD 是音质比较高的音频格式。在大多数播放软件的"打开文件类型"中，都可以看到*.cda 格式，这就是 CD 音轨，因为 CD 音轨可以说是近似无损的，所以它的声音基本上是忠于原声的。因此，该格式是音响发烧友的首选。

(2) WAV 格式

WAVE(*.wav)是微软公司开发的一种声音文件格式，被 Windows 平台及其应用程序支持。

"*.wav"格式支持多种压缩算法，支持多种音频位数、采样频率和声道，WAV 格式的声音文件质量和 CD 相差无几，也是目前个人计算机上广为流行的声音文件格式，几乎所有的音频编辑软件都可播放 WAV 格式。

(3) MP3 格式

MP3 格式诞生于 20 世纪 80 年代的德国，MP3 音频文件的压缩是一种有损压缩，并且具有较高的压缩率，相同长度的音乐文件，用*.mp3 格式存储，大小一般只有*.wav 文件的 1/10，因而音质要次于 CD 格式或 WAV 格式的声音文件。由于文件尺寸小，音质好，因此为*.mp3 格式的发展提供了良好的条件，直到现在作为主流音频格式的地位仍难以撼动。

(4) MIDI 格式

经常玩音乐的人使用 MIDI 格式，MIDI 文件并不是一段录制好的声音，而是记录声音的信息，然后再告诉声卡如何再现音乐的一组指令，一个 MIDI 文件每存 1 分钟的音乐只用大约 5~10KB。*.mid 格式的最大用处是在计算机作曲领域。

(5) WMA 格式

WMA 格式压缩率较高，音质甚至要强于 MP3 格式，WMA 格式的可保护性极强，甚至可以限定播放机器、播放时间及播放次数，具有相当强的版权保护能力。就这一点来说弥补了 MP3 的缺陷。

2) 图像文件格式

(1) BMP 格式

BMP 是一种与硬件设备无关的图像文件格式，使用非常广。因为是非压缩格式，BMP 文件占用的空间很大。该格式是 Windows 环境中交换与图有关的数据的一种标准，因此在 Windows 环境中运行的图形图像软件都支持 BMP 图像格式。

(2) GIF 格式

GIF 是一种基于 LZW 算法的连续色调的无损压缩格式。其压缩率一般在 50%左右，它不属于任何应用程序。GIF 最多支持 256 种色彩，而且在一个 GIF 文件中可以存多幅彩色图像，可以制造出动画效果，几乎所有相关软件都支持它。

(3) JPEG 格式

JPEG 是最常见的一种图像格式，其文件后缀名为.jpg 或.jpeg，它是一种有损压缩格式，能够将图像压缩在很小的存储空间内，是目前网络上最流行的图像格式，并且应用于扫描仪、数码相机等硬件设备。

(4) PNG 格式

PNG 格式能够提供长度比 GIF 小 30%的无损压缩图像文件。PNG 支持 Alpha 通道透明度，因而可以支持透明背景的图片。

(5) PSD 格式

Photoshop 图像处理软件的专用文件格式，文件扩展名是.psd，可以支持图层、通道、蒙版和不同色彩模式的各种图像特征，是一种非压缩的原始文件保存格式。

3) 视频文件格式

(1) AVI 格式

AVI 是由微软公司发表的视频格式。AVI 格式调用方便、图像质量好，压缩标准可任意选择，是应用最广泛，也是应用时间最长的格式之一。

(2) WMV 格式

一种独立于编码方式的在 Internet 上实时传播多媒体的技术标准，Microsoft 公司希望用其取代 QuickTime 之类的技术标准以及.wav、.avi 之类的文件扩展名。WMV 格式的主要优点在于：可扩充的媒体类型、本地或网络回放、可伸缩的媒体类型、流的优先级化、多语言支持、扩展性等。

(3) 3GP 格式

3GP 是一种 3G 流媒体的视频编码格式，主要是为了配合 3G 网络的高传输速度而开发的，也是手机中较为常见的一种视频格式。

(4) RMVB 格式

因为压缩比高、播放效果好，RMVB 已经成为目前较为常见的视频格式，一般而言一部 120 分钟的 DVD 大小为 4GB，而用 RMVB 格式来压缩，仅 400MB 左右，而且清晰度、流畅度并不比原 DVD 差太远。

(5) REAL VIDEO 格式

REAL VIDEO(RA、RAM)格式一开始的定位就是视频流应用方面，也可以说是视频流技术的始创者。它因为要实现不间断地进行视频播放，所以图像质量一般。

(6) FLV 格式

FLV 是现在非常流行的流媒体格式，由于视频文件轻巧、封装播放简单等特点，使其很适合在网络上进行应用，目前主流的视频网站都使用了 FLV 格式。

3. 多媒体技术的特点

多媒体技术借助日益普及的高速信息网，可实现计算机的全球联网和信息资源共享，因此被广泛应用在咨询服务、图书、教育、通信、军事、金融、医疗等诸多行业，并正潜移默化地改变着我们的生活。多媒体技术总体来说具有以下 5 个主要特点。

(1) 多样性：是指具有多种媒体表现，多种感官作用，多学科交汇，多种设备支持，多领域应用。

(2) 集成性：是指多种媒体通过一定的技术整合在一起，而不是简单地把各媒体元素堆积在一起。

(3) 交互性：是指多媒体的关键特性，在很多时候，当要判断一种媒体是否是多媒体时，首先就要判断其是否具有交互性。

(4) 实时性：是指多媒体的传输、交互等要能达到同步效果。

(5) 人机互补性：是指多媒体在应用的过程中和人相互配合，以便达到最佳效果。

4. 多媒体的关键技术与发展方向

多媒体的关键技术包括压缩/解压缩技术、模拟数据数字化技术、大容量数据存储技术、数据传输技术、触摸屏技术和多媒体创作工具技术。

多媒体技术正向两个方向发展，一是网络化，与宽带网络通信等技术相互结合，使多媒体技术进入科研设计、企业管理、办公自动化、远程教育、远程医疗、检索咨询、文化娱乐和自动监控等领域；二是多媒体终端的部件化、智能化和嵌入化，提高计算机系统本身的多媒体性能，开发智能化家电。

小赵同学的笔记——多媒体技术

- 多媒体构成：文字、数据、图形、图像、动画、声音和视频。
- 多媒体文件格式
  - 图片(BMP、GIF、JPEG、PNG、PSD)
  - 音频(CD、WAV、MP3、MIDI、WMA)
  - 视频(AVI、WMV、3GP、RMVB、RA、FLV)
- 多媒体技术的特点：多样性、集成性、交互性、实时性、人机互补性。

✂ 举一反三

1. 理论填空题

(1) 第一台计算机诞生于(   )，命名为(   )。

(2) 存储程序控制原理提出计算机硬件设备由(   )、(   )、(   )、输入设备和输出设备 5 部分组成。

(3) 常见的计算机辅助系统有：(   )、计算机辅助制造(   )、(   )、计算机辅助测试(   )。

(4) 一个汉字在计算机中占(   )字节。

(5) (   )音频格式的最大用处是在计算机作曲领域。

(6) 一个(   )格式的图片文件中可以存多幅彩色图像。

(7) (   )格式和(   )格式都是流媒体的视频编码格式。

2. 进制转换练习选择题

(1) 二进制数 01101010 对应的十进制数是(   )。

    A.106   B.108   C.110   D.112

(2) 十进制数 100.25 对应的二进制数是(   )。

    A.1001100.01   B. 1100100.01   C. 1100100.11   D. 1001100.11

(3) 以下二进制数的值与十进制数 23.456 最接近的是(   )。

    A.10111.0101   B. 11011.1111   C. 11011.0111   D. 10111.0111

(4) 与十进制数 1770.625 对应的八进制数是(   )。

    A. 3352.5   B. 3350.5   C. 3352.1161   D. 3350.1151

(5) 十六进制数 5B 对应的八进制数是(   )。

    A.133   B.134   C.135   D.136

(6) 八进制数 352 对应的二进制数是(   )。

    A.11101110   B.11101010   C.11011100   D.11011011

3. 思考题

(1) 苹果公司的 logo 是什么样的(那一口是被谁吃的)？它的由来是什么？

(2) 发挥你的想象力，未来的计算机会是什么样的？

(3) 结合你自己的专业，谈谈计算机的应用。

任务 2　计算机系统的组成

💻 任务目标

- 掌握计算机系统的组成。
- 掌握计算机硬件的构成。
- 了解主要硬件的性能特点。
- 掌握计算机的选购要点。

📢 任务描述

看到小赵带来的笔记本电脑并兴致勃勃地投入学习中，同寝室的小张也想买一台，但不知道选什么样的好，于是向小赵求助，同样来求助的还有小赵的两个老乡：视觉传达专业的小李和学前专业的小冯。小赵打算先做做功课，上网了解一下主流品牌信息，再和大家一起去电脑城逛逛。

📖 知识要点

(1) 计算机系统的组成。计算机系统是由硬件系统和软件系统两大部分组成的。硬件和软件相互依存，缺一不可。

(2) 计算机硬件的构成。计算机硬件主要分为主机和外设两大部分。主机包括 CPU 和内存，外设包括硬盘等辅助存储器、输入输出设备及网络通信相关设备。

(3) 硬件的技术指标是衡量一台计算机优劣的标准。主要包括 CPU 的运算速度和字长，内存容量、硬盘容量以及在连接配置外设方面的扩展能力。

(4) 选购计算机。在确定计算机的用途之后，通过对自身因素、应用环境及各种机型的性能指标进行综合衡量最终确定购买机型。

🖱 任务实施

步骤一：掌握计算机系统的组成

1. 计算机系统概述

计算机系统是由许多相互联系的部件组合而成的有机整体，一般来说包括硬件系统和软件系统两大部分，这两部分相辅相成，缺一不可。硬件是计算机工作的物质基础，软件则是施展计算机能力的灵魂。硬件和软件是完整的计算机系统互相依存的两大部分，它们的关系主要体现在以下几个方面。

(1) 硬件和软件互相依存。

硬件是软件赖以工作的物质基础，软件的正常工作是硬件发挥作用的唯一途径。计算机系统必须配备完善的软件系统才能正常工作，且充分发挥硬件的各种功能。

(2) 硬件和软件无严格界线。

随着计算机技术的发展，在许多情况下，计算机的某些功能既可以由硬件实现，也可以由软件实现。因此，硬件与软件在一定意义上没有绝对严格的界限。

(3) 硬件和软件协同发展。

计算机软件随着硬件技术的迅速发展而发展，而软件的不断发展与完善又促进硬件的更新，两者密切地交织发展，缺一不可。

计算机系统的基本组成结构如图 1-10 所示。

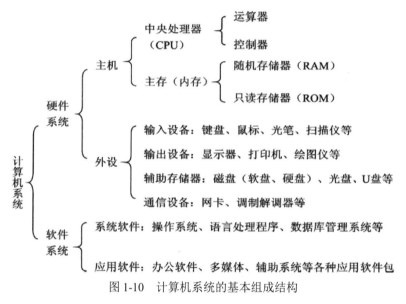

图 1-10　计算机系统的基本组成结构

2. 计算机的硬件系统

硬件是计算机系统中看得见、摸得着的物理实体。硬件系统由主机和外部设备两部分组成。如果按照硬件的功能来说，可以分为运算器、控制器、存储器、输入设备、输出设备 5 个功能部件。

1) 运算器

运算器是计算机的核心部件，负责信息的加工处理。它在控制器的控制下与内存交换信息，对其进行各种算术运算和逻辑运算。运算器还具有暂存运算结果的功能，它由加法器、寄存器、累加器等逻辑电路组成。

2) 控制器

控制器是计算机的指挥中心，其主要作用是控制计算机自动地执行命令。它能够读取内存储器中的程序并进行翻译，然后根据程序的要求向相应部件发出控制信号，指挥、协调各部件的工作，同时也接收各部件指令执行情况的反馈信号。

在微型计算机中，运算器和控制器合在一起，称为微处理器，又称 CPU，它是微型计算机

(简称微机)的核心。目前流行的微处理器芯片为英特尔酷睿系列、AMD 的羿龙系列。

3) 存储器

存储器是计算机的记忆单元，它负责存储程序和数据。存储器又分为内存储器(主存储器)和外存储器(辅助存储器)两类。

(1) 内存储器，简称内存。它安装在计算机的主板上，直接与 CPU 相连，用来存放当前正在运行的程序和数据。其存取速度快，但容量较小。按存取方式，内存又分为只读存储器(ROM)和随机存储器(RAM)。

只读存储器中固化了系统的 BIOS 程序，它是在加工生产时写入的，一般情况下是只能读而不能写的，即使断电，信息也不会丢失。

随机存储器中存储的程序和数据是可以随时读写的，但其存储的信息会因断电而全部丢失。因此，用户在使用计算机时要养成随时存盘的习惯，以防因断电造成数据丢失。随机存储器的物理实体就是内存条，其容量大小也是关系微型计算机性能的主要因素，目前的内存大小，基本(单条内存)配置 4GB，最低配置 2GB，较高配置 8GB。

(2) 外存储器，简称外存，属于外部设备，主要存放暂时不使用的程序和数据。它的特点是存储容量大，可永久保存信息且不受断电的影响，但读取速度慢，其中的数据不能直接与 CPU 进行传递。存放于外存的数据必须调入内存才能进行加工处理。目前常用的外存储器有硬盘、光盘和 U 盘，软盘则已退出历史舞台。

4) 输入设备

输入设备是将外部信息输入计算机内存储器的装置。常用的输入设备有键盘、鼠标、扫描仪和光笔等，其中键盘和鼠标是微机必备的输入设备。

5) 输出设备

输出设备可以将计算机运算处理的结果以用户熟悉的信息形式反馈给用户，输出形式有数字、字符、图形、视频和声音等几种类型。常用的输出设备有显示器、打印机和绘图仪等，其中显示器是微机必备的输出设备。

计算机硬件结构的最重要特点是总线(Bus)结构。它将信号线分成三大类，并归结为数据总线(Date Bus)、地址总线(Address Bus)和控制总线(Control Bus)，计算机的五个功能部件通过总线完成指令所传达的任务。这样就很适合计算机部件的模块化生产，促进了微型计算机的普及。

步骤二：了解计算机主要硬件的性能指标和选购要点

1. 主板

主板又叫主机板(Mainboard)或母板(Motherboard)，它安装在机箱内，是计算机最基本也是最重要的部件之一。主板一般为矩形电路板，上面安装了组成计算机的主要电路系统，一般有 BIOS 芯片、I/O 控制芯片、键盘和面板控制开关接口、指示灯插接件、扩充插槽、主板及插卡的直流电源供电接插件等元件，如图 1-11 所示。

计算机的主板对计算机的性能来说，影响是很大的。曾经有人将主板比喻成建筑物的地基，其质量决定了建筑物的坚固耐用程度；也有人形象地将主板比作高架桥，其好坏关系着交通的畅通与流速。

选购主板时需要注意如下几点。

(1) 对 CPU 的支持：主板和 CPU 是否配套。

(2) 对内存、显卡、硬盘的支持：要求兼容性和稳定性好。

(3) 扩展性能与外围接口：考虑到计算机的日常使用，主板上除了有 PCI-E 插槽和 DIMM 插槽外，还有 PCI、AMR、CNR、ISA 等扩展槽。

(4) 主板的用料和制作工艺：就主板电容而言，全固态电容的主板好于半固态电容的主板。

(5) 品牌：最好选择知名品牌的主板，目前知名的品牌有华硕(ASUS)、微星(MSI)、技嘉(GIGABYTE)等。

图 1-11　主板

2. CPU

中央处理器(CPU)由运算器和控制器组成。运算器有算术逻辑部件 ALU 和寄存器；控制器有指令寄存器、指令译码器和指令计数器 IC 等，CPU 的外观如图 1-12 所示。CPU 的性能指标直接决定了由它构成的微型计算机的系统性能指标。CPU 的性能主要由字长、主频和缓存决定。

(1) 主频：也叫时钟频率，以 MHz(兆赫)为单位。通常所说的某 CPU 是多少兆赫的，就是指 CPU 的主频。主频的大小在很大程度上决定了计算机运算速度的快慢，主频越高，计算机的运算速度就越快。在启动计算机时，BIOS 自检程序会在屏幕上显示出 CPU 的工作频率。

(2) 缓存：缓存大小也是 CPU 的重要指标之一，而且缓存的结构和大小对 CPU 速度的影响非常大，实际工作时，CPU 往往需要重复读取同样的数据块，而缓存容量的增大，可以大幅度提升 CPU 内部读取数据的命中率，而不用再到内存或者硬盘上寻找，以此提高系统性能。现在 CPU 的缓存分为一级缓存(L1)、二级缓存(L2)和三级缓存(L3)。

(3) 字长：计算机技术中将 CPU 在单位时间内(同一时间)能一次处理的二进制数的位数叫作字长。能处理 8 位字长数据的 CPU 通常称为 8 位的 CPU。字长的长度是不固定的，对于不同的 CPU，字长的长度也不一样。8 位的 CPU 一次只能处理 1 字节，而 32 位的 CPU 一次就能处理 4 字节，同理，字长为 64 位的 CPU 一次可以处理 8 字节。字长越长，CPU 的处理速度就越快。

选购 CPU 时应注意如下几点。

(1) 确定 CPU 的品牌，可以选用 Intel 或 AMD，AMD 的性价比较高，而 Intel 的稳定性较高。

(2) CPU 要和主板配套，其前端总线频率应不大于主板的前端总线频率。

(3) 查看 CPU 的参数，主要看主频、前端总线频率、缓存、工作电压等，如 Pentium D 2.8GHz/2MB/800/1.25V，Pentium D 指 Intel 奔腾 D 系列处理器，2.8GHz 指 CPU 的主频，2MB 指二级缓存的大小，800 指的是前端总线频率为 800MHz，1.25V 指的是 CPU 的工作电压，工作电压越小越好，因为工作电压越低的 CPU 产生的热量就越少。

(4) CPU 风扇转速，风扇转得越快，风力越大，降温效果越好。

3. 内存

内存又称主存，内存是计算机中重要的部件之一，它是与 CPU 进行沟通的桥梁。计算机所需处理的全部信息都是由内存传递给 CPU 的，因此内存的性能对计算机的影响非常大。内存(Memory)也被称为内存储器，作用是暂时存放 CPU 中的运算数据，以及与硬盘等外部存储器交换的数据。当计算机需要处理信息时，是把外存中的数据调入内存，内存条如图 1-13 所示。

图 1-12　CPU　　　　　　　　　图 1-13　内存条

选购内存时应注意如下几点。

(1) 确定内存的品牌，最好选择名牌厂家的产品。例如金士顿(Kingston)，兼容性好、稳定性高，但市场上假货较多。威刚(ADATA)、美商海盗船(USCORSAIR)、芝奇(G.SKILL)也是不错的品牌。

(2) 内存容量的大小。

(3) 内存的工作频率。

(4) 仔细辨别内存的真伪。

(5) 内存做工的精细程度。

4. 硬盘

硬盘是计算机中最重要的外存储器，它用来存放大量数据，由一个或者多个铝制或者玻璃制的碟片组成。这些碟片外覆盖有铁磁性材料。绝大多数硬盘都是固定硬盘，被永久性地密封固定在硬盘驱动器中，如图 1-14 所示。

选购硬盘时应注意如下几点。

(1) 硬盘容量的大小。

(2) 硬盘接口类型：硬盘接口的优劣直接影响程序运行快慢和系统性能的好坏，目前流行的是 SATA 接口。

(3) 硬盘数据缓存及寻道时间：对于大缓存的硬盘，在存储零碎数据时具有非常大的优势，因此当硬盘存取零碎数据时需要不断地在硬盘与内存之间交换数据，如果有较大缓存，则可以将那些零碎数据暂存在缓存中，这样一方面可以减小系统的负荷，另一方面也提高了硬盘数据的传输速度。

(4) 硬盘的品牌选择：市场上知名的品牌有希捷(Seagate)、三星(Samsung)、西部数据(Western Digital)、日立(HITACHI)。

5. 显卡

显卡是主机与显示器连接的"桥梁"，是连接显示器和主板的适配卡，作用是控制显示器的显示方式，显卡分为集成显卡和独立显卡，图 1-15 所示为独立显卡。

图 1-14   硬盘   图 1-15   显卡

选购显卡时应注意如下几点。

(1) 显存容量和速度。

(2) 显卡芯片：主要有 NVIDIA 和 ATI。

(3) 显卡的散热性能。

(4) 显存位宽：目前市场上的显存位宽有 64 位、128 位和 256 位三种，人们习惯上叫的 64 位显卡、128 位显卡和 256 位显卡就是指相应的显存位宽。显存位宽越高，性能越好，价格也就越高。

(5) 显卡的品牌选择：市场上知名的品牌有七彩虹(Colorful)、影驰(GALAXY)、华硕(ASUS)、双敏(UNIKA)。

6. 显示器

显示器属于计算机的 I/O 设备，即输入/输出设备。它可以分为阴极射线管显示器(CRT)、液晶显示器(LCD)、等离子体显示器(PDP)、真空荧光显示器(VFD)等多种。不同类型的显示器应配备相应的显卡。显示器有显示程序执行过程和结果的功能。

选购显示器时应注意以下几点。

(1) 对比度和亮度的选择。

(2) 灯管的排列。

(3) 响应时间和视频接口。

(4) 分辨率和可视角度。

(5) 品牌：比较知名的显示器品牌有三星、LG、AOC、飞利浦等。

7. 光驱

光驱是计算机用来读、写光盘内容的设备，在安装系统软件、应用软件时经常用到光驱。目前，光驱可分为 CD-ROM、DVD-ROM(DVD 光驱)、康宝(COMBO)和刻录机等。

选购光驱时应注意如下几点。

(1) 光驱的读写速度。

(2) 光驱的纠错能力。

(3) 光驱的稳定性。

(4) 光驱的芯片材料。

8. 音箱

音箱指可将音频信号变换为声音的一种设备。通俗地讲，就是指音箱主机箱体或低音炮箱体内自带功率放大器，对音频信号进行放大处理后由音箱本身回放出声音。

9. 机箱

机箱是计算机主机的"房子"，起到容纳和保护 CPU 等计算机内部配件的重要作用，从外观上分立式和卧式两种。机箱一般包括外壳、用于固定硬盘驱动器的支架、面板上必要的开关、指示灯和显示数码管等。另外，配套的机箱内还有电源。

选购机箱时应注意以下几点。

(1) 制作材料。

(2) 制作工艺。

(3) 使用的方便度。

(4) 机箱的散热能力。

(5) 机箱的品牌。

10. 键盘和鼠标

键盘是计算机最常用的输入设备，包括数字键、字母键、功能键、控制键等。

鼠标因形似老鼠而得名"鼠标",英文为 Mouse。鼠标的使用是为了使计算机的操作更加简便,用以代替烦琐的键盘指令。鼠标按键数可以分为传统双键鼠标、三键鼠标和新型的多键鼠标;按内部构造可分为机械式鼠标、光机式鼠标和光电式鼠标三类;按接口可分为 COM 鼠标、PS/2 鼠标、USB 鼠标、蓝牙鼠标等。

一般情况下,键盘和鼠标的市场价格都比较便宜,由于键盘、鼠标的使用频率较高,容易损坏,建议选择价格适中的产品。

步骤三:购买计算机前的思考

1. 明确用户需求

购买计算机之前,首先要确定购买计算机的用途,需要计算机做哪些工作。只有明确了自己购买的用途,才能确定正确的选购方案。下面根据几种不同的应用领域介绍各自相应的购机方案。

(1) 商务办公类型

对于办公型电脑,主要用途为处理文档、收发 E-mail 以及制表等,需要的计算机应该稳定。在商务办公中,计算机能够长时间稳定运行非常重要。建议配置一款液晶显示器,可以减小长时间使用计算机对人体的伤害。

(2) 家庭上网类型

一般的家庭中,使用计算机进行上网的主要作用是浏览新闻、处理简单的文字、玩一些简单的小游戏、看看网络视频等,这样用户没必要配置高性能的计算机,选择一台中低端配置的计算机就可以满足用户需求了。因为用户不运行较大的软件,感觉不到这样配置的计算机速度慢。

(3) 图形图像设计类型

对于这样的用户,因为需要处理色彩、亮度,图形图像处理工作量大,所以要配置运算速度快、整体配置高的计算机,尤其在 CPU、内存、显卡上要求配置较高,同时应该配置 CRT 显示器来达到更好的显示效果。

(4) 娱乐游戏类型

当前开发的游戏大都采用了三维动画效果,所以这样的用户对计算机的整体性能要求更高,尤其在内存容量、CPU 处理能力、显卡技术、显示器、声卡等方面都有一定的要求。

2. 确定购买台式机还是笔记本电脑

随着微机技术的迅速发展,笔记本电脑的价格在不断下降,好多即将购买计算机的顾客都在考虑是购买台式机还是笔记本电脑。对于购买台式机还是笔记本电脑,应从以下几点考虑。

(1) 应用环境

台式机移动不太方便,对于普通用户或者固定办公的用户,可以选择台式机。笔记本电脑的优点是体积小,携带方便,经常出差或移动办公的用户应该选购笔记本电脑。

(2) 性能需求

同一档次的笔记本电脑和台式机在性能上有一定的差距,并且笔记本电脑的可升级性较差。对有更高性能需求的用户来说,台式机是更好的选择。

(3) 价格方面

相同配置的笔记本电脑比台式机的价格要高一些, 在性价比上, 笔记本电脑比不上台式机。

3. 确定购买品牌机还是组装机

目前, 市场上台式机主要有两大类: 一种是品牌机, 另一种就是组装机(也称兼容机)。两者的对比如下。

(1) 品牌机

品牌机指由具有一定规模和技术实力的厂商生产, 有注册商标、有独立品牌的计算机。如东芝、索尼、联想、戴尔、惠普等都是目前知名的品牌。品牌机出厂前经过了严格的性能测试, 其特点是性能稳定、品质有保证、易用。

(2) 组装机

组装机是计算机配件销售商根据用户的消费需求与购买意图, 将各种计算机配件组合在一起的计算机。组装机的特点是配置较为灵活、升级方便、性价比略高于品牌机, 也可以说, 在相同的性能情况下, 品牌机的价格要高一些。对于选择品牌机还是组装机, 主要看用户。如果用户是初学者, 对计算机知识掌握不够深, 那么购买品牌机就是很好的选择。如果对计算机知识很熟悉, 并且打算随时升级自己的计算机, 则可以选择组装机。

步骤四: 网上计算机采购

小张同学的需求

- 小张同学是机械专业的学生, 购买计算机主要在学校使用, 除了基本的办公软件, 还要满足 AutoCAD 软件制图、Pro/Engineer 及 UG 三维造型软件等专业学习方面的需要; 另外学习之余, 小张喜欢玩《英雄联盟》3D 竞技游戏, 有什么科幻电影大片也想在计算机上看看。
- 小张的预算只有 5000 元左右, 而且学校寝室不方便购置台式机。
- 根据小张的需求, 小张需要购买一台对显卡要求较高的笔记本电脑, 可以考虑专业级独立显卡, 对 CPU 的运算速度也有一定的要求, 可以考虑 intel i5 系列。
- 对于笔记本电脑的选择, 品牌和口碑比较重要, 经过对比, 戴尔笔记本电脑的性价比得到网友的认可度高, 小张决定选择戴尔品牌。
- 因为要看网络上的电影, 对显示屏和音效也有一定的要求。
- 网上报价查询。可以到中关村在线(http://www.zol.com.cn)、京东商城(http://www.jd.com)进行在线的查找对比, 因为预算有限, "专业级"独立显卡的笔记本电脑价格比较昂贵, 退而求其次地选择"性能级"独立显卡的配置。
- 通过登录京东等网上商城查询, 小张最后选定了 DELL 游匣 G3 系列, 如图 1-16 所示, 为京东 DELL 旗舰店的查询结果。
- 小张又登录 DELL 官网(https://www.dell.com)进行了对比, 还准备到实体店去看看, 最后再入手。

图 1-16 京东查询结果

小李同学的需求

- 小李同学是视觉传达专业的走读生，购买计算机主要在家使用，经过一年的基础知识学习，对于大学二年级的小李来说，他感兴趣的方向为 3D 视频包装、影视后期制作，需要学习一些 3ds Max、After Effects 及 Adobe Premiere 等软件，经常进行一些粒子、水流等特效的制作与渲染，家里的旧电脑除了显示器以外已经完全不能满足需要了，小李打算重新购买一台计算机，考虑到自己的设计需求和经济因素，小李觉得品牌台式机是不错的选择。

- 分析：因为需要做渲染，考虑到渲染速度，小李需要购买一台对 CPU 要求较高的计算机；对于 3D 设计和视频处理等方面的需要，对显卡、显存也有较高要求。另外，经常需要收集设计素材，需要硬盘空间大些。

- 品牌选择。对于品牌台式机的选择，品牌和口碑比较重要，经过对比，小李觉得惠普、联想和戴尔的口碑不错。

- 网上报价查询。在中关村在线(http://www.zol.com.cn)进行查找与对比，如图 1-17 所示，小李最后选定了惠普光影精灵Ⅱ系列。CPU 型号 Intel 酷睿 i7 8700；DDR4 内存 8GB，混合硬盘 128GB+1TB；NVIDIA GeForce GTX 1060 性能级独立显卡，显存容量 6GB。

惠普光影精灵Ⅱ 690-076CCN参数

图 1-17　中关村在线产品参数列表

小冯同学的需求

- 小冯同学是学前专业的女生，计算机在小冯所在专业的学生中占有量较低，需要完成一些文字性的处理时，小冯都要到网吧或借别人的计算机完成，一些学习资料和实习留影、视频之类的文件，小冯都存储在 U 盘中，在公共环境下使用 U 盘容易中毒、丢失，很不方便。因而小冯想自己买个计算机在学校使用。
- 分析：小冯对计算机的配置要求不高。因为在学校使用，最好购置笔记本电脑，携带方便，对于女生要求轻薄一些、外观漂亮一些。
- 品牌选择。通过对外观和性价比等因素的考虑，联想笔记本电脑口碑不错。
- 网上报价查询。在苏宁易购和京东商城进行查找与对比。小冯最后选定了如图 1-18 所示的价格不到 4000 元的联想系列。重量为 1.69 千克，待机时间较长，轻薄设计，携带方便；Intel 酷睿 i3 第 8 代 CPU，8GB 内存，128GB+1TB 混合硬盘，满足文件处理和存储需要；14 英寸的高清显示屏，内置 720P、HD 高清摄像头，满足日常影音娱乐需求。

图 1-18　京东查询结果

✄ 举一反三

现在的你是否有购买计算机的各种问题呢？请你根据自己的经济条件、使用环境和其他需求，参考本任务中的方法，去寻找一种满足你日常生活、学习需求的计算机配置。已经有计算机的同学写出自己目前的计算机硬件配置情况及购置时间、价格。具体填表如下：

计算机基本情况			
计算机类型		计算机品牌	
购置时间		价格	
具体硬件性能参数			
CPU 型号及主频		内存类型及容量	
硬盘转速及容量		显卡类型	
显示器尺寸		操作系统	

任务 3　计算机软件与语言的发展

🖥 任务目标

- 掌握计算机软件的分类。
- 掌握计算机语言的发展。
- 了解系统软件的发展历程。
- 了解应用软件的发展历程。

📝 任务描述

　　小赵从前面的学习中了解到计算机系统是由硬件系统和软件系统两大部分构成的。对于计算机的硬件系统，通过帮助同学购买计算机，查找配置信息，小赵有了更全面深刻的认识，但是对于软件方面，小赵觉得还需要从理论上充充电，以便进一步学习办公软件、常用软件和专业软件的使用。

📖 知识要点

　　(1) 软件的概念。计算机软件是指计算机系统中的程序及其文档。软件是用户与硬件之间的接口界面。用户主要通过软件与计算机进行交流。

　　(2) 软件的分类。计算机软件分为系统软件和应用软件两大类。系统软件是各类操作系统，如 Windows、UNIX 等，还包括操作系统的补丁程序及硬件驱动程序，都是系统软件。应用软件种类很多，如工具软件、游戏软件、管理软件等。

　　(3) 计算机语言。计算机语言指用于人与计算机之间通信的语言。计算机语言是人与计算机之间传递信息的媒介。计算机系统的最大特征是指令通过一种语言传达给机器。为了使计算机进行各种工作，就需要有一套用于编写计算机程序的数字、字符和语法规则，由这些字符和语法规则组成计算机的各种指令(或各种语句)，这些字符和语法规则就是计算机能接收的语言。

　　(4) 计算机语言的发展。计算机语言从低级语言向高级语言发展。低级语言包括机器语言和汇编语言。

　　(5) 软件的发展。计算机软件的发展受到硬件发展的推动和制约。软件的发展推动了硬件的发展。

(6) 操作系统软件的发展。由于计算机硬件的发展，处理器的运算速度得到了大幅度的提高，处理器常常因为等待运算器准备下一个作业而空闲。操作系统作为计算机软、硬件资源管理的助手应运而生。UNIX、DOS、Windows，在不同的历史时期影响着计算机的使用者。

任务实施

步骤一：掌握计算机软件的概念及分类

1. 什么是计算机软件

计算机软件(简称软件)是指计算机系统中的程序及其文档，程序是计算任务的处理对象和处理规则的描述，文档是为了便于了解程序所需的阐明性资料。程序必须装入机器内部才能工作，文档一般是给人看的，不一定装入机器。

计算机软件是计算机的灵魂，是计算机应用的关键。如果没有适应不同应用的计算机软件，人们就不可能将计算机广泛地应用于人类社会的生产、生活、科研、教育等几乎所有领域，计算机也只能是一具没有灵魂的躯壳。

2. 计算机软件分类

1) 系统软件

系统软件是为了计算机能正常、高效工作所配备的各种管理、监控和维护系统的程序及其有关资料。系统软件主要包括如下几个方面：

(1) 操作系统软件，如 Windows 操作系统，这是软件的核心。

(2) 各种语言的解释程序和编译程序(如 C 语言编译程序等)。

(3) 各种服务性程序(如机器的调试、故障检查和诊断程序等)。

(4) 各种数据库管理系统(如 SQL Server 等)。

系统软件的任务，一是更好地发挥计算机的效率，二是方便用户使用计算机。系统软件是应用软件运行的基础，一般用来支撑应用软件运行。

2) 应用软件

应用软件是为解决各种实际问题而编制的计算机应用程序及其有关资料。计算机应用软件在不同领域层出不穷，比如：用于数据处理和管理方面的软件，工资系统、人事档案系统、财务系统；用于计算机辅助系统方面的软件，AutoCAD 等；用于文化教育与休闲娱乐方面的软件，办公软件 Office、聊天软件 QQ、播放视频软件暴风影音等。个人计算机上常用的应用软件主要分成以下几类：

(1) 办公软件

文字处理软件、电子表格处理软件、演示文稿制作软件、个人信息管理软件等。

(2) 多媒体处理和播放软件

多媒体处理软件主要包括图形图像处理、动画制作、音视频处理、桌面排版等软件。播放软件有各种图片浏览工具及音频、视频播放器。

(3) Internet 工具软件

主要有 Web 服务器软件、Web 浏览器、文件传送工具、远程访问工具、邮件软件、新闻阅读工具、信息检索工具、Web 页创作工具等。

(4) 系统工具软件

帮助操作系统更有效地完成系统的管理和维护，包括杀病毒软件、文件压缩软件、快速复制工具、磁盘维护与诊断工具、实用工具软件等。

(5) 其他一些常见软件

学习软件、游戏软件、电子字典和各种小工具软件。

小赵同学的笔记——软件的分类

- 计算机软件分为系统软件和应用软件两大类。
- 系统软件：操作系统、各种高级语言的编译程序、数据库管理程序、各种服务性程序。
- 应用软件：办公软件、多媒体处理和播放软件、Internet 工具软件及系统工具软件等。

步骤二：了解操作系统的发展

1. UNIX 操作系统

UNIX 是一种强大的多用户、多任务操作系统，支持多种处理器架构，最早由 Ken Thompson、Dennis Ritchie 和 Douglas Mcllroy 于 1969 年在 AT&T 的贝尔实验室开发，常用于大、中、小型机和工作站。1974 年因其源码向大学开放而开始流行，目前发展出很多开源、半开源和商用版本。图 1-19 所示为其中的一个版本被应用于惠普服务器。

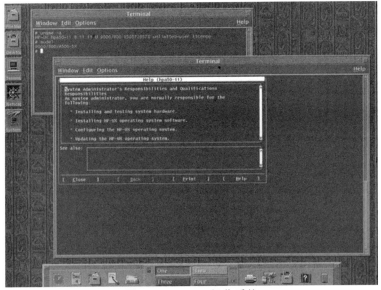

图 1-19　HP-UX 操作系统

2. DOS 操作系统

DOS 是 1979 年由微软公司为 IBM 个人计算机开发的 MS-DOS，是一种单用户、单任务的操作系统。从 1981 年直到 1995 年的 15 年间，DOS 在 IBM PC 兼容机市场中占有举足轻重的地位。

如图 1-20 所示，可直接操纵管理硬盘上的文件，一般都是黑底白色文字的界面，输入 DOS 命令运行，其他应用程序都是在 DOS 界面下输入 EXE 或 BAT 文件运行。

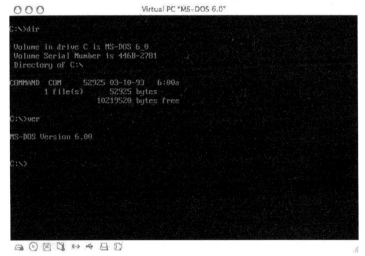

图 1-20　DOS 操作界面

3. Windows 操作系统

微软自 1985 年推出 Windows 1.0 以来，从最初运行在 DOS 下的 Windows 3.0，到现在风靡全球的 Windows XP、Windows 7、Windows 8 和 Windows 10。Windows 成为在个人计算机上使用最多的操作系统。图 1-21 所示为 Windows 7 界面。

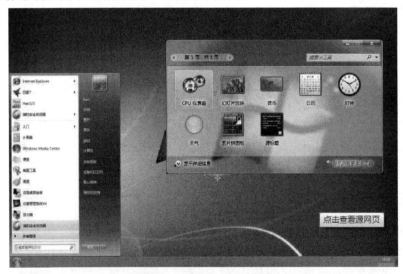

图 1-21　Windows 7 界面

小赵同学的笔记——操作系统的发展

- UNIX 操作系统：多用户、多任务，20 世纪 70 年代初至今主要用于服务器。
- DOS 操作系统：单用户、单任务，20 世纪 80 年代初到 90 年代末用于个人计算机。
- Windows 操作系统：单用户、多任务，20 世纪 80 年代末至今用于个人计算机。

步骤三：掌握计算机语言的发展

计算机语言是人与计算机进行对话的最重要手段。目前人们对计算机发出的命令几乎都是通过计算机语言进行的。计算机的语言发展经过了低级语言到高级语言两个阶段，其中低级语言的发展又分为机器语言和汇编语言两个阶段。

1. 计算机语言的产生——机器语言

从 19 世纪起，随着手摇式机械计算机(如图 1-22 所示)的更新，出现了穿孔卡片，如图 1-23 所示，这种卡片可以指导计算机进行工作。但是直到 20 世纪中期现代化的电子计算机出现之后，软件才真正得以飞速发展。在世界上第一台计算机 ENIAC 上使用的也是穿孔卡片，在卡片上使用的是专家们才能理解的语言，有孔的地方代表"1"，无孔的地方代表"0"，由于与人类语言的差别极大，因此我们称之为机器语言，也就是第一代计算机语言。

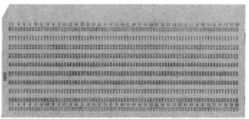

| 图 1-22 手摇式机械计算机 | 图 1-23 穿孔卡片 |

2. 第二代语言——汇编语言

计算机语言发展到第二代，出现了汇编语言，也称为符号语言。在汇编语言中，用助记符代替机器指令的操作码，用地址符号或标号代替指令或操作数的地址。如图 1-24 所示，比起"0""1"构成的机械语言，汇编语言大大前进了一步，尽管还是太复杂，人们在使用时很容易出错，但它已注定成为机器语言向更高级语言过渡的桥梁。汇编语言要经过汇编程序翻译成机器语言才能被计算机执行。

3. 第三代语言——高级语言

当计算机语言发展到第三代时，就进入了"面向人类"的语言阶段。第三代语言也被人们称为"高级语言"，是一种接近于人们使用习惯的程序设计语言。它允许用英文写解题的计算程序，但是对汉语来说，目前还不能用中文汉字来输入指令，这主要是因为中文的输入还没有非常好的手段。程序中使用的运算符号和运算式子，都和我们日常用的数学式子差不多。如图 1-25 所示为 C 语言的程序代码，即使不了解计算机硬件的运作，经过简单的学习也能够使用 C 语言编写程序。

```
ORG   0000H   ;顺序执行
MAIN:
MOV  A, #00H
MOV  P0, A
MOV  P1, A
CPL  A
MOV  P2, A
MOV  P3, A
END
```

图 1-24　汇编语言

```
void main( ) {
    char p[40], q[40];
    gets(p);
    gets(q);
    Mystrcat(p, q);
    puts(p);
}
```

图 1-25　C 语言程序代码

高级语言要经过编译或解释程序翻译成计算机能理解的机器语言的目标代码才能执行，当然，这个翻译的过程也是由计算机完成的。

小赵同学的笔记——计算机语言的发展

- 低级语言
  - 机器语言：计算机直接识别。
  - 汇编语言：通过汇编程序汇编为机器语言。
- 高级语言：通过编译或解释程序翻译成机器语言的目标代码后识别。

步骤四：了解计算机应用软件的发展

1. 第一代软件(1946—1953 年)

第一代软件是用机器语言编写的，机器语言是内置在计算机电路中的指令，由 0 和 1 组成。在这一时代的末期出现了用汇编语言编写的程序。

2. 第二代软件(1954—1964 年)

第二代软件开始使用高级程序设计语言，因为用高级语言编写的程序语句需要通过编译器翻译成等价的机器指令。软件也有了更细致的划分，编译器这样的辅助工具软件可看作系统程序，由系统程序员编写，使用这些工具编写出来的程序可以看作应用程序，编写应用程序的人称为应用程序员。随着包围硬件的软件变得越来越复杂，应用程序员离计算机硬件越来越远了。那些仅仅使用高级语言编程的人不需要懂得机器语言和汇编语言，这就降低了对应用程序员在硬件及机器指令方面的要求，使更多计算机应用领域的人员参与程序设计。

因为汇编语言和机器语言的运行效率较高，在实时控制、实时检测等领域的许多应用程序中仍然使用汇编语言和机器语言来编写。

在第一代和第二代软件时期，计算机软件实际上就是规模较小的程序，程序的编写者和使用者往往是同一个人。由于程序规模小，程序编写起来比较容易，也没有什么系统化的方法，对软件的开发过程更没有进行任何管理。这种个体化的软件开发环境使得软件设计往往只是在人们头脑中隐含进行的一个模糊过程，除了程序清单之外，没有其他文档资料。

3. 第三代软件(1965—1970 年)

在这个时期，由于计算机硬件的发展，用集成电路取代了晶体管，处理器的运算速度得到了大幅度的提高，处理器在等待运算器准备下一个作业时，无所事事。因此需要编写一种程序，使所有计算机资源处于计算机的控制之中，这种程序就是操作系统。另外，在这一时期结构化程序设计理念逐渐确立起来。出现了数据库技术，以及统一管理数据的软件系统——数据库管理系统 DBMS。

这一时期的软件变得越来越庞大、开发成本也越来越高，因为没有统一的规范，软件中隐含的错误很多，软件的发展跟不上硬件发展，软件危机爆发了。1968 年，北大西洋公约组织的计算机科学家在联邦德国召开国际会议，讨论软件危机问题，在这次会议上正式提出并使用了"软件工程"这个名词，用工程化的理念进行软件开发。

4. 第四代软件(1971—1989 年)

20 世纪 70 年代出现了结构化程序设计技术，出现了一批结构化程序设计语言，如 Pascal 语言，Basic 的结构化版本，1978 年功能强大的 C 语言出现。

更好用、更强大的操作系统被开发了出来。DOS 操作系统是微型计算机的标准操作系统，Macintosh 机(苹果电脑)的操作系统引入了鼠标的概念和单击式的图形界面，彻底改变了人机交互的方式。

20 世纪 80 年代，随着微电子和数字化声像技术的发展，在计算机应用程序中开始使用图像、声音等多媒体信息，出现了多媒体计算机。多媒体技术的发展使计算机的应用进入了一个新阶段。

这一时期出现了多用途的应用程序，这些应用程序面向没有任何计算机经验的用户。典型的应用程序是电子制表软件、文字处理软件和数据库管理软件。

5. 第五代软件(1990 年至今)

这一时期有三个著名事件：在计算机软件业具有主导地位的 Microsoft 公司的崛起、面向对象的程序设计方法的出现以及万维网(World Wide Web)的普及。

20 世纪 90 年代中期，Microsoft 公司将文字处理软件 Word、电子制表软件 Excel、数据库管理软件 Access 和其他应用程序绑定在一个程序包中，称为办公自动化软件。

面向对象的程序设计逐步代替了结构化程序设计，成为目前最流行的程序设计技术。面向对象程序设计尤其适用于规模较大、具有高度交互性、反映现实世界中动态内容的应用程序。Java、C++、C#等都是面向对象程序设计语言。

1990 年，英国研究员提姆·伯纳斯·李(Tim Berners-Lee)创建了一个全球 Internet 文档中心，并创建了一套技术规则和能够创建格式化文档的 HTML 语言，以及能让用户访问全世界站点上信息的浏览器，此时的浏览器还很不成熟，只能显示文本。

软件体系结构从集中式的主机模式(单机软件)转变为分布式的客户机/服务器模式(C/S)或浏览器/服务器模式(B/S)，专家系统和人工智能软件从实验室走出来进入实际应用，完善的系统软件、丰富的系统开发工具和商品化的应用程序的大量出现，以及通信技术和计算机网络的飞速发展，使得计算机进入一个大发展的阶段。

小赵同学的笔记——计算机软件的发展

- 第一代软件(1946—1953 年)：用机器语言和汇编语言编写的程序，由计算机工作者自己编写和使用。
- 第二代软件(1954—1964 年)：高级语言出现，软件开发者分成系统程序员和应用程序员两种。
- 第三代软件(1965—1970 年)：操作系统、数据库管理系统出现，结构化程序设计思想产生，软件开始在更广泛的领域应用，软件开发不规范，软件危机爆发，软件工程概念提出。
- 第四代软件(1971—1989 年)：结构化程序设计思想成熟，操作系统进一步发展、办公软件 Office 出现。
- 第五代软件(1990 年至今)：面向对象的软件设计思想出现，软件体系结构从单机向客户机/服务器模式(C/S)或浏览器/服务器模式(B/S)转变。

✄ 举一反三

1. 理论填空题

(1) 将高级语言源程序翻译成计算机可执行代码的软件称为(　　　　)。

(2) (　　　　)是用二进制代码表示的，能被计算机直接执行。

(3) 计算机软件系统应包括(　　　　)和(　　　　)。

(4) (　　　　)是计算机与用户之间的接口。

(5) DOS 是(　　　　)用户、(　　　　)任务的操作系统。

(6) 某单位自行开发的工资管理系统，按软件的类别划分，属于(　　　　)；按计算机应用的类型划分，属于(　　　　)软件。

2. 理论选择题

(1) 计算机的软件系统通常分为(　　)。

A. 操作系统　　　　　　B. 编译软件和链接软件

C. 各种应用软件包　　　D. 系统软件和应用软件

(2) 下列软件中不属于系统软件的是(　　)。

A. C 语言　　　B. 诊断程序　　　C. 操作系统　　　D. 财务管理软件

(3) 系统软件与应用软件的相互关系，下列说法中正确的是(　　)。

A. 前者以后者为基础　　B. 后者以前者为基础

C. 两者互为基础　　　　D. 两者之间没有任何关系

(4) 为达到一定的工作目标，预先为计算机编制的指令序列称为(　　)。

A. 软件　　　B. 文件　　　C. 程序　　　D. 语言

(5) 按计算机语言的发展过程和应用级别，程序设计语言可分为(　　)。

A. 简单语言、复杂语言、实用语言

B. 机器语言、汇编语言、高级语言

C. BASIC 语言、Pascal 语言、C 语言

D. 面向机器的语言、面向过程的语言、面向对象的语言

(6) 计算机能够直接执行的程序是(　　)。

A. 应用软件　　　　　　　B. 机器语言程序

C. 源程序　　　　　　　　D. 汇编语言程序

(7) 机器语言程序在计算机内部是以(　　)存放的。

A. 条形码　　　B. 拼音码　　　C. 汉字码　　　D. 二进制码

(8) 要使高级语言编写的程序能被计算机运行，必须由(　　)处理成机器语言。

A. 系统软件和应用软件　　B. 内部程序和外部程序

C. 解释程序或编译程序　　D. 源程序或目的程序

3. 思考题

(1) 计算机程序之母是谁？她对计算机语言和软件的发展做出了哪些贡献？

(2) 小调查：在你的计算机中使用的操作系统是什么？安装了哪些应用软件？

综合实训

如图 1-26 所示，扩展阅读"现代信息技术博物馆·计算机与互联网"页面，网址为 http://amuseum.cdstm.cn/AMuseum/xinxiguan/swf/index.html。

图 1-26　"现代信息技术博物馆·计算机与互联网"页面

项目 2
Windows 7系统安装与设置

操作系统是计算机应用的前提和基础。Windows 7 操作系统是目前应用最为广泛的操作系统之一，它是 Microsoft(微软)公司推出的继 Windows XP 之后的最稳定的版本。本项目通过三个任务讲解操作系统的基本知识，Windows 7 的安装和个性化设置方法，以及 Windows 7 中关于文件、文件夹的操作技巧等内容。

教学目标

- 了解操作系统的基础知识。
- 了解 Windows 7 操作系统的特色。
- 掌握 Windows 7 操作系统的安装方法。
- 了解 Windows 7 操作系统常用功能的设置方法。

项目实施

任务 1　安装 Windows 7 操作系统

任务目标

- 掌握操作系统的定义。
- 掌握操作系统的作用。
- 掌握 Windows 7 操作系统的安装方法。

任务描述

小赵同学的笔记本电脑购买时自带了 Windows 10 操作系统，在使用的过程中发现有时候运行游戏软件字体模糊，甚至出现内存不足的情况，听说 Windows 7 比较稳定，兼容性也不错，小赵想自己更换操作系统试试。

📖 知识要点

(1) 操作系统的定义。操作系统是控制和管理计算机中资源，协调计算机各部分进行工作的系统软件。

(2) 操作系统的作用。操作系统主要进行 CPU、存储器、设备、信息、用户界面五大方面的管理。

(3) Windows 7 操作系统的配置要求。所需要的 CPU、内存、硬盘等硬件的最低标准和推荐标准。

(4) Windows 7 操作系统的安装。按安装类型可分为升级安装、自定义全新安装，按安装介质可分为光盘安装、硬盘安装、U 盘安装等形式，按系统来源可分为 GHOST 系统和原版系统两种。

🖱 任务实施

步骤一：理解操作系统的概念

1. 操作系统的定义

操作系统(Operating System，OS)是控制和管理计算机中的硬件资源和软件资源，合理地组织计算机的工作流程，控制程序运行并为用户提供交互操作界面的程序集合。

2. 操作系统的作用

正如定义中所说，操作系统是用来控制和管理计算机资源的，一般认为操作系统具有处理器、存储器、设备、信息和用户界面五大方面的管理功能。

1) 处理器管理

处理器就是 CPU，如何管理好 CPU，提高 CPU 的使用效率是操作系统的核心任务。对处理器的管理就是如何将 CPU 合理地分配给每个进程，实现并发处理和资源共享，提高 CPU 的利用率。因此有的也把处理器管理称为"进程管理"。"执行中的程序"称为"进程"。进程既是基本的分配单元，也是基本的执行单元。

2) 存储器管理

存储器管理是指对内存的管理，主要包括内存空间的分配、保护和扩充。任何程序只有事先读入(调入)内存才能被 CPU 运行，因此内存中存在着各种各样的程序。如何为这些程序分配内存空间，如何保护这些程序的存储区地址相互间不冲突，如何保证多个程序调入运行时不会有意或无意地影响或破坏其他程序的正常运行,如何解决程序运行时物理内存空间不足等问题。这些都是存储管理所要解决的。

3) 设备管理

设备管理也称为输入/输出管理(I/O 管理)，即对计算机系统的各种外部设备进行管理。其主要任务是方便用户使用各种外部设备，管理和协调外部设备的工作，提高设备与主机的并行工作能力和使用效率。操作系统中的设备管理程序实现对外部设备的分配、启动、回收和故障处理。解决快速 CPU 与慢速外设之间的矛盾，同时避免设备之间因争用 CPU 资源而产生冲突。

4) 信息管理

所有的程序或数据在计算机中都以文件的形式进行保存，所以信息管理又叫文件管理。在操作系统中，负责管理和存取文件信息的部分称为文件系统(或信息管理系统)。在文件系统的管理下，用户只需要按照文件名访问文件，对文件进行读写操作，这种"按名存取"的方式是文件系统为用户提供的一种简单、统一的访问文件的方式。

5) 用户界面管理

操作系统的一个重要功能是为用户提供方便、友好的用户界面，使用户无须了解过多的软硬件知识就能方便灵活地使用计算机。

步骤二：准备进行 Windows 7 安装

在安装操作系统前，必须对 Windows 7 操作系统有一定的了解，熟悉操作系统的功能、特色、对计算机硬件配置的基本要求等，检验 Windows 7 操作系统是否符合用户的需要，以及用户的计算机是否适合安装 Windows 7 操作系统。

1．Windows 7 系统简介

Windows 7 是由微软公司开发的操作系统。Windows 7 可供家庭及商业工作环境、笔记本电脑、平板电脑、多媒体中心等使用。微软公司在 2009 年 10 月 22 日于美国、在 2009 年 10 月 23 日于中国正式发布了 Windows 7，于 2011 年 2 月 22 日发布了 Windows 7 SP1 (Build7601.17514. 101119-1850)。Windows 7 同时也发布了服务器版本——Windows Server 2008 R2。同 2008 年 1 月发布的 Windows Server 2008 相比，Windows Server 2008 R2 继续提升了虚拟化、系统管理弹性、网络存取方式，以及信息安全等领域的应用，其中有不少功能需要搭配 Windows 7 使用。

与之前的版本相比，Windows 7 系统具有以下特色。

(1) 更易用。Windows 7 做了许多方便用户的设计，如快速最大化、窗口半屏显示、跳转列表、系统故障快速修复等。

(2) 更快速。Windows 7 大幅缩减了 Windows 的启动时间，据实测，在 2008 年的中低端配置下运行，系统加载时间一般不超过 20 秒，这与 Windows Vista 的 40 余秒相比，是一个很大的进步。

(3) 更简单。Windows 7 会让搜索和使用信息更加简单，包括本地、网络和互联网搜索功能，直观的用户体验将更加高级。

(4) 更安全。Windows 7 包括改进的安全和功能合法性，同时也会开启企业级的数据保护和权限许可。

(5) Aero 特效。Windows 7 的 Aero 效果更华丽，有碰撞效果、水滴效果，还有丰富的桌面小工具。这些都比 Windows Vista 增色不少。但是，Windows 7 的资源消耗却是最低的，不仅执行效率高，笔记本电脑的电池续航能力也大幅增加。

2．Windows 7 系统配置要求

(1) 最低配置，Windows 7 系统配置的最低要求如表 2-1 所示。

表 2-1　Windows 7 系统配置的最低要求

设备名称	基本要求	备注
CPU	主频 1GHz 及以上	
内存	1GB 及以上	安装识别的最低内存是 512MB
硬盘	20GB 以上可用空间	
显卡	集成显卡 64MB 以上	128MB 为打开 Aero 的最低配置
其他设备	DVD R/RW 驱动器或者 U 盘等其他存储介质	安装用，如果需要用 U 盘安装，需要制作 U 盘引导程序
互联网连接/电话	需要联网/电话激活授权，否则只能进行为期 30 天的试用评估	

(2) 推荐配置，安装 Windows 7 操作系统的推荐配置如表 2-2 所示。

表 2-2　安装 Windows 7 操作系统的推荐配置

设备名称	基本要求	备注
CPU	64 位双核以上等级的处理器	Windows 7 包括 32 位及 64 位两种版本，如果希望安装 64 位版本，则需要 64 位的 CPU 支持
内存	2GB DDR2 以上	3GB 更佳
硬盘	20GB 以上可用空间	软件等可能还要占用几 GB 的空间
显卡	支持 DirectX 10/Shader Model 4.0 以上级别的独立显卡	显卡支持 DirectX 9 就可以开启 Windows Aero 特效
其他设备	DVD R/RW 驱动器或者 U 盘等其他存储介质	
互联网连接/电话	需要联网/电话激活授权，否则只能进行为期 30 天的试用评估	

步骤三：安装 Windows 7 系统

1．使用光盘全新安装 Windows 7

1) 进入主板 BIOS，将光驱设为第一启动项

启动计算机，根据开机提示进入 BIOS 设置(一般按 F2 键或 Del 键进入 BIOS)，如图 2-1 所示。主板不同 BIOS 设置也会不同，在进行操作时一定要小心，不要误修改了 BIOS 的项目。

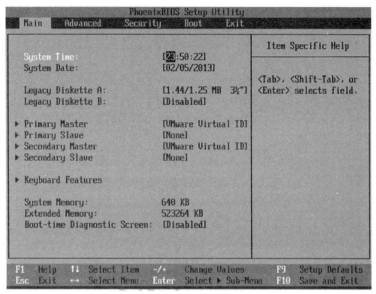

图 2-1　BIOS 主界面

可以看到 BIOS 主界面下方的菜单控制说明，通过键盘上的方向键选中 Boot 菜单，然后根据屏幕提示，选择 CD-ROM Drive，并将该项移到上方，设置为第一启动项，如图 2-2 所示，即设为光驱启动。按 F10 键，保存并退出 BIOS 设置。

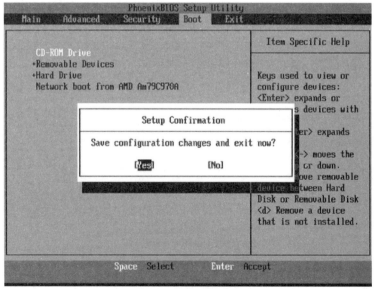

图 2-2　设为光驱启动

2) 开始安装 Windows 7

(1) 插入安装光盘，重启计算机后，进入 Windows 7 的安装界面，选择"要安装的语言"为"中文(简体)"，"时间和货币格式"为"中文(简体，中国)"，"键盘和输入方法"为"中文(简体)-美式键盘"，如图 2-3 所示。单击"下一步"按钮，在出现的界面中，单击"现在安装"按钮。

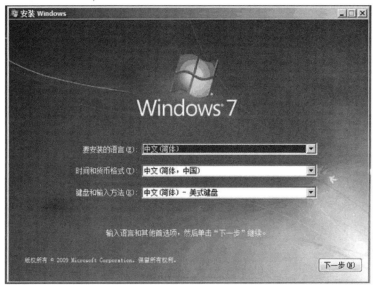

图 2-3　Windows 7 的安装界面

(2) 确认接受许可条款，单击"下一步"按钮。

(3) 选择安装类型，因为全新安装，所以选择"自定义"安装。

(4) 选择安装方式后，需要选择安装位置。默认将 Windows 7 安装在第一个分区(如果磁盘未进行分区，则安装前要进入"驱动器选项"，先对磁盘进行分区和格式化)，单击"下一步"按钮，如图 2-4 所示。

图 2-4　分区选择

(5) 开始安装 Windows 7，如图 2-5 所示。

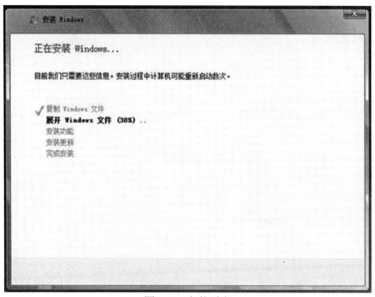

图 2-5　安装过程

(6) 计算机重启数次，完成所有安装操作后进入 Windows 7 的设置界面，设置用户名和计算机名称，如图 2-6 所示，单击"下一步"按钮。

图 2-6　用户名和计算机名设置界面

(7) 在打开的界面中为 Windows 7 设置密码，单击"下一步"按钮。

(8) 如图 2-7 所示，进行产品密钥的输入，产品密钥是 Windows 7 附带的 5 个一组一共 5 组的 25 个字符。

图 2-7　输入产品密钥

(9) 单击"下一步"按钮，在打开的界面中选择"帮助您自动保护计算机以及提高 Windows 的性能"选项。

(10) 单击"下一步"按钮，在打开的界面中进行时区、时间、日期设置。

(11) 等待 Windows 完成设置，完成安装后，首次登录 Windows 7 后的界面如图 2-8 所示。

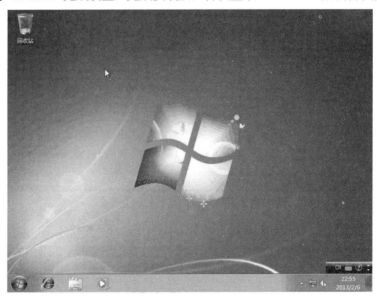

图 2-8　Window 7 界面

小赵同学的安装过程

(1) 小赵同学的笔记本电脑没有光驱，他打算用 U 盘来完成操作系统的安装。

(2) 按 Del 键进入系统的 BIOS 设置界面。设置第一启动项为 U 盘。

(3) 重新启动，U 盘引导，开始安装 Windows 7。

(4) 阅读并同意许可条款。

(5) 自定义安装。

(6) 选择安装在 C 盘，并将 C 盘格式化。

(7) 开始文件复制和安装过程。

(8) 自动重启后进入用户名、计算机名、密码的设置。

(9) 进行时区和网络的设置。

(10) 完成系统的安装过程。

2. 使用 GHOST 版 Windows 7 系统光盘安装

(1) 更改 BIOS 第一启动项为光驱，方法和前面一样。

(2) 这里采用深度技术推出的 GHOST 版 Windows 7。光盘运行后出现如图 2-9 所示的 GHOST Windows 7 系统菜单，选择"安装系统到硬盘第一分区"(即 C 盘)。

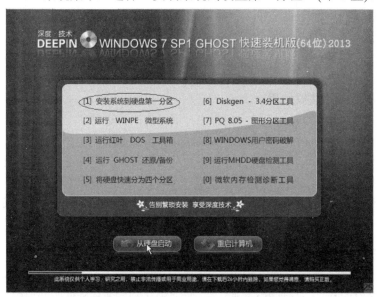

图 2-9　GHOST 版 Windows 7 安装界面

(3) 如图 2-10 所示，开始克隆过程。

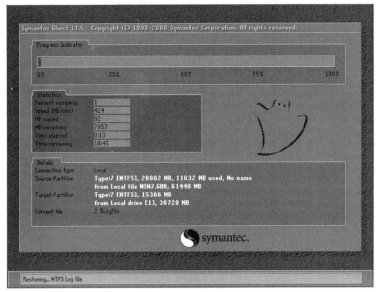

图 2-10　克隆过程

(4) 复制系统后系统自动重启，开始系统安装自动检测过程。

(5) 自检后系统自动搜索并安装驱动程序。

(6) 继续进行应用程序的安装，全部完成后自动重启，进入系统。

根据安装系统的计算机配置情况，整个安装过程 5~10 分钟。

3. GHOST 版和原版操作系统的对比

1) GHOST 版：不建议使用

优点：安装速度快，一般只要十分钟左右，而且集成驱动程序，一般无须再单独安装各硬件驱动程序，甚至一些常用软件都附带安装了，十分方便。

缺点：系统是经过别人优化的，某些服务或功能被省去，不够完整，部分计算机会出现兼容性问题，导致无法完成安装。即使能够安装，一些 GHOST 系统也很不稳定，容易崩溃，如出现内存不可读或蓝屏等问题。更有甚者，GHOST 系统可能携带木马病毒，使系统存在更大的安全隐患。

2) 原版操作系统：建议使用

优点：系统完整，安全稳定。

缺点：安装时间长，一般要 30 分钟左右，而且要单独安装各硬件驱动程序，所需要的应用软件也得单独安装。

举一反三

根据本任务所讲述的 Windows 7 操作系统的安装过程，请你使用硬盘完成 Windows 7 操作系统的安装，为了不破坏原有计算机的操作系统，请你使用 VMware 创建虚拟主机，并在虚拟主机上完成安装过程。

任务 2　Windows 7 外观和主题的设置

🖥 任务目标

- 熟悉控制面板的打开方法。
- 掌握利用控制面板对计算机系统进行个性化设置的方法。
- 掌握控制面板上的其他常用设置项。

📑 任务描述

经过一番努力，小赵将 Windows 7 操作系统安装完毕，为了方便今后的使用，小赵开始对自己计算机的应用环境进行重新配置，请你和他一起来完成吧！

📖 知识要点

(1) Windows 7 的用户交互界面。桌面、任务栏、"开始"菜单、窗口、对话框。

(2) 控制面板的用处和打开方法。

(3) 常用控制面板功能的设置方法。个性化设置、输入法设置、日期和时间设置、字体文件夹、删除应用程序等。

🖱 任务实施

步骤一：熟悉 Windows 7 的用户交互界面

1. Windows 7 的桌面构成

桌面(Desktop)是打开计算机并登录到系统之后看到的主屏幕区域，是用户工作的平面。如图 2-11 所示，Windows 7 的桌面和其他版本的 Windows 一样也是由桌面图标、任务栏和"开始"菜单构成的。

图 2-11　Windows 7 桌面

1) 桌面图标

图标是指在桌面上排列的小图像，图标由图形符号和名字两部分组成。桌面上的图标主要有三类：

(1) 一些是安装 Windows 7 时由系统自动产生的系统图标，如"计算机""网络""回收站"等，在个性化设置里可进行更改。

(2) 一些图标为文件或文件夹图标。在桌面上放置文件和文件夹是很不好的习惯，因为桌面是系统盘下的文件夹，如果系统崩溃，系统盘上的内容会随之丢失，因而临时放置在桌面上的文件或文件夹要经常整理，放置到其他盘符下。

(3) 还有一些图标为快捷图标，在图标的左下角带有一个小箭头。这种图标指向某个对象(程序、文件、文件夹、打印机或网络中的计算机等)，双击快捷图标即可快速打开相应的项目。删除、移动或重命名快捷图标不会影响原有项目。为了避免桌面图标过多造成混乱，可以将不常用的快捷方式统一归类到桌面的一个文件夹中。

2) 任务栏

Windows 7 任务栏是位于桌面底部的水平长条，它是 Windows 系统的总控制中心，包括"开始"按钮、快速启动区域、通知区域、"显示桌面"按钮等，如图 2-12 所示，所有正在运行的应用程序或打开的文件夹均以任务栏按钮的形式显示在任务栏上。

"开始"   快速   已经启   输入法   通知   "显示桌
按钮   启动   动的应   区域   面"按钮
        区域   用程序

图 2-12　任务栏

3) "开始"菜单

单击屏幕左下角的"开始"按钮 或者按键盘上的 Windows 徽标键 ，或者按 Ctrl+Esc 组合键，都会弹出"开始"菜单。它是计算机中程序、文件夹和各种设置的主门户。

2. 用户交互方式

1) 窗口

窗口是操作系统用户界面最重要的部分，人机交互的大部操作都是通过窗口完成的。启动一个应用程序或打开一个文件或文件夹后，都以一个窗口的形式出现在桌面上。

(1) 窗口的组成。

Windows 窗口类型很多，其中大部分都包括相同的组件，主要由标题栏、菜单栏、工具栏、地址栏、搜索栏、滚动条、工作区和状态栏等组件组成。

(2) 窗口的基本操作主要有窗口的移动、缩放、最大化、最小化、关闭和切换等。

用户可以通过拖动窗口的标题栏进行窗口的移动。在 Windows 7 中，使用鼠标将窗口拖动到屏幕左侧或者右侧，窗口就能以 50% 的宽度显示，拖动窗口到屏幕上方，窗口最大化显示。

如果同时打开多个窗口，只有一个窗口是活动窗口，也称当前窗口。活动窗口总是在其他所有窗口之上。窗口之间进行切换的快捷键有 Alt+Tab 和 Alt+Esc，另外按住 Windows 徽标键+Tab

组合键可打开三维窗口切换，可以进行3D形式的窗口切换。

2) 对话框

对话框是操作系统和应用程序与用户交流信息的界面，在对话框中用户通过对选项的选择，完成对象属性的修改或设置。

对话框也是一种矩形框窗口，通常由选项卡和标签、单选按钮、复选框、数值框、下拉列表框、文本框和命令按钮等部件组成。

3) 窗口和对话框的区别

(1) 窗口可以进行最大最小化，能够改变大小，对话框不能。

(2) 窗口有地址栏、菜单栏、工具栏、窗格等结构，对话框没有。

(3) 对话框有下拉列表、单选按钮、复选框、标签等部件，窗口没有。

4) 菜单

(1) "开始"菜单

如图2-13所示，"开始"菜单由"常用程序"列表、所有程序列表、搜索框、用户账户按钮、"固定程序"列表、关机按钮几个区域构成。

图2-13　开始菜单

(2) 下拉式菜单

位于应用程序窗口或其他窗口标题栏下方的菜单栏均采用下拉式菜单，这种菜单中通常包含若干条命令，这些命令按功能分组，分别放在不同的菜单项里，组与组之间用一条横线隔开。当前能够执行的有效菜单命令以深色显示，有些菜单命令前还带有特定图标，说明在工具栏中有该命令的按钮。

(3) 快捷菜单

这是一种随时随地为用户服务的"上下相关的弹出菜单"，在选定的对象上右击鼠标，会弹出与该对象相关的快捷菜单，快捷菜单中列出了可对该对象进行操作的各种命令。右击鼠标时指针所指的对象和位置不同，弹出的快捷菜单命令内容也不同。

(4) 菜单常见符号标记

在菜单命令中包括某些符号标记，下面分别介绍这些符号标记的含义。

① 分隔线标记。下拉菜单中某些命令之间有一条灰色的线，称为分隔线标记，它将菜单中的命令分为结果菜单命令组。同一组中的菜单命令功能一般比较相似。

② 对勾标记(√)。菜单命令的左侧出现对勾标记"√"，表示选择了该菜单命令。

③ 圆点标记(●)。该符号标记表示当前选择的是相关菜单组命令中的一个，此命令组的其他命令则不能同时被选择。

④ 省略号标记(...)。该符号标记表示在执行这类菜单时，系统将打开一个对话框。

⑤ 右箭头标记(▶)。该符号标记表示还有下一级菜单(通常称为级联菜单)。将鼠标移到带有该符号标记的菜单会弹出下一级菜单。

⑥ 双向箭头(⯯)。鼠标指向它时，会显示一个完整的菜单。

⑦ 浅色的命令。菜单项灰化，表示该菜单命令暂时不可用。

步骤二：对 Windows 7 进行"个性化"设置

1. 桌面"个性化"设置

在 Windows 7 操作系统中，用户设置的自由度和灵活性更大，其中桌面的设置是用户工作环境个性化最明显的体现，具体设置步骤如下。

1) 在桌面空白处右击鼠标，在弹出的快捷菜单中选择"个性化"命令。

2) 弹出的"个性化"设置窗口如图 2-14 所示。

图 2-14 "个性化"设置窗口

3) 更改主题

Windows 7 自带多个系统主题，主题是已经设计好的一套完整的系统外观和系统声音的设置方案。如果要更改主题，用户可在"个性化"设置窗口的主题列表中单击选择自己喜欢的主题即可。如果想要拥有更多的主题，可以单击"联机获取更多主题"进入微软网站提供的主题服务，如图 2-15 所示，选择喜欢的主题进行下载，下载后的主题文件要放在系统盘的主题目录"C:/Windows/Resources/Themes"下。

图 2-15 下载主题

4) 更改桌面背景

桌面背景即操作系统桌面的背景图案，也称为墙纸。Windows 7 新安装的系统桌面背景是系统安装时默认的，用户可以根据自己的爱好更换。设置桌面背景的方法如下。

(1) 打开"个性化"设置窗口，单击左下方的"桌面背景"选项，进入"桌面背景"窗口，如图 2-16 所示。

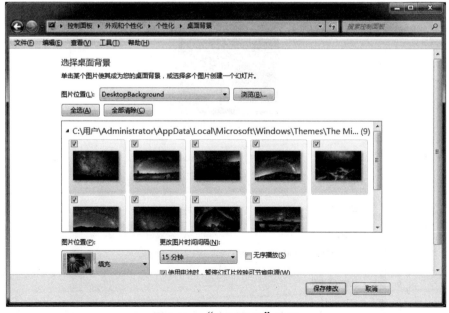

图 2-16 "桌面背景"窗口

可选择一组图片或一张图片，如果选择的是一组图片，则可设置"更改图片时间间隔"和

"无序播放"选项，通过"图片位置"选项设置图片填充类型。

(2) 设置完成后，单击"保存修改"按钮，即可完成桌面背景的设置。

5) Aero 窗口颜色和外观

在如图 2-14 所示的窗口中，单击下方的"窗口颜色"选项，弹出"颜色和外观"设置窗口。窗口的颜色可以从颜色、浓度以及是否启动透明效果等方面进行调整。Aero 是 Windows 7 的高级视觉体验。其特点是透明的玻璃图案中带有精致的窗口动画，以及全新的"开始"菜单、任务栏和窗口边框颜色。

6) 声音

在如图 2-14 所示的窗口中，单击下方的"声音"选项，弹出"声音"对话框。在该对话框的"声音"选项卡上可以选择一种"声音方案"，该方案里预定了启动或关闭 Windows、预警、电子邮件提醒等声音效果。当然用户也可以通过加载声音文件自定义声音。

7) 设置屏幕保护程序

屏幕保护程序(简称"屏保")是专门用于保护计算机屏幕的程序，使显示器处于节能状态。在一定时间内，如果没有使用鼠标和键盘，显示器将进入屏保状态。晃动一下鼠标或按下键盘上的任意键，即可退出屏保。若屏幕保护程序设置了密码，则需要用户先输入密码才能退出屏保。如果不需要使用屏保，可以将屏幕保护程序设置为"无"。设置方法如下。

(1) 单击"个性化"设置窗口右下角的"屏幕保护程序"选项，进入"屏幕保护程序设置"对话框，如图 2-17 所示。

图 2-17　"屏幕保护程序设置"对话框

(2) 在"屏幕保护程序"下拉列表框中选择一种屏幕保护程序，单击"设置"按钮可以设置当前所选屏保的相关项目，然后设置"等待"时间，单击"确定"按钮，即可完成屏幕保护程序的设置。

8) 更改显示器分辨率

显示器的设置主要包括设置显示器的分辨率和屏幕刷新率，分辨率是指显示器所能显示的点的数量，计算机显示画面的质量与屏幕分辨率息息相关。不同尺寸的显示器分辨率设置是不同的，目前液晶显示器多是 16∶10 或 16∶9 的比例，16∶10 显示屏对应的分辨率有 1280×800、1440×900、1680×1050、1920×1200 等，16∶9 显示屏对应的分辨率有 1280×720、1440×810、1680×945、1920×1080 等。

设置最佳分辨率。对液晶显示器而言，如果是原配显示器和显卡，只需要把分辨率调整到范围内的最大值即可。如果是自配组装机，在未安装显示器驱动程序的前提下，只需要参照上面的比例选择最佳分辨率(一般也是最大值)，保证可以满屏显示即可。如果对设置分辨率没有把握，最好查看一下显示器或笔记本电脑的说明书，上面有明确的分辨率支持列表。

显示器分辨率的设置方法如下：

(1) 在桌面空白处右击，在弹出的快捷菜单中选择"屏幕分辨率"命令，进入"屏幕分辨率"窗口，如图 2-18 所示。

图 2-18 "屏幕分辨率"窗口

(2) 在"分辨率"下拉列表框中选择合适的分辨率，单击"确定"按钮即可。

2. 设置任务栏

设置任务栏时，在任务栏空白处右击鼠标，在弹出的快捷菜单中选择"属性"命令，即可打开"任务栏和「开始」菜单属性"对话框，如图 2-19 所示。

图 2-19   "任务栏和「开始」菜单属性"对话框

如图 2-19 所示，"任务栏外观"选项组中有多个复选框及设置效果，含义如下。

(1) "锁定任务栏"复选框：选中该复选框，任务栏的大小和位置将固定不变，用户不能对其进行调整。

(2) "自动隐藏任务栏"复选框：选中该复选框，不用时任务栏隐藏，只有将鼠标靠近任务栏时，任务栏才会显示出来。

(3) "使用小图标"复选框：选中该复选框，任务栏上的图标以小图标形式显示。

(4) "屏幕上的任务栏位置"选项：通过该选项右侧的下拉列表框，可以设置任务栏在屏幕上的位置。

步骤三：应用控制面板上的其他常用设置

控制面板是 Windows 7 图形用户界面的一部分，可通过单击"开始"菜单访问。如图 2-20 所示，它允许用户查看并调整计算机的设置，这些设置按照相近的功能进行分组显示在"控制面板"窗口中，比如"系统和安全"组，应用这里的设置项，用户可以查看计算机的状态、进行系统的防火墙设置、进行磁盘整理等工作。

图 2-20　"控制面板"窗口

1. 设置键盘输入法

在控制面板的"时钟、语言和区域"组中选择"更改键盘或其他输入法",或者在任务栏的输入法处右击鼠标,选择快捷菜单中的"设置"命令,打开"文本服务和输入语言"对话框,如图 2-21 所示,在该对话框中可以添加、删除输入法,并且可以通过"上移"和"下移"按钮更改输入法的顺序。

图 2-21　"文本服务和输入语言"对话框

2. 日期和时间设置

计算机的日期和时间默认显示在桌面的右下角，在控制面板中单击"时钟、语言和区域"选项，在打开的窗口中选择"日期和时间"选项，打开"日期和时间"对话框，单击"更改日期和时间"按钮，打开"日期和时间设置"对话框，如图 2-22 所示，通过该对话框可以设置系统的日期和时间。

图 2-22 "日期和时间设置"对话框

3. 字体文件夹

在控制面板中单击"外观和个性化"选项，在打开的窗口中双击"字体"文件夹图标，可以进入字体文件夹，它的默认目录是"C:\WINDOWS\Fonts"，用户下载的字体文件，可以放在这个文件夹中，以备系统和各种应用程序调用。

4. 卸载应用程序

如果系统中安装的应用程序没有自带卸载项，可以在控制面板中单击"程序"选项，在打开的窗口中单击"程序和功能"设置项中的"卸载程序"命令，打开如图 2-23 所示的"卸载或更改程序"列表，可以在列表中选择要卸载或更新的应用程序，单击"卸载/更改"按钮，完成卸载或更新任务。另外在该窗口中还可以进行 Windows 7 系统组件的增加或删除。

图 2-23　卸载应用程序

举一反三

请你根据本任务所学习的个性化设置方法，在实验室机房或者自己的计算机上完成如下各项设置。

(1) 进行 Windows 7 主题文件的下载，并进行桌面主题的个性化设置。

(2) 显示分辨率的设置。

(3) 任务栏的隐藏设置。

(4) 字体文件的下载，放入字体文件夹后应用该字体进行文本编辑。

(5) 系统的日期和时间设置。

(6) 下载搜狗输入法，并进行输入法设置，只保留该输入法。

(7) 卸载搜狗浏览器。

任务 3　计算机文件系统管理

任务目标

- 掌握计算机中文件和文件夹的管理方式。
- 掌握库的使用方法。
- 熟练掌握计算机中文件和文件夹的基本操作。
- 掌握文件的搜索方法。

任务描述

对于文件系统的管理及基本操作，小赵已经通过以往的 Windows 版本基本熟悉了，但刚刚购买了计算机的小冯各种操作还不熟练，小赵毛遂自荐地给她讲解了一番、顺便自己也复习一下，特别是对于"库"的应用，小赵也是现学现卖。

📖 **知识要点**

(1) 文件和文件夹的管理。在 Windows 7 操作系统中，文件系统呈现树型的目录结构，用户可以通过"计算机""资源管理器"和"库"进行文件的组织和管理工作。

(2) 库是 Windows 7 操作系统中新的管理理念，用户可以根据常用文件的类别将包含这些文件的文件夹地址收入库中，库是上层视图，只保留了组织文件的地址，而不保留文件和文件夹本身。

(3) 文件和文件夹的浏览。改变文件夹的查看方式和排列方式，方便用户浏览。

(4) 文件和文件夹的基本操作包括新建、移动、复制、重命名和删除等操作。

(5) 文件的搜索。使用通配符在预定的范围内搜索名称与搜索项相匹配的文件。搜索时也可结合文件"种类"、文件具体"类别"、文件"修改日期"等附加条件。

🖱 **任务实施**

步骤一：文件和文件夹的管理

在 Windows 7 使用过程中，用户往往通过"计算机"窗口、"Windows 资源管理器"和"库"来管理文件和文件夹。

1. "计算机"窗口

Windows 7 系统一般用"计算机"窗口来查看磁盘、文件和文件夹等计算机资源，如图 2-24～图 2-26 所示，用户主要通过窗口工作区、地址栏、导航窗格 3 种方式进行查看。

1) 通过"窗口工作区"查看

图 2-24　窗口工作区查看过程

2) 通过"地址栏"查看

图 2-25　地址栏查看过程

3) 通过"导航窗格"查看

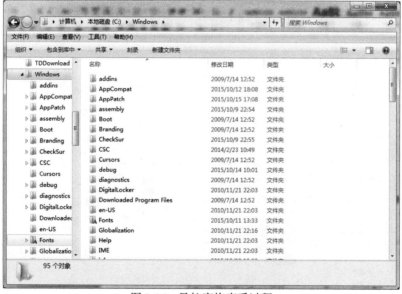

图 2-26　导航窗格查看过程

2. Windows 资源管理器

"Windows 资源管理器"是 Windows 提供的资源管理工具，也是 Windows 的精华功能之一。Windows 7 的资源管理器和"计算机"窗口没有区别，在导航窗格中，整个计算机的资源被划分为四大类：收藏夹、库、计算机和网络。资源管理器的打开方法通常有以下 3 种：

(1) 通过单击"开始"按钮，选择"所有程序"|"附件"菜单中的"Windows 资源管理器"

命令，默认打开"库"。

(2) 通过右击"开始"按钮，在弹出的快捷菜单中选择"打开 Windows 资源管理器"命令，默认打开"库"。

(3) 通过 Win +E 组合键，默认打开"计算机"窗口。

3. 库

库是 Windows 7 文件管理模式的重大革新。在 Windows 7 中，可以使用库组织和访问文件，而不管其存储位置如何。所谓"库"，就是专用的虚拟视图，用于管理文档、音乐、图片和其他文件的位置。用户可以将磁盘上不同位置的文件夹添加到库中，并在库这个统一的视图中浏览不同的文件夹内容。

简单地讲，Windows 7 文件库可以将用户需要的文件和文件夹全部集中到一起，就像网页收藏夹一样，只要单击库中的链接，就能快速打开添加到库中的文件夹。

1) 使用库访问文件和文件夹

可以使用库访问文件和文件夹，并且可以采用不同的方式组织它们，Windows 7 有四个默认库：文档、音乐、图片和视频。通常一个库最多可以包含 50 个文件夹，可以新建库，也可以修改库。

2) 创建新库

如果用户觉得系统默认提供的库还不够使用，还可以新建库。在"计算机"窗口或者Windows资源管理器的导航窗格中单击"库"，在"库"窗口中的工具栏上单击"新建库"按钮，如图 2-27 所示，并输入库的名称。

图 2-27　创建新库

3) 修改现有库

若要将文件复制、移动或保存到库，必须首先在库中包含一个文件夹，以便让库知道存储文件的位置。

(1) 在库中包含文件夹

在任务栏中单击"Windows 资源管理器"按钮，在导航窗格中，导航到要包含的文件夹，选中该文件夹，如图 2-28 所示，在工具栏中单击"包含到库中"下拉列表中的某个库，将该文件夹包含到该库中。

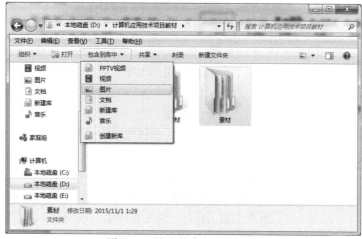

图 2-28　将文件夹包含到库中

(2) 从库中删除文件夹

不再需要库中的文件夹时，可以将其删除。从库中删除文件夹时，不会从原始位置删除该文件夹及其内容。从库中删除文件夹的步骤如下：

① 在任务栏中单击"Windows 资源管理器"按钮。

② 在导航窗格中单击要从中删除文件夹的库。

③ 在库窗格中的"包括"右边单击"位置"按钮。

④ 打开"图片库位置"对话框，在"库位置"列表框中选择要删除的文件夹，单击"删除"按钮，然后单击"确定"按钮。

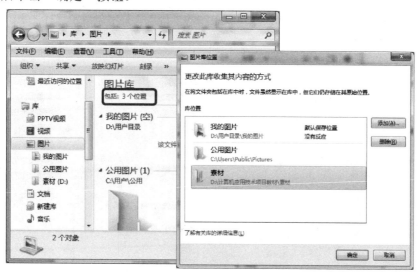

图 2-29　从库中删除文件夹

4) 自定义库

(1) 更改库的默认保存位置

默认保存位置是将项目复制、移动或保存到库时的存储位置。要更改默认保存位置，在图 2-29 所示的对话框中，在当前不是默认保存位置的库位置上右击鼠标，选择"设置为默认保存位置"命令，然后单击"确定"按钮。

(2) 更改、优化库所针对的文件类型

每个库都可以针对特定文件类型(视频、文档、音乐或图片)进行优化。针对某个特定文件类型，优化库将更改排列该库中的文件时可以使用的选项。更改、优化库所针对的文件类型的步骤为：在要更改的库上右击鼠标，选择"属性"命令，在弹出的对话框中，选择"优化此库"列表中的某个文件类型，然后单击"确定"按钮。

如果删除库，会将库自身移动到"回收站"。在该库中访问的文件和文件夹因存储在其他位置，故不会删除。

(3) 还原默认库

如果意外删除了四个默认库(文档、音乐、图片或视频)中的一个，可以在导航窗格中将其还原为原始状态，方法是：在"库"上右击鼠标，然后在弹出的快捷菜单中选择"还原默认库"命令。

步骤二：文件和文件夹的浏览

1. 文件夹和文件的查看方式

Windows 系统提供了文件和文件夹的多种查看方式，主要以超大图标、大图标、中等图标、小图标、列表、详细信息、平铺和内容来显示图标。可以在"计算机""Windows 资源管理器""库"中通过以下三种方法对文件和文件夹的查看方式进行设置。

(1) 单击工具栏中的"视图"按钮，如图 2-30 所示，拖动滑块进行相应查看方式的选择。

(2) 单击"查看"菜单，在展开的命令列表中，进行相应查看方式的选择。

(3) 在窗口中右击鼠标，在弹出的快捷菜单中的"查看"菜单命令中选择所需的查看方式，如图 2-31 所示。

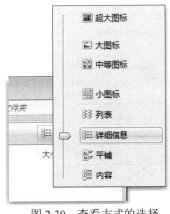

图 2-30　查看方式的选择

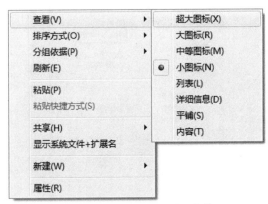

图 2-31　"查看"菜单

2．文件夹和文件的排序方式

排序选项不会更改文件的显示方式，只会将文件重新排列。通常文件根据文件名的字母顺序排列。为了让文件排序更符合用户的要求，需要改变排序方式，这时打开要排序的文件夹或库，在空白位置右击鼠标，弹出如图 2-32 所示的快捷菜单，选择菜单命令"排序方式"，然后单击某个选项。

图 2-32 "排序方式"菜单

3．设置文件夹选项

"文件夹选项"对话框是 Windows 7 系统提供给用户设置文件夹属性的对话框。单击"工具"菜单，选择"文件夹选项"命令，打开如图 2-33 所示的对话框。

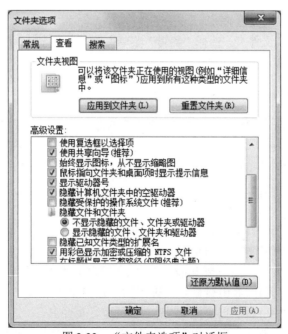

图 2-33 "文件夹选项"对话框

4．文件与应用程序的关联

在 Windows 中，将某种类型的文件与一个可以打开它的应用程序间建立一种关联关系，叫文件关联。关联建立后，当双击该类型文件时，系统就会先启动这一应用程序，再用它打开该类型文件。

一个文件可以与多个应用程序发生关联，用户可以利用文件的"打开方式"进行关联程序的选择。具体操作是：在要建立关联的文件上右击鼠标，在弹出的快捷菜单中选择"打开方式"命令，再选择"选择默认程序"选项，在弹出的"打开方式"对话框中选择一个应用程序与之建立关联。

步骤三：文件和文件夹的操作

文件与文件夹的操作是 Windows 7 的一项重要功能，包括新建、重命名、复制、移动、删除、快捷方式的建立、查找等基本操作。

1．选定文件或文件夹

对文件或文件夹进行操作之前，先选定要进行操作的文件或文件夹，即使用"先选择后操作"的原则。

(1) 选定单个文件或文件夹：单击要选择的文件或文件夹，使其高亮显示。

(2) 选定连续的多个文件或文件夹：先单击第一个文件或文件夹图标，按住 Shift 键，再单击最后一个文件或文件夹图标，这样，从第一个到最后一个连续的文件或文件夹被选中。

(3) 选定不连续的多个文件或文件夹：先单击第一个文件或文件夹图标，按住 Ctrl 键，再依次单击要选定的文件或文件夹。

(4) 选定全部文件和文件夹：选择"编辑"菜单中的"全部选定"命令，或者按 Ctrl+A 组合键，即可选定该对象下的所有文件和文件夹。

2．新建文件或文件夹

在"计算机""桌面""Windows 资源管理器"的任一文件夹中都可以新建文件或文件夹。新建文件或文件夹可以使用"文件"菜单下的"新建"命令，也可以在窗口空白处右击鼠标，在弹出的快捷菜单中选择"新建"命令。

3．重命名文件或文件夹

根据需要经常要对文件或文件夹重命名。重命名的方法有以下几种。

(1) 单击要重命名的文件(文件夹)，选择"文件"菜单中的"重命名"命令。在文件(文件夹)名称输入框里输入名称，然后按 Enter 键，或在空白处单击鼠标即可。

(2) 选中文件(文件夹)后右击鼠标，在弹出的快捷菜单中选择"重命名"命令。

(3) 选中文件(文件夹)后，直接按 F2 键，也可进行重命名。

(4) 用鼠标指向某文件(文件夹)，单击一下鼠标后，稍停一会儿，再单击，即可进行重命名。

4．复制文件或文件夹

复制文件或文件夹是指为文件或文件夹在某个位置创建一个备份，而原位置的文件或文件夹仍然保留。有以下几种方法可以实现复制操作。

(1) 利用"剪贴板"复制文件或文件夹(Ctrl+C、Ctrl+V)。

(2) 使用鼠标拖动方式复制文件或文件夹，在不同驱动器之间进行文件或文件夹的拖动可实现复制，若要复制的文件或文件夹与目标位置在同一驱动器时，要按住 Ctrl 键拖动。

(3) 使用"发送到"命令复制文件或文件夹。

5．移动文件或文件夹

移动文件或文件夹是指将对象移到其他位置。有以下几种方法可以实现移动操作。

(1) 利用"剪贴板"移动文件或文件夹。

(2) 使用鼠标拖动方式移动文件或文件夹，相同驱动器之间直接进行拖动表示移动。若要移动的文件或文件夹与目标位置在不同的驱动器时，要按住 Shift 键拖动。

6．删除文件或文件夹

删除文件或文件夹的方法有以下几种。

(1) 选中要删除的文件或文件夹，按 Delete 键。

(2) 选中要删除的文件或文件夹，右击鼠标，在弹出的快捷菜单中选择"删除"命令。

(3) 选中要删除的文件或文件夹，选择"文件"菜单中的"删除"命令。

删除文件或文件夹时，通常是将删除的对象放入"回收站"。如果不小心误删了文件或文件夹，可以利用"回收站"恢复被删除的文件或文件夹。若要彻底删除文件或文件夹，可在按 Delete 键的同时按住 Shift 键。

7．快捷方式

1) 快捷方式的含义

快捷方式是一个指向其他对象(文件、文件夹、应用程序等)的可视指针，因而，快捷方式并不能改变应用程序、文件、文件夹、打印机或网络中计算机的位置，使用它可以更快地打开项目，并且删除、移动或重命令快捷方式均不会影响原有的项目。

2) 快捷方式的建立与删除

(1) 选中对象，右击鼠标，从弹出的快捷菜单中选择"发送到"命令列表中的"桌面快捷方式"命令。

(2) 在桌面空白处右击鼠标，从弹出的快捷菜单中选择"新建"命令列表中的"快捷方式"命令，根据向导提示建立对象在桌面上的快捷方式。

8．文件夹或文件的搜索

Windows 7 的搜索功能十分强大，不仅可以搜索文件和文件夹，还可搜索网络上的某台计算机或某个用户名等。

1) 使用"开始"菜单上的搜索框

单击"开始"按钮，然后在搜索框中输入文本或文本的一部分，可完成"开始"菜单中的搜索。图 2-34 所示为搜索包含"浏览器"文本的应用程序和文件列表。

图 2-34　搜索框

2) 使用文件夹或库中的搜索框

如图 2-35 所示，在搜索框中输入文件或文件夹的全名或部分名称(可以使用通配符*或？)，或者输入文件中包含的词或短语，即可进行搜索。搜索还可以利用时间信息、文件大小、文件类型等属性信息进行辅助搜索。

图 2-35　在搜索中使用通配符

3) 将搜索扩展到特定库或文件夹之外

如果在特定库或文件夹中无法找到要查找的内容，则可以扩展搜索。这时将鼠标移动到搜索结果列表底部的"在以下内容中再次搜索",选择"库""计算机""自定义"或"Internet",扩展搜索的范围。

✂ 举一反三

请根据本任务所学习的内容完成如下基本操作:

(1) 在 D 盘根目录下新建名为"Win7 文件基本操作"的文件夹。

(2) 在"Win7 文件基本操作"文件夹下,新建 Word 文档,并命名为***简历(***为自己的姓名)。

(3) 打开 Word 文档"***简历.docx",并输入自己的个人简历,要求 100 字左右。

(4) 将"***简历.docx"文档复制到桌面上的"接收文件柜"文件夹中。

(5) 将"Win7 文件基本操作"文件夹复制到 C 盘根目录。

(6) 将"C:\Win7 文件基本操作"文件夹下的"***简历.docx"重命名为"个人简历.docx"。

(7) 将"C:\Win7 文件基本操作"文件夹下的"个人简历.docx"的文件属性设置为"隐藏"。

(8) 再恢复"C:\Win7 文件基本操作"文件夹下的"个人简历.docx"文档属性为可见。

(9) 删除"C:\Win7 文件基本操作"文件夹下的 "个人简历.docx"文档。

(10) 从回收站中恢复刚才删除的"C:\Win7 文件基本操作"文件夹下的 "个人简历.docx"文档。

🖱 综合实训

1. 请完成如下任务

(1) 下载虚拟主机软件 VMware ,可以到其官方网站(http://www.vmware.com/cn/)下载免费版本,也可以到其他熟悉的下载站点进行下载。

(2) 安装虚拟主机软件,如图 2-36 所示。

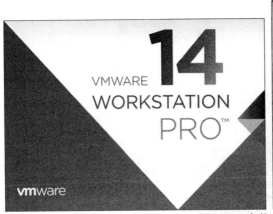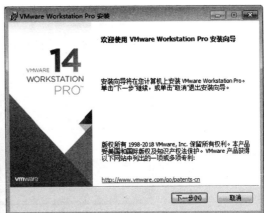

图 2-36　安装虚拟主机软件

(3) 创建虚拟主机。在如图 2-37 所示的启动界面的"主页"选项卡中单击"创建新的虚拟机"按钮,根据向导完成创建。

图 2-37　新建虚拟主机

　　在创建虚拟主机的过程中，要为主机命名，并在硬盘上为虚拟主机单独划分出一块空间，如图 2-38 所示，这里在 F 盘上新建了一个名为 VmwareWin7sw 的文件夹，作为新建主机的位置。

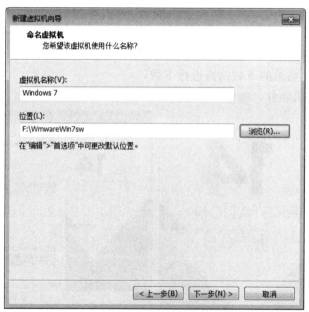

图 2-38　确定虚拟主机名称及其在硬盘中的存储位置

　　(4) 下载 Windows 7 操作系统的镜像文件(扩展名为.iso)。

　　(5) 在虚拟主机上安装 Windows 7 操作系统。

2. 请进行如下搜索操作

(1) 在 "C:\WINDOWS\system32" 文件夹中搜索第 2、3 个字符为 a、s，第 5 个字符为 t 的文件和文件夹，最后关闭搜索面板。

(2) 请在 "C:\WINDOWS" 文件夹中查找大于 1MB 的所有文件和文件夹。

(3) 在 C 盘上搜索文件 Notepad.exe。

3. 请进行如下文件操作

(1) 利用 "记事本" 新建一个文本文档，内容为 "好好学习，天天向上！"，保存在 "D:\" 下，文件名为 "TEST.TXT"。

(2) 将 "TEST.TXT" 重命名为 "测试.TXT"。

(3) 将 "测试.TXT" 移动到 "C:\" 下。

(4) 直接删除 "C:\" 下的 "测试.TXT"，而不是将其放到回收站中。

项目 3
Word 2013文档制作与处理

　　Word 2013 是 Microsoft 公司开发的 Office 2013 办公软件的组件之一，其主要功能是方便、快捷地进行文字处理和排版。Word 具有十分广泛的用户群，公司企业的各种技术文档、国家机关的文件编写、学校学生论文的排版等，凡是涉及文字处理的地方基本都会用到 Word。因此，学会并且能够用好 Word，对于工作和学习是十分有帮助的。

教学目标

- 熟练掌握 Word 2013 文档的新建、保存等基本操作。
- 熟练掌握 Word 2013 文档中的文本、表格的编辑操作。
- 熟练掌握 Word 2013 文档中的多种对象混排操作。
- 掌握 Word 2013 中长文档编辑的方法。
- 掌握 Word 2013 中邮件合并的方法。

项目实施

任务 1　编写学生会纳新策划书

任务目标

- 掌握 Word 2013 文档的新建、保存等基本操作。
- 掌握 Word 2013 文档中文本的录入与简单编辑。
- 熟练掌握 Word 2013 文档中字体格式的设置。
- 熟练掌握 Word 2013 文档中段落格式的设置。
- 熟练掌握 Word 2013 文档中查找与替换操作。

任务描述

新生入学后，一年一度的学生会纳新活动开始了，为了更好地开展这项活动，为学院学生会注入新的活力，团委老师将"学生会纳新策划书"的编写与排版任务交给了你，请你用 Word 2013 制作完成，交给老师。

知识要点

(1) 文档的建立。方法有很多种，一般是先确定存储的位置(文件夹)，并在该文件夹中右击鼠标，在快捷菜单的"新建"命令中选择"Microsoft Word 文档"。

(2) 文档的保存。文档的保存格式、名称、位置的确定。

(3) 文档重命名。给已存在的文档更改名称。

(4) 文本的录入与编辑。编辑文本主要是选定、移动、复制、插入、删除、查找与替换文本。

(5) 文本的格式设置。包括"字体格式"和"段落格式"两大部分内容。

(6) 项目符号与编号。项目符号和编号都是列表，项目符号是一种无序的列表，列表中的项目没有顺序关系，表现形式为列表中的项目文字前面加上表示强调的圆点或其他符号。项目编号是一种有序的列表，列表中的项目文字前面会有"1、2、3…"或"a、b、c …"这样的序号。

(7) 文本的查找与替换。在文档中查找或替换符合内容格式要求的文本。

任务实施

步骤一：初识 Word 2013

1. Word 2013 的启动与退出

1) 启动 Word 2013

启动 Word 2013 的方法有很多种，常用的启动方法主要有以下三种。

(1) 菜单方式。单击"开始"按钮下的"所有程序"展开程序列表，选中 Microsoft Office 2013 下的 Word 2013 命令，即可启动 Word 2013。

(2) 快捷方式。双击建立在 Windows 桌面上的 Microsoft Office Word 2013 快捷方式图标或快速启动栏中的图标，即可快速启动 Word 2013。

(3) 双击任意已经创建好的 Word 文档，在打开该文档的同时，启动 Word 2013 应用程序。

2) 退出 Word 2013

常用的退出 Word 2013 的方法有以下四种。

(1) 单击 Word 2013 窗口右上角的"关闭"按钮。

(2) 选择"文件"列表中的"退出"命令。

(3) 双击 Word 2013 窗口左上角的图标或单击该图标，选择"关闭"命令。

(4) 使用快捷键 Alt+F4 可以关闭当前应用程序。

2. 认识 Word 2013 的工作界面

Word 2013 工作界面由标题栏、选项卡、快速访问工具栏、功能区、工作区、状态栏、视图切换区和显示比例调节区等组成，如图 3-1 所示。

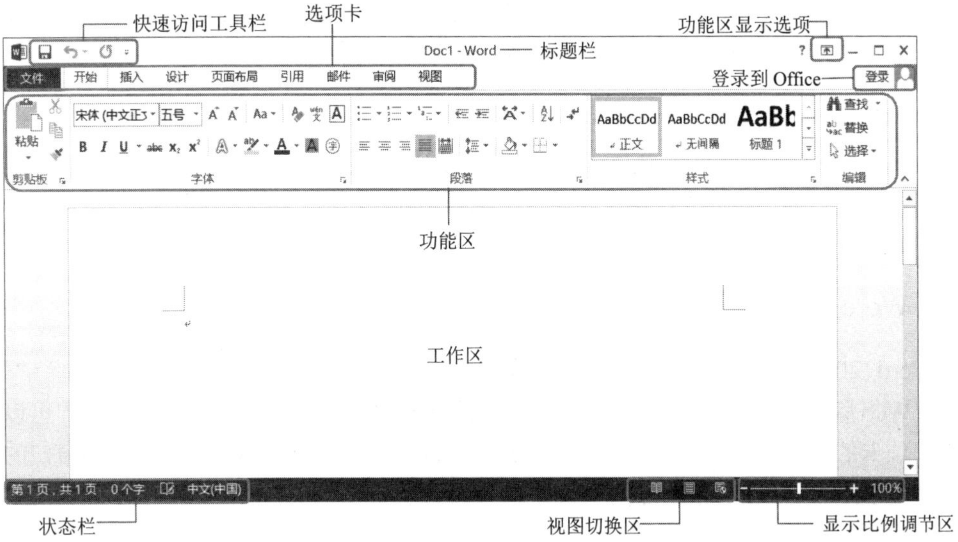

图 3-1　Word 2013 操作界面

1) 标题栏

标题栏位于 Word 窗口最上方，自左至右分别有控制菜单图标、快速访问工具栏、Word 窗口标题及"最小化""最大化"(或"还原")和"关闭"按钮。其中快速访问工具栏默认具有"保存""撤销""恢复"三个命令按钮，用户可以根据需要添加新命令按钮或删除命令按钮。

2) 选项卡

选项卡位于标题栏的下方，由文件、开始、插入、设计、页面布局、引用、邮件、审阅、视图 9 个选项卡组成，单击每个选项卡，在功能区将显示其相应的功能。

3) 登录

登录是 Office 2013 提供的新功能，用户通过登录到 Office，可将所编写的文档上传到云端，进而实现多设备同一文档的共享，可以从任何位置访问云端的文档。

4) 功能区

功能区位于选项卡的下方，显示的是当前选项卡的内容。当前选项卡不同，功能区的内容也随之改变。Word 2013 的功能区可以通过"功能区显示选项"按钮来进行功能区的显示和隐藏。

5) 状态栏

状态栏位于 Word 窗口的最下方，用来显示该文档的基本数据，如"第 1 页，共 5 页"表示该文档一共有 5 页，当前显示的是第 1 页；"字数"显示文档中的总字数，单击它可打开"字数统计"对话框，将显示更加详尽的统计信息。

6) 视图切换区

状态栏右侧有一组按钮，用来快捷地实现 Word 2013 中视图的切换。视图是用户阅读文档的方式，对于 Word 2013 中的视图，接下来会有详细介绍。

7) 显示比例调节区

Word 有两种调整显示比例的方法。一种是用鼠标拖动位于 Word 窗口右下角的显示比例调节按钮，向右拖动将放大显示，向左拖动则缩小显示。另一种是选择"视图"选项卡"显示比例"组中的"显示比例"命令，进行详细的设置。

3. Word 2013 的文档视图

Word 2013 中提供了多种视图模式供用户选择，它们包括"阅读视图""页面视图""Web 版式视图""大纲视图"和"草稿"5 种视图模式，如图 3-2 所示，用户可以在"视图"选项卡的"视图"组中选择需要的文档视图模式，也可以在 Word 2013 文档窗口的右下方的视图切换区单击相应的"视图"按钮选择视图。

图 3-2 "视图"组

1) 页面视图

页面视图是 Word 2013 默认的视图模式，它直接按照用户设置的页面大小进行显示，此时的显示效果与打印效果完全一致，可从中看到各种对象(包括页眉、页脚、水印和图形等)在页面中的实际打印位置。在页面视图中，可进行页眉、页脚、多栏版面的设置，可处理文本框、图文框的外观，并且可对文本、格式以及版面进行编辑修改，也可拖动鼠标来移动文本框及图文框。

2) 阅读视图

阅读视图以图书的分栏样式显示 Word 2013 文档。在该视图下，标题栏、功能区都隐藏起来，文档上面仅出现一个简单的工具条为方便用户阅读时操作，此时的文档就像翻开的书一样便于阅读，按 Esc 键可退出该视图。

3) Web 版式视图

Web 版式视图以网页的形式显示 Word 2013 文档。Web 版式视图适用于发送电子邮件和创建网页时使用。

4) 大纲视图

大纲视图按照文档中标题的层次来显示文档，可以方便地折叠、展开各种层级的文档。在该视图下，还可以通过拖动标题来移动、复制或重新组织正文，方便长文档的快速浏览和修改。

5) 草稿

草稿取消了页面边距、分栏、页眉、页脚和图片等元素，仅显示标题和正文，是最节省计算机系统硬件资源的视图模式。

步骤二：创建学生会纳新策划书文档

1. 文档的创建与打开

1) 创建新的文档

启动 Word 2013 后，可以采用下列两种方法创建新的文档。

(1) 创建空白文档。选择"文件"列表中的"新建"命令，如图 3-3 所示，选择列表中的第一项"空白文档"，单击即可新建一个空白文档。另外，按 Ctrl+N 组合键即可快速创建新的空白文档。

(2) 创建带有模板的文档。选择"文件"列表中的"新建"命令，单击列表中的模板项，如选择"书法字帖"，即可创建带相应模板的文档。如果在图 3-3 的搜索栏中输入关键字并单击 🔎 按钮，可以搜索更多的相关联机模板。

图 3-3　新建空白文档

2) 打开已有文档

当用户需要对已经存在的文档进行编辑、修改等操作时，必须先打开该文档。选择"文件"列表中的"打开"命令或按 Ctrl+O 组合键，可以进入打开界面。对于很久未用的文档，在界面中选中"计算机"，单击"浏览"按钮，在弹出的"打开"对话框中选择查找范围，选中需要打开的文件，单击"打开"按钮，即可打开已有文档。对于近期使用的文档，可以在"最近使用的文档"列表中直接单击打开。

2. 文档的保存

新建的文档或编辑的文档只是暂时存放在计算机的内存中，若文档未经保存就关闭 Word

程序，文档内容就会丢失，所以必须将文档保存到磁盘上，才能达到永久保存的目的。在 Word 2013 中，有多种保存文档的方法，这些方法分别如下。

(1) 保存新文档。首次保存文档时，必须指定文件名称和文件存放的位置(磁盘和文件夹)以及保存文档的类型。具体的操作方法是选择"文件"列表中的"保存"命令或按 Ctrl+S 组合键，打开保存界面，选中"计算机"后单击"浏览"按钮，在弹出的如图 3-4 所示的"另存为"对话框中命名文件并选择保存位置。

图 3-4　"另存为"对话框

(2) 保存已有文档。新建文档经过一次保存，或以前保存的文件重新修改后，可直接用"文件"列表中的"保存"命令(组合键 Ctrl+S，命令按钮 ■)保存修改后的文档。

(3) 另存文档。如果要将文档保存为其他名称或其他格式，或保存到其他文件夹中，均可通过"另存为"命令实现。单击"文件"列表中的"另存为"命令，按初次保存的方法重新进行保存设置。

创建学生会纳新策划书文档
- 单击桌面上的 Word 2013 图标，打开 Word 2013 应用程序。
- 执行"文件"列表中的"新建"命令单击列表中的第一项"空白文档"，即可新建一个 A4 空白文档。
- 执行"文件"列表中的"保存"命令，选中列表中的"计算机"，单击"浏览"按钮，在打开的"另存为"对话框中，将文件名设为"学生会纳新策划书完成稿"，保存类型设为"Word 文档"，保存在 E 盘的"Word 练习"文件夹下。

步骤三：在文档中输入文本

1. 文档的输入

新建文档或打开已有的文档后，就可以直接在文档中输入内容了。Word 2013 保留了插入和改写两种输入模式，插入模式中输入的文本插到光标点左侧，光标自动后移，改写模式中输入的文本将覆盖光标点后面的文本。按键盘上的 Insert 键可以在插入和改写两种模式之间切换。

2. 文档的编辑

在 Word 文档中，文档最基本的编辑包括文本的定位、选定、删除、移动和复制。

(1) 文本定位

移动光标可以确定文本或对象将要插入的位置，具体的方法有：

● 使用鼠标定位。将鼠标移到需要插入文本的位置后单击鼠标左键。

● 使用键盘定位。按键盘上的"上下左右"方向键，调整光标位置。

● 使用"编辑"组中的"查找"命令定位，将插入点移到较远的位置。

(2) 文本选定

对文本进行各种操作，必须先选定文本。选定文本主要有鼠标选定、键盘选定、鼠标键盘组合选定、使用"选择"命令选定四种方法。

● 鼠标选定

① 拖动选定：将插入点移到要选择文本的起始位置，拖动鼠标至要选择文本的结束位置，选中部分呈选定状态。

② 利用选定区：在文档窗口的左侧有一空白区，称为选定区，移到这个区域的鼠标形状为 ▷。此时可利用鼠标对文本的行和段落进行选定操作。

单击鼠标左键：选定箭头所指向的一行。

双击鼠标左键：选定箭头所指向的一段。

三击鼠标左键：全选整个文档。

● 键盘选定

将插入点定位到要选择文本的起始位置，按住 Shift 键的同时，通过↑、↓、←、→等操作键移动插入点到选择文本的结束位置，则选择部分呈选定状态。

组合键 Shift+↑：向上选定　　　组合键 Shift+↓：向下选定

组合键 Shift+←：向左选定　　　组合键 Shift+→：向右选定

组合键 Ctrl+A：选定整个文档

● 鼠标键盘组合选定

选定一句：将光标移动到指向该句的任何位置，按住 Ctrl 键单击。

选定连续区域：将插入点移动到要选择文本的起始位置，按住 Shift 键的同时，将插入点移到要选择文本的结束位置，则选择部分呈选定状态。

选定矩形区域：按住 Alt 键利用鼠标拖动出要选择的矩形区域。

选定不连续区域：按住 Ctrl 键再选择不同区域。

选定整个文档：将鼠标移至文本选定区，按住 Ctrl 键单击。

● 使用"开始"选项卡"编辑"组中的"选择"命令

选择对象：用于选择文本外的其他对象。

选定所有格式类似的文本：选取应用了某种样式或格式的文本后，选择该命令项，则所有应用了这种样式或格式的文本都被选中。使用该功能时，需要选择"文件"选项卡中的"选项"命令，在弹出的"Word 选项"对话框左侧选择"高级"选项，并在右侧的"编辑选项"中选中"保持格式追踪"。

选择窗格：使用该命令项，将在编辑窗口的右方弹出"选择和可见性"任务窗格，在任务窗格中显示了插入点所在页的形状，供用户准确选择。

(3) 删除文本

先选定要删除的文本，然后按 Delete 键即可删除。或把插入点定位到要删除的文本之后，通过退格键 Backspace 进行删除。若把插入点定位到要删除的文本之前，则需要通过 Delete 键进行删除。

(4) 移动和复制文本

- 使用鼠标：先选中要移动的文本块，直接拖动到需移动到的目标位置实现文本移动。在拖动的过程中按住键盘上的 Ctrl 键，可以实现文本复制。
- 用命令按钮或快捷键：先选中要移动的文本，单击"剪贴板"组中的"剪切"按钮(组合键 Ctrl+X)或"复制"按钮(组合键 Ctrl+C)，定位插入点到目标位置，再单击"粘贴"按钮(组合键 Ctrl+V)。

"剪贴板"组中的粘贴按钮下方有一个下拉按钮，单击该按钮，弹出一个命令组，通过该命令组可以进行"选择性粘贴"和"默认粘贴"的设置。

在学生会纳新策划书文档中进行文字的录入与编辑

- 在教程素材 Word 任务一中，找到文本文档"学生会纳新策划书文字素材"。
- 选择一种中文输入法，根据素材内容，在光标闪烁位置录入文字。
- 根据所在学校学生会的情况修改文字内容。
- 注意：网上查到的文字参考资料在复制后要使用"选择性粘贴"命令粘贴在所编辑的文档中，即在光标闪烁的位置右击鼠标，在粘贴选项中选择 图标，只保留文本，防止原有网页格式的贴入。
- 按 Ctrl+S 组合键保存录入的文字。

步骤四：设置文档格式

1. 设置字符格式

设置字符格式主要是对文字的字体、字形、字号、颜色、下画线、上标、下标及动态效果等的设置。Word 2013 中，设置字符格式主要有两种方法，一种是在"开始"选项卡的"字体"组中设置，另一种是在"字体"对话框中设置。

(1) 在"开始"选项卡的"字体"组中设置字符格式，可以设置字体、字号、字形、颜色，还可以给文字加下画线、边框、底纹等，如图 3-5 所示。

图 3-5　"字体"组

(2)"字体"对话框如图 3-6 所示,可通过单击"开始"选项卡中"字体"组右下角的对话框启动器按钮启动它。在"字体"对话框中可以更细致地对字体进行设置。比如同时改变文档中的中文、西文字体、设置字符间距等。

图 3-6　"字体"对话框

2. 设置段落格式

段落格式设置主要指段落的缩进、段间距、行间距、大纲级别和对齐方式等的设置。主要有两种方法,一种是在"开始"选项卡的"段落"组中设置,另一种是在"段落"对话框中设置。

(1)在"开始"选项卡的"段落"组中设置,主要可以设置段落的对齐方式、行间距、段间距等,如图 3-7 所示。

图 3-7　"段落"组

(2)利用"段落"对话框设置,可通过单击"开始"选项卡"段落"组右下角的对话框启动器按钮启动它。在"段落"对话框中可以更详尽地对段落格式进行设置,如图 3-8 所示。

① 对齐方式。Word 2013 中主要有 5 种对齐方式,分别是左对齐、居中、右对齐、两端对齐和分散对齐。

② 缩进。段落缩进可分为一般缩进和特殊格式缩进两种。左缩进和右缩进为一般缩进,指整个段落与左、右页边界之间的距离。而作为特殊格式缩进的首行缩进和悬挂缩进,可以对段落中单独一行的缩进量进行设置。

　　首行缩进是将首行向内移动一段距离，其他行保持不变。悬挂缩进则是除首行之外的其余各行缩进一段距离。方法是在如图 3-8 所示的"段落"对话框中，单击"特殊格式"列表框的下拉按钮，选择"首行缩进"或"悬挂缩进"，然后在"磅值"数值框中设定缩进量的值，根据中文排版习惯，缩进量一般为"2 字符"。在"预览"框中可以查看设置的效果，单击"确定"按钮完成缩进设置。

图 3-8　　"段落"对话框

　　③ 段间距。段间距是对段落与段落之间距离的设置。设置方法为：先选定要设置段落的文本，打开"段落"对话框，在"间距"选项组的"段前"和"段后"数值框中输入或单击调整按钮设置所需的间距值，单击"确定"按钮完成段间距的设置。

　　④ 行间距。行间距是指文本中行与行之间的垂直距离。设置方法为：先选定需设置间距的文本，打开"段落"对话框，在"间距"选项组的"行距"列表框中选择所需的间距值，包括"单倍行距""1.5 倍行距""2 倍行距""最小值""固定值"和"多倍行距"，其中"最小值""固定值"和"多倍行距"可设置具体的间距值，最后单击"确定"按钮完成行间距设置。

调整学生会纳新策划书文档的格式

- 按照"从整体到局部"的顺序调整文档的格式。
- 按 Ctrl+A 组合键全选文档，在"开始"选项卡的"字体"组中调整文档的字体为"宋体"、字号为"5 号"；在"段落"组中单击右下角的对话框启动器按钮，在弹出的对话框中调整行间距为"单倍行距"，特殊格式为"首行缩进"，缩进值为"2 字符"。
- 标题设置。选中第一段，在"字体"组设置其字号为"2 号""加粗"，在"段落"组设置对齐方式为"居中"，段前段后距离各为"1 行"。
- 按 Ctrl+S 组合键保存文档。

3. 首字下沉

在排版时，为了使内容醒目，可把段落的第一个字符放大，并下沉一定的距离。这种格式强调了段落的开头，且十分清晰，前面不必加前导空格。

图 3-9 "首字下沉"对话框

设置首字下沉格式的步骤如下。

(1) 将插入点定位于要设置"首字下沉"的段落内。

(2) 单击"插入"选项卡"文本"组中的"首字下沉"按钮，打开"首字下沉"下拉列表，在列表中选择"下沉"或"悬挂"方式，或者单击"首字下沉选项"按钮，打开如图 3-9 所示的"首字下沉"对话框进行设置。

4. 插入符号、日期、项目符号和编号

1) 插入符号

符号是标记、标识，标点符号可以通过键盘直接输入，有时需要插入一些不能直接通过键盘输入的特殊符号，这类符号的插入方法如下。

(1) 将光标定位到需要插入符号的文字处，在"插入"选项卡中打开"符号"列表，如图 3-10 所示。

图 3-10 "符号"列表

(2) 在"符号"列表中单击"其他符号"选项，打开"符号"对话框。

(3) 选择需要插入的符号，单击"插入"按钮即可。

2) 插入日期

Word 文档中经常需要插入日期，一般情况下，日期的输入方法与普通文字的方法相同，若需要插入当前日期，可以在"插入"选项卡的"文本"组中单击"日期和时间"按钮。具体步骤如下所示。

(1) 将插入点定位到需要插入日期的文本处。

(2) 单击"插入"选项卡"文本"组中的"日期和时间"按钮。

(3) 打开"日期和时间"对话框，选择合适的日期格式，单击"确定"按钮即可。

如果需要对插入的日期和时间进行实时更新，可以在"日期和时间"对话框中选中"自动更新"复选框。

3) 项目符号和编号

项目符号和编号都是以自然段落为标志的，编号是为选中的自然段编辑序号，例如"1、2、3"等；项目符号则是为选中的自然段落编辑符号，例如■、●等。

(1) 设置编号

选中需要设置编号的小标题段落，单击"开始"选项卡"段落"组中的"编号"按钮，打开"编号库"，在"编号库"中选择合适的编号，如"一、二、三"，如图3-11所示。

(2) 设置项目符号

为了让文本更醒目，可以给文本添加项目符号，添加项目符号的步骤如下所示。

选择要添加项目符号的文本，单击"开始"选项卡"段落"组中的"项目符号"按钮，打开"项目符号库"，如图3-12所示。

如果所列出的"项目符号库"中的符号都不满意，也可以选择"定义新项目符号"命令，打开"定义新项目符号"对话框，选择适合的项目符号。

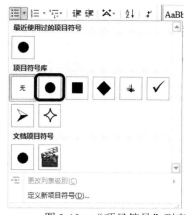

图3-11　"编号"列表　　　　　图3-12　"项目符号"列表

5. 使用多级列表

在一些特殊文档中，要用不同形式的编号来表现标题或段落的层次。此时，就会用到多级列表功能。多级列表最多可以有9个层级，每一层级都可以根据需要设置出不同的格式和形式。多级列表的实现步骤如下：

(1) 打开Word 2013文档窗口，在"开始"选项卡的"段落"组中单击"编号"下拉按钮，并在打开的"编号"下拉列表中选择一种编号格式。

(2) 在第一级编号后面输入具体内容，然后按下回车键。不要输入编号后面的具体内容，而是直接按下Tab键开始下一级编号列表。如果下一级编号列表格式不合适，可以在"编号"下拉列表中进行设置。第二级编号列表的内容输入完成以后，连续按下两次回车键可以返回上一级编号列表。

(3) 按下Tab键开始下一级编号列表，如此反复进行。

设置学生会纳新策划书文档中的编号

- 注意多级编号的顺序关系。中文的编号顺序从大到小应为"一、(一)、1、(1)、①"
- 按住 Ctrl 键，在左侧页边距的选定区单击，选择不连续的多行标题文本。如图 3-11 所示，在"段落"组中选择"编号"列表中的"一、二、三"选项；设置段前段后距离为 0.5 行；取消它们的"首行缩进"。在"字体"组调整字号为"四号""加粗"。
- 按照上面的方法在第六点"活动内容及具体流程"中选中"宣传阶段""报名阶段""竞选阶段"，在"段落"组中选择"编号"列表中的"(一)、(二)、(三)"选项；设置段前距离为 0.5 行。
- 对于连续的要设置编号的段落可以使用鼠标一次性拖动选中。设置"编号"列表中的"1、2、3"。
- 设置项目符号。按住 Ctrl 键选择"初试阶段"和"复试阶段"，在"段落"组中单击"项目符号"按钮，打开"项目符号库"，选择一种项目符号。
- 按 Ctrl+S 组合键保存文档。

步骤五：查找与替换

Word 2013 提供了强大的查找和替换功能，不仅可以在文档中快速查找和替换文本、格式、段落标记、分页符、制表符以及其他项目，而且还可以查找和替换名词或形容词的各种形式或动词的各种时态。并且可以使用通配符和代码来扩展搜索，以找到包含特定字母和字母组合的单词或短语。

1. 查找

查找是指从指定的文档中，根据指定的内容查找到相匹配的文本，具体可以使用以下两种方法进行查找操作。

(1) 打开"开始"选项卡，在"编辑"组中单击"查找"按钮，在窗口的左侧出现如图 3-13 所示的导航窗格，在文本框中输入查找内容"2018"之后，包含"2018"的文本段落就显示在窗格内，窗格内三个选项卡以三种不同的角度方便用户对查找内容定位，除了图中所示的结果内容显示，还有页面内容显示和标题内容显示，可以定位查找内容所在的页面和大纲标题。如果查找到的结果条目特别多，可以通过右侧的黑三角在条目间移动，当然也可以直接用鼠标滑轮滚动。使用鼠标单击窗格中查找到的条目后，正文窗口的页面也会随之变化，查找到的内容会用黄色反色显示。

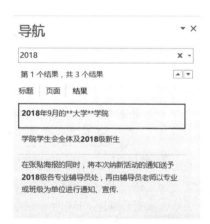

图 3-13　查找"导航"窗格

(2) 打开"开始"选项卡，在"编辑"组中单击"替换"按钮，打开"查找和替换"对话框，并切换到"查找"选项卡，如图 3-14 所示，在"查找内容"文本框内输入要查找的文本，单击"查找下一处"按钮，系统即从光标所在的位置向文档的后部进行查找，当找到"2018"时，将用黄色反色显示。同时，"查找和替换"对话框并不消失，等待用户的进一步操作。若要继续查找，只需再单击"查找下一处"按钮；若要一次性查找出所有相匹配的文本，单击"在以下项中查找"按钮，再选择"主文档"即可。

图 3-14   "查找和替换"对话框

2. 替换

替换是指从指定的文档中，根据指定的内容查找到相匹配的文本，并用另外的文本进行替换，具体步骤如下。

(1) 打开"开始"选项卡，在"编辑"组中单击"替换"按钮，打开"查找和替换"对话框，在"查找内容"和"替换为"文本框中分别进行内容的输入，如图 3-15 所示。

图 3-15   "替换"选项卡

(2) 单击"查找下一处"按钮，在查找到的内容处浏览，单击"替换"按钮，完成一次替换操作。如果单击"全部替换"按钮，则实现对查找内容的无差别替换。

使用查找替换功能替换学生会纳新策划书文档中的学年信息
- 在"开始"选项卡"编辑"组中单击"替换"按钮，按照图 3-15 填写"查找和替换"对话框，单击"全部替换"按钮，完成三处替换。
- 按 Ctrl+S 组合键保存文档。

设计效果

本任务的设计效果如图 3-16 所示。

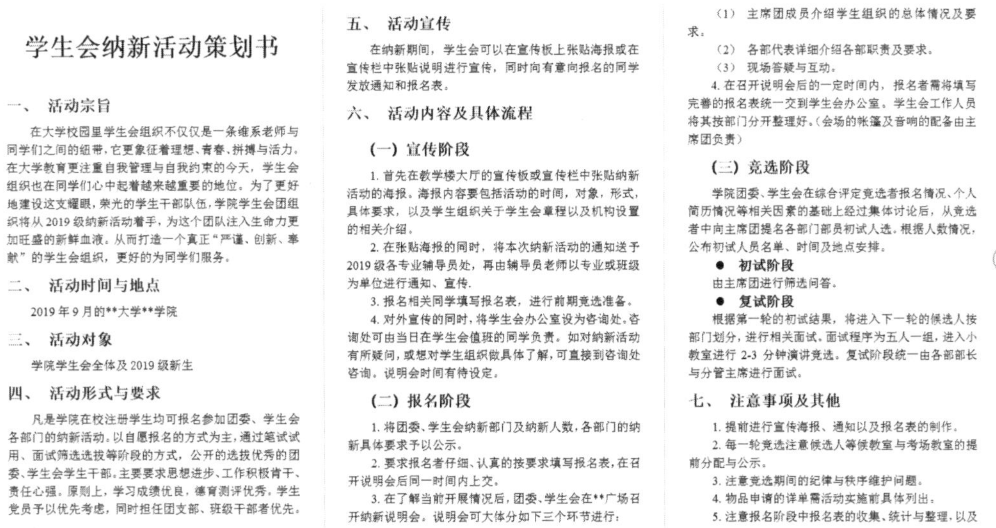

学生会纳新活动策划书

一、　活动宗旨

在大学校园里学生会组织不仅仅是一条维系老师与同学们之间的纽带，它更象征着理想、青春、拼搏与活力。在大学教育更注重自我管理与自我约束的今天，学生会组织也在同学们心中起着越来越重要的地位。为了更好地建设这支耀眼，荣光的学生干部队伍，学院学生会团组织将从 2019 级纳新活动着手，为这个团队注入生命力更加旺盛的新鲜血液。从而打造一个真正“严谨、创新、奉献”的学生会组织，更好的为同学们服务。

二、　活动时间与地点

2019 年 9 月的**大学**学院

三、　活动对象

学院学生会全体及 2019 级新生

四、　活动形式与要求

凡是学院在校注册学生均可报名参加团委、学生会各部门的纳新活动。以自愿报名的方式为主，通过笔试试用、面试筛选选拔等阶段的方式，公开的选拔优秀的团委、学生会学生干部。主要要求思想进步、工作积极肯干、责任心强。原则上，学习成绩优良，德育测评优秀。学生党员予以优先考虑，同时担任团支部、班级干部者优先。

五、　活动宣传

在纳新期间，学生会可以在宣传板上张贴海报或在宣传栏中张贴说明进行宣传，同时向有意向报名的同学发放通知和报名表。

六、　活动内容及具体流程

(一) 宣传阶段

1. 首先在教学楼大厅的宣传板或宣传栏中张贴纳新活动的海报。海报内容要包括活动的时间，对象，形式，具体要求，以及学生组织关于学生会章程以及机构设置的相关介绍。

2. 在张贴海报的同时，将本次纳新活动的通知送于 2019 级各专业辅导员处，再由辅导员老师以专业或班级为单位进行通知、宣传.

3. 报名相关同学填写报名表，进行前期竞选准备。

4. 对外宣传的同时，将学生会办公室设为咨询处。咨询处可由当日在学生会值班的同学负责。如对纳新活动有所疑问，或想对学生组织做具体了解，可直接到咨询处咨询。说明会时间有待设定。

(二) 报名阶段

1. 将团委、学生会纳新部门及纳新人数，各部门的纳新具体要求予以公示。

2. 要求报名者仔细、认真的按要求填写报名表，在召开说明会后同一时间内上交。

3. 在了解当前开展情况后，团委、学生会在**广场召开纳新说明会。说明会可大体分如下三个环节进行：

（1）　主席团成员介绍学生组织的总体情况及要求。

（2）　各部代表详细介绍各部职责及要求。

（3）　现场答疑与互动。

4. 在召开说明会后的一定时间内，报名者需将填写完善的报名表统一交到学生会办公室。学生会工作人员将其按部门分开整理好。（会场的帐篷及音响的配备由主席团负责）

(三) 竞选阶段

学院团委、学生会在综合评定竞选者报名情况、个人简历情况等相关因素的基础上经过集体讨论后，从竞选者中向主席团提名各部门部员初试人选。根据人数情况，公布初试人员名单、时间及地点安排。

● 初试阶段

由主席团进行筛选问答。

● 复试阶段

根据第一轮的初试结果，将进入下一轮的候选人按部门划分，进行相关面试。面试程序为五人一组，进入小教室进行 2-3 分钟演讲竞选。复试阶段统一由各部部长与分管主席进行面试。

七、　注意事项及其他

1. 提前进行宣传海报、通知以及报名表的制作。

2. 每一轮竞选注意候选人等候教室与考场教室的提前分配与公示。

3. 注意竞选期间的纪律与秩序维护问题。

4. 物品申请的详单需活动实施前具体列出。

5. 注意报名阶段中报名表的收集、统计与整理，以及

图 3-16　“任务一”设计效果

举一反三

请在素材中对给定的文本文档“大学生宿舍管理条例.txt”进行排版。排版具体要求如下：

(1) 标题宋体二号加粗，居中对齐；段前段后为 0.5 行。

(2) 正文宋体四号，两端对齐，单倍行距。

(3) 小标题宋体四号加粗，用“(一)、(二)、(三)”进行编号列表。

(4) 具体条例用“1、2、3”进行编号列表。

(5) 使用“查找与替换”功能，将文中的“宿舍长管理委员”替换为“舍务委员”。

(6) 保存文档，将文档命名为“大学生宿舍管理条例完成版.docx”保存在 D 盘上。

任务 2　制作学生会纳新报名表

任务目标

- 熟练掌握在 Word 2013 中创建表格的方法。
- 熟练掌握表格的基本操作。
- 掌握表格的美化操作。
- 熟练掌握页面设置的方法。

任务描述

学生会的纳新策划书已经做好，并得到了团委老师的认可，根据策划书的安排，马上要进行的就是纳新的宣传工作和报名工作，请根据需要设计一张报名表来收集有意向加入学生会的同学信息。

📖 知识要点

(1) 表格基本元素。Word 表格由水平方向的行、垂直方向的列和行列交叉而形成的单元格组成。单元格内可输入数字、文本、日期、图片等内容。

(2) 创建表格。Word 提供了多种方法进行表格的创建，还可以将文本转换为表格。

(3) 设置单元格属性。单元格属性包括单元格大小、插入/删除行和列、拆分/合并单元格、单元格对齐方式等。

(4) 设置表格属性。表格属性包括为表格、行、列和单元格设置尺寸、对齐方式和文字环绕等。

(5) 自动套用表格样式。Word 能自动识别 Excel 工作表中的汇总层次以及明细数据的具体情况，然后统一对它们的格式进行修改。每种格式集合都包含不同的字体、字号、数字、图案、边框、对齐方式、行高、列宽等设置项目，完全可以满足用户在各种不同条件下设置工作表格式的要求。

(6) 表格计算。利用公式可以对表格中的数据进行计算。对数据进行计算，可以利用含有运算符的公式，也可以利用 Word 提供的函数进行计算。

(7) 调整文档的页面设置，使表格在文档页面充分展现。

🖰 任务实施

步骤一：创建纳新报名表

表格是由行和列组成的，行和列交叉的空间叫作单元格。建立表格时，一般先指定行数、列数，生成一个空表，然后再输入内容，也可以将输入的文本转换成表格。

Word 2013 提供了多种创建表格的方法，常用的有以下几种。

1. 使用"表格"菜单

(1) 把光标定位到要插入表格的位置。

(2) 在"插入"选项卡的"表格"组中，单击"表格"命令按钮，展开如图 3-17 所示列表。在该列表中"插入表格"下拖动鼠标以选择需要的行数和列数，在文档中可以同步浏览表格的效果，松开鼠标后即可在插入点处创建一张表格。这种方法最大只能创建 10 列、8 行的表格。

2. 使用"插入表格"命令

(1) 把光标定位到要插入表格的位置。

(2) 打开如图 3-17 所示列表后，选择"插入表格"命令，弹出"插入表格"对话框，如图 3-18 所示。

(3) 在"表格尺寸"选项组中输入列数和行数，在"'自动调整'操作"选项组中选择合适选项。

(4) 设置完成后单击"确定"按钮即可。

图 3-17　"表格"命令列表

图 3-18　"插入表格"对话框

3．绘制表格

有些表格的行、列或单元格没有特定的排列规律，采用插入表格的方式创建往往达不到要求。这时，可采用"绘制表格"功能，手动绘制表格的线框和单元格，步骤如下。

(1) 打开如图 3-17 所示命令列表后，选择"绘制表格"命令，这时指针变为铅笔状。

(2) 将铅笔形状的鼠标指针移到绘制表格的位置，按住鼠标左键拖动鼠标绘制出表格的外框虚线，放开鼠标左键可以得到实线的表格外框。

(3) 再拖动鼠标笔形指针，在表格中绘出水平或垂直线，也可以在单元格中绘制对角斜线。

(4) 在绘制表格的同时在工作界面中出现了"表格工具-布局"选项卡，选择如图 3-19 所示的"表格工具-布局"选项卡"绘图"组中的"橡皮擦"按钮，使鼠标指针变成一个橡皮擦形，拖动它可以擦掉多余的线。

图 3-19　"绘图"组

4．使用表格模板

可以使用表格模板快速创建表格。表格模板包含示例数据，可以查看在添加数据时表格的外观。

(1) 把光标定位到要插入表格的位置。

(2) 打开如图 3-17 所示的命令列表后，单击"快速表格"选项，再选择需要的模板即可。

(3) 使用所需的数据替换模板中的数据。

创建纳新报名表文档并插入表格

● 在文档第一行输入"**学院学生会纳新报名表"的标题文字。
● 回车换行后，创建一个 5 列 6 行的表格，在编辑过程中再做调整。
● 将标题字体调整为"黑体、二号、加粗"，居中对齐，段后 0.5 行。
● 按 Ctrl+S 组合键保存文档。

步骤二：编辑纳新报名表

表格的编辑主要是指在表格中插入单元格、行和列，删除单元格、行和列，合并与拆分单元格以及设置表格的行高和列宽。

1. 插入单元格、行和列

在制作表格的过程中，可以根据需要在表格内插入单元格、行、列，甚至可以在表格内再插入一张表格。

方法：选中表格或将光标定位在单元格中，选择"表格工具-布局"选项卡，在"行和列"组中单击相应的按钮即可，如图 3-20 所示。也可单击"行和列"右下角的对话框启动器按钮，打开"插入单元格"对话框，如图 3-21 所示，在其中选择相应的选项。也可使用"绘制表格"工具在所需的位置绘制行或列。

图 3-20　"行和列"组　　　　　　图 3-21　"插入单元格"对话框

2. 删除单元格、行和列

如果要删除单元格中的文字，选中该单元格后，用 Delete 键或 Backspace 键删除即可。如果要删除表中的单元格、行、列或整张表格，可执行如下操作。

(1) 选中需要删除的单元格、行或列。

(2) 在"表格工具-布局"选项卡的"行和列"组中打开"删除"命令下拉列表，选择相应的命令即可。

3. 合并与拆分单元格

合并单元格是将选定的多个单元格中间的边框去掉成为一个单元格，而拆分单元格则是将一个单元格或多个单元格进行重新分隔，形成符合需要的多个单元格。

1) 合并单元格

首先选中要合并的单元格，选中单元格的方法和文本的选择方法类似，可以使用鼠标拖动选中，也可以通过 Shift 键和上下左右箭头配合。当要选中一行单元格的时候可以将鼠标放在该行任意单元格的左边框线上双击，当要选中一列单元格时可以将鼠标放在该列的第一个单元格的上边框上单击。

然后执行合并单元格的命令，可以在选中的单元格上右击鼠标，在弹出的快捷菜单中选择"合并单元格"命令，也可以在 "表格工具-布局"选项卡的"合并"组中单击"合并单元格"按钮，如图 3-22 所示。完成所选中的单元格的合并。

2) 拆分单元格

先将光标停留在要拆分的那个单元格中，当然，如果要对原来的多个单元格进行重新拆分，则要将多个单元格选中，然后单击"表格工具-布局"选项卡"合并"组中的"拆分单元格"按钮，在弹出的如图 3-23 所示的"拆分单元格"对话框中进行重新设置。

图 3-22 "合并"组

图 3-23 "拆分单元格"对话框

4. 设置表格行高和列宽

1) 不精确调整

将鼠标停留在单元格的右边框线上，鼠标指针变成左右的双向箭头时，拖动可以调整单元格的列宽；将鼠标停留在单元格的下边框线上，鼠标指针变成上下的双向箭头时，拖动可以调整单元格的行高。

2) 精确调整

将鼠标停留在要调整的行或列中，切换到"表格工具-布局"选项卡的"单元格大小"组，重新设置单元格的高度和宽度，如图 3-24 所示。

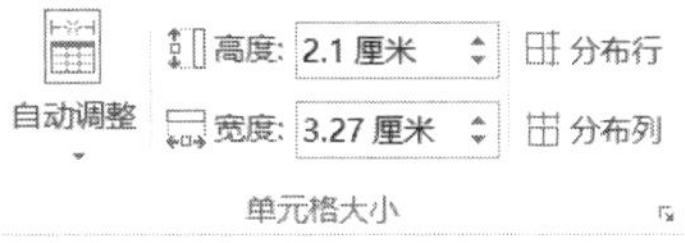

3) 自动调整

将鼠标停留在表格中，切换到"表格工具-布局"选项卡的"单元格大小"组，如图 3-24 所示，利用"分布行"和"分布列"命令可对表格中的行和列的高度、宽度进行平均分布。利用"自动调整"命令列表中的三个命令"根据内容自动调整表格""根据窗口自动调整表格""固定列宽"，可以快速根据需要调整整个表格的布局。

图 3-24 "单元格大小"组

纳新报名表布局的调整

- 将整张表格选中，在"表格工具-布局"选项卡的"单元格大小"组中，设定统一的行高为 1 厘米。
- 设定照片的位置。将表格的第 5 列的前四行选中，在"表格工具-布局"选项卡的"合并"组中单击"合并单元格"命令按钮，将其合并为一个单元格，并输入文字内容"照片"。
- 调整第 5 行。将该行后 2 列单元格选中，用同样的方法合并。
- 调整第 6 行。将该行后 4 列单元格选中，用同样的方法合并。
- 插入行。将光标停留在第 6 行，在"表格工具-布局"选项卡"行和列"组中单击"在下方插入"命令按钮，插入新行，可以看到新行的布局和第 6 行相同。多次单击该命令按钮，继续插入第 8、9、10 行。
- 按照给定文件"教程素材\Word\任务二\学生会纳新报名表.docx"的样表，输入文字内容。字体设为"宋体"，字号设为"小四"，注意特殊符号的插入和必要的折行。
- 调整第 6~10 行的行高。具体的行高根据表格的内容确定。可以不精确调整，也可以进行精确调整，设定第 6 行高度为"2.1 厘米"。
- 按 Ctrl+S 组合键保存文档。

步骤三：美化纳新报名表

1. 设置表格属性

表格属性主要指表格、行、列和单元格等的属性。若要对它们的属性进行设置可执行如下操作。

(1) 选中表格，单击"表格工具-布局"选项卡"表"组中的"属性"按钮，打开"表格属性"对话框。

(2) 在"表格"选项卡中可设置表格的属性。如可设置表格尺寸，设置表格在文档中的对齐方式以及缩进的距离，设置文字是否环绕在图片周围等。

(3) 在"表格"选项卡中单击"边框和底纹"按钮，打开"边框和底纹"对话框，可以给表格添加边框和底纹，在后面会详细介绍。

(4) 在"行"选项卡中可设置行的属性。如设置行的高度，跨页断行以及在各页顶端是否以标题行形式重复出现。

(5) 在"列"选项卡中可设置列的属性。如设置列的宽度及度量单位。

(6) 在"单元格"选项卡中可设置单元格的属性，除了可以指定单元格的宽度和度量单位，还可以对单元格中的内容设置对齐方式。

2. 应用表格样式

1) 设置边框与底纹

为了使表格更加美观，表格创建完成后，可以为表格设置边框与底纹。表格的区域不同，边框和底纹也可以不同。在任意单元格内单击，然后选择如图3-25所示的"表格工具-设计"选项卡"表格样式"组中的表格样式，即可把表格设置为软件提供的表格样式。若系统提供的样式不合适，则可以在原有样式的基础上调整出新样式，或者自己手动设置表格的边框和底纹。

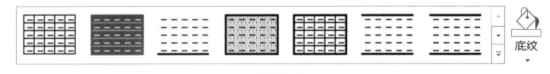

表格样式

图 3-25 "表格样式"组

(1) 设置底纹。表格的底纹包括底纹的样式和颜色，选择要添加底纹的单元格。单击"表格工具-设计"选项卡"表格样式"组中的"底纹"按钮，即可进行设置。设置底纹也可以在"边框和底纹"对话框的"底纹"选项卡中进行。

(2) 设置边框。选中要添加边框的整个表格或一组单元格，使用如图3-26所示的"表格工具-设计"选项卡的"边框"组进行设置。设置边框时，首先要设定边框的线型、粗细和颜色，这一步也可以使用边框样式来快速完成；然后在"边框"命令列表中选择要设定的范围，是外框还是内框或者是全部。"边框刷"是用来手工涂抹边框的命令。

图 3-26　"边框"组

2) 设置表格内容的对齐方式

表格内容的对齐方式主要有靠上两端对齐、中部两端对齐、靠下两端对齐、靠上居中、中部居中、靠下居中、靠上右对齐、中部右对齐和靠下右对齐 9 种方式，其设置步骤如下。

(1) 选中需要进行设置的单元格。

(2) 在"表格工具-布局"选项卡的"对齐方式"组中选择合适的对齐方式即可。

当然，表格内容的对齐方式也可以在右击鼠标得到的快捷菜单中选择"单元格对齐方式"命令去设置。

3) 自动套用表格样式

对于表格，除了进行手工创建与修饰外，Word 2013 还提供了一些已经设置好的经典样式供用户使用，称为"自动套用样式"。"自动套用样式"的应用使得用户对表格的排版变得轻松、容易。自动套用表格样式的步骤如下。

(1) 选中需要设置表格样式的表。

(2) 在"表格工具-设计"选项卡的"表格样式"组中单击表格样式的下拉列表按钮，选择合适的样式即可。

纳新报名表布局的调整

- 设置文本对齐方式。选中整张表格，打开"表格工具-布局"选项卡的"对齐方式"组，如图 3-27 所示，单击"水平居中"命令按钮，将表格中的文字水平居中对齐。
- 设置单元格底纹。选中第一列，切换到"表格工具-设计"选项卡的"表格样式"组，打开"底纹"命令列表，选择"蓝色淡色 80%"作为底纹颜色。用同样的方法设置第 3 列和第 5 列的底纹。
- 设置表格边框。选中整张表格，切换到"边框"组，设定边框的线型为"双实线"、粗细为"2.25"、颜色为"蓝色深色 25%"，然后在"边框"命令列表中选择"外部边框"命令，对表格的外部边框进行设置。
- 更换边框样式，线型为"单实线"，然后在"边框"命令列表中选择"内部边框"命令，对表格的内部边框进行设置。
- 按 Ctrl+S 组合键保存文档。

图 3-27　"对齐方式"组

步骤四：纳新报名表的页面设置

用户在完成文档的编辑之后、打印文档之前，需要对文档的页面进行设置。页面设置主要是设置页边距、纸张大小、纸张方向等。进行页面设置主要有两种方法。

1. 在"页面布局"选项卡的"页面设置"组中可设置页边距、纸张方向、纸张大小等。

2. 在"页面设置"组中单击右下角的对话框启动器按钮，打开"页面设置"对话框，在对话框中进行页边距、纸张方向、纸张大小等的设置。

(1) 页边距。页边距是指文本内容距纸张边缘的距离。设置页边距的方法是在"页面布局"选项卡的"页面设置"组中单击"页边距"按钮，打开"页边距"命令列表，从中选择所需的页边距类型。

(2) 纸张大小。常用的纸张大小有 A4、B5、A3 等，而 Word 默认的纸张大小是 A4，因此，如果需要的纸张大小不是 A4 的时候，就需要设置纸张的大小了。设置纸张大小的方法是在"页面布局"选项卡的"页面设置"组中单击"纸张大小"按钮，打开"纸张大小"命令列表，从中选择合适的纸张。也可以选择"其他页面大小"命令，打开"页面设置"对话框，在"纸张"选项卡下进行设置。

(3) 纸张方向。Word 中默认的纸张方向是纵向，但有的特殊格式需要把纸张设置为横向，因此需要对纸张方向进行设置，设置方法是在"页面布局"选项卡的"页面设置"组中，单击"纸张方向"按钮，在弹出的命令列表中选择"纵向"或"横向"。也可以打开"页面设置"对话框，在"页边距"选项卡中设置纸张方向。

纳新报名表的页面设置

- 切换到"页面布局"选项卡，在"页面设置"组中打开"页边距"命令列表，选择"自定义页边距"命令，设置上、下、左、右边距均为 2 厘米。
- 默认值纸张大小为 A4 纸，纸张方向为"纵向"，无须调整。
- 选中整张表格，在"表格工具-布局"选项卡的"单元格"组中选择"自动调整"命令列表中的"根据窗口自动调整表格"命令。
- 根据表格的变化，拖动表格的边框线再次适当调整单元格的大小。
- 不难看出，文档页面设置的变化会影响原有的排版。因而，在文档建立之初就应该考虑清楚页面如何设置的问题。
- 按 Ctrl+S 组合键保存文档。

⚑ 设计效果

本任务的设计效果如图 3-28 所示。

＊＊学院学生会纳新报名表

姓　名		性　别		照片
出生年月		政治面貌		
专业班级		班级职务		
宿舍地址		联系电话		
意向部门		是否服从调配	是□　否□	
性格描述与自我评价				
特长与获奖情况				
你眼中的学生会				
加入后的工作设想和建议				
辅导员　意见				
			签字：	

注：1. 学生会办公室地址：11 号楼 103
　　2. 学生会部门设置：宣传部、宿管部、女生部、学习部、劳卫部、体育部、信息部、组织部、社团部、文艺部、外联部、志愿者协会。

图 3-28　"学生会纳新申请表"样表

✂ 举一反三

在校园的宣传栏里，经常可以看到一些校园兼职招聘信息，你有没有勤工俭学的想法呢，应聘的第一步就是准备个人简历，布局清晰的 A4 表格简历，可以使招聘方可以快速地了解你的基本情况和经验特长，文件"教程素材\Word\任务二\个人简历.docx"为个人简历表格的完成品，请你自己试试。

(1) 新建文档，插入表头标题，调整其字体、字号、对齐方式。

(2) 进行页面设置，纸张为"A4、纵向"，页边距为"普通"。

(3) 插入表格，可以考虑 6 行 5 列的表格，然后对具体单元格进行拆分合并。

(4) 调整行高，注意行高可根据简历的内容调整，但只有一行文字的单元格所在行高度应相同。

(5) 注意在设计的过程中行数不足的时候要插入新行。

(6) 最后一行的拆分，为了和上一行对齐，最后一行也要先拆分成 4 列，之后再合并后三个单元格。

(7) 调整表格边框，注意外框线和内框线的线型是不同的。

(8) 为了使表格更容易阅读，设定标题单元格的底纹为淡棕色。

(9) 录入文字内容，调整字体和对齐方式。

(10) 以上的准确数据请在实例样表"个人简历.docx"中自行对照读取。

任务 3 学生会纳新宣传海报设计

🖥 任务目标

- 熟练掌握图片的插入及设置方法。
- 熟练掌握艺术字的插入及设置方法。
- 熟练掌握文本框的插入及设置方法。
- 掌握文档打印设置与打印输出。

📑 任务描述

为了更好地为新学年的学生会纳新工作做宣传，宣传部承接了纳新海报的设计工作，海报的设计要美观、大方、引人注目，并且要注明纳新的学生会部门和报名地点。使用 A4 纸设计的小海报，打印后可以在校园内分发，放大打印后可以张贴在校园布告栏内。

📖 知识要点

(1) 页面背景设置。为了使页面更美观或者出于文档的保护等原因，常常需要设置页面的背景，主要包括页面背景颜色、水印添加及页面边框的设置。

(2) 图片、剪贴画在文档中的排版应用。图片样式的选择与设置，图片与文本的位置关系、图片之间的位置关系，简单的图片处理方法等。

(3) 艺术字的插入与应用。利用艺术字可以在文档中插入有艺术效果的文字，使文档更加美观。Word 中的艺术字是特殊的文本，对艺术字的操作和对文本框的操作几乎相同。

(4) 文本框的插入与应用。文本框是用来编辑、存放文字、图形、表格等内容的容器。文本框有横排和竖排两种。文本框内文本的编辑方法和普通段落文本相同。

(5) 形状在文档中的应用。形状的插入、编辑，格式的调整等。

(6) 打印设置及预览。

🖱 任务实施

步骤一：纳新宣传海报的背景设置

图 3-29 所示是 Word 2013 "设计"选项卡的"页面背景"组。Word 2013 文档页面背景的设置包括：页面背景颜色、页面边框和背景水印设置三方面内容，这三方面的设置可以分别应用也可以结合起来应用在文档中。

1. 页面背景颜色

文档建立以后，页面默认的背景颜色是白色的，在进行海报、宣传单等设计时，可以通过"页面颜色"命令进行页面背景颜色的调整。单击该命令按钮，将展开如图 3-30 的"页面颜色"命令列表，在该列表中可以通过一种颜色的选择，改变当前的背景色，如果需要的颜色并没显示在列表中，也可以选择列表中的"其他颜色"命令，打开"颜色"对话框，并在其中选择或根据 RGB 的值进行设置。

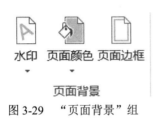

图 3-29 "页面背景"组

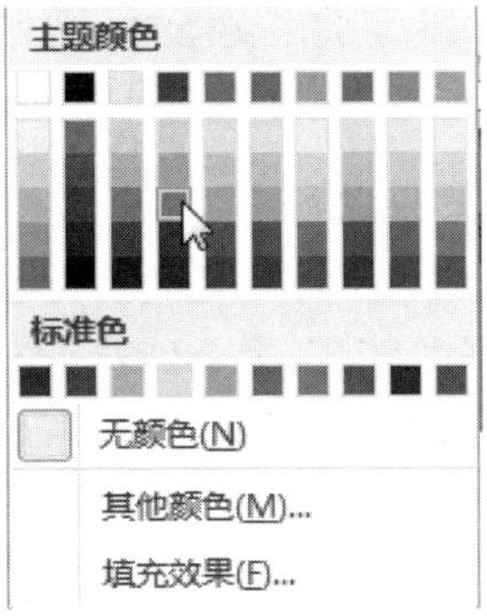

图 3-30 "页面颜色"命令列表

选择"填充效果"命令，打开"填充效果"对话框，该对话框有 4 个选项卡："渐变""纹理""图案""图片"。通过该对话框的设置，可以用图片、图案、纹理和渐变色对页面的背景进行填充。其中图片背景的设置要注意事先准备好的背景图片素材的纵横比例，网络上有一些专门为 A4 纸张设置的背景图，可以下载使用。图案背景的设置比较简单，直接从给定的图案中单击选择即可。纹理背景的设置可以和颜色同时使用，变成带颜色的纹理背景。如图 3-31 所示，为"填充效果"对话框的"渐变"选项卡，渐变的设置主要从参与渐变的颜色和渐变的方向两个方面进行。图中设置了从颜色 1 到颜色 2 水平方向的渐变。

图 3-31 "填充效果"对话框

2．页面边框

在任务二的表格设计与排版中，介绍了表格边框的设置。页面边框的设置与表格边框的设置相类似，包括边框的样式、颜色、宽度等。

3．添加水印

水印是为了防止伪造，或为了表明文本重要性，用特殊方法加压在纸里的一种标记。在Word 2013 中，为了突出文档的重要性或美化文档，也可以给文档添加水印效果。Word 2013中的水印有两种，一种是图片水印，另一种是文字水印。

1) 添加图片水印

在文档中添加图片水印是为了美化文档，在"设计"选项卡的"页面背景"组中，单击"水印"按钮，打开"水印"命令列表，选择"自定义水印"命令，打开"水印"对话框，在"水印"对话框中选择"图片水印"。

2) 添加文字水印

添加文字水印一般是为了提示文档的重要性或对文档进行说明。在"水印"列表中，可以从中选择一种合适的水印添加到文本中。若需要自定义文字，可以选择"自定义水印"命令，在"水印"对话框中选择"文字水印"。

3) 水印的删除

在文档中添加水印之后，若发现不合适，还可以把水印删除。在"水印"命令列表中选择"删除水印"命令，或者选择"自定义水印"命令，打开"水印"对话框，选择"无水印"选项都可以完成水印的删除。

纳新宣传海报的背景设计
- 新建纸张大小为 A4 的空白文档。
- 切换到"设计"选项卡的"页面背景"组，在"页面颜色"命令列表中选择"填充效果"，在打开的"填充效果"对话框的"渐变"选项卡中进行设置。"颜色"为"单色"，并在"颜色 1"下拉列表中选择"橙色，淡色 80%"的色彩；"底纹样式"为"水平"组中的第一个。
- 按 Ctrl+S 组合键保存文档。

步骤二：在纳新宣传海报中应用图片元素

1. 常用的图片格式

图片格式是计算机存储图片的格式，常见的图片格式有 BMP、JPEG、GIF、PCX、PSD、TIFF、PSD、PNG 等。具体见项目一的任务一。

2. 插入图片

在 Word 中既可以插入 Office 2013 软件自带的剪贴画，也可以插入用其他图形软件创建的图片。将图片插入文档中有两种方式：嵌入型和浮动型。嵌入型图片直接放置在文本的插入点处，占据了文本的位置；浮动型图片可以插入在图形层，在页面上精确定位，也可以将其放在文本或其他对象的上面或下面。浮动型图片和嵌入型图片可以相互转换，插入的图片默认为嵌入型图片。

插入图形文件的方法如下：

(1) 把光标定位到需要插入图片的位置。

(2) 单击"插入"选项卡"插图"组中的"图片"按钮，打开"插入图片"对话框，如图 3-32 所示。

(3) 在"插入图片"对话框中进行设置。找到并选中需要插入的图片，单击"插入"按钮，即可把图片插入文档中。这里也可以按住 Ctrl 键单击选择多张图片，同时插入文档中。

图 3-32　"插入图片"对话框

3. 编辑图片

插入图片后，只要用鼠标单击插入的图片，在选项卡中会出现"图片工具-格式"选项卡。在"图片工具-格式"选项卡下利用功能区中的工具就可以对图片进行各种编辑设置。

1) 更改图片大小

不精确地调整图片大小。单击图片的任意位置选定图片，图片周围出现 8 个控制柄。将鼠标指向某个控制柄时，指针变成双向箭头，此时拖动鼠标即可改变图片大小。拖动图片直角顶点的控制柄可在调整图片大小的同时不改变纵横比。

精确调整图片大小。单击图片的任意位置选定图片，在如图 3-33 所示的"图片工具-格式"选项卡的"大小"组中通过"高度"和"宽度"的微调器来改变图片的大小，在默认情况下，图片的纵横比例是锁定的，如果要解除锁定，可以单击该组右下角的对话框启动器按钮，进一步调整。

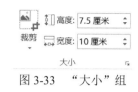

图 3-33　"大小"组

2) 简单的图像处理

Word 2013 具有简单的图像处理功能，如图像的压缩、更正、颜色及艺术效果的调整，可在没有专业图像处理软件的情况下满足文档中插入的图片的处理工作。关于图片的调整命令，在如图 3-34 所示的"图片工具-格式"选项卡"调整"组中完成。

图 3-34　"调整"组

(1) "更正"命令列表。这里可以进行图片的锐化与柔化或者调整图片的亮度和对比度。在"更正"列表中，这种调整是所见即所得的。如果对调整后的图片效果不满意，可随时单击"调整"组中的"重设图片"按钮，恢复图片到调整之前的样子。如果需要设置的锐化度或亮度不在这个范围之内，也可以选择"更正"命令列表中的"图片修正选项"命令，打开"设置图片格式"对话框，在这里进行精确调整。

(2) "颜色"命令列表。单击"调整"组中的"颜色"按钮，在这里可以所见即所得地调整图像的色彩饱和度、色调，也可以对图片进行重新着色，甚至可以将图像中的某种色彩透明化。当然，精确的调整还要进入"设置图片格式"对话框中进行。

(3) "艺术效果"命令列表。这里可以所见即所得地使用一些滤镜，使图片呈现"玻璃""铅笔素描"等特殊效果。

(4) "压缩图片"命令按钮，在一定程度上对插入图片的分辨率进行调整，以减少文档所占的存储空间。

(5) "删除背景"命令按钮，根据图片中的颜色来识别，将图片中的部分区域透明化，该命令按钮常用于使色彩单一的图片背景透明化。

3) 设置图片的文字环绕方式

插入文档中的图片默认是"嵌入型"图片，这种图片直接放置在文本的插入点处，占据了文本的位置，移动图片的时候不方便，并且插入文档中不太美观。因而需要把"嵌入型"的图片转换成"浮动型"图片，转换方法是通过设置图片的文字环绕方式进行的，具体操作方法如下：

(1) 单击选中需要设置的图片。

(2) 选择"图片工具-格式"选项卡下的"排列"组。

(3) 单击"自动换行"按钮，在弹出的如图 3-35 所示选项中选择合适的文字环绕方式即可。

图 3-35　"自动换行"列表

　　或者选择"其他布局选项"命令，打开"布局"对话框，在"文字环绕"选项卡中设置合适的环绕方式。

4) 多张图片的关系设置

　　如果同时在文档中插入多张图片，则可以通过如图 3-36 所示的"排列"组中的"上移一层"和"下移一层"命令按钮，调整图片之间的垂直位置关系；通过"对齐"命令按钮，调整多张图片在页面上的对齐与分布；通过"组合"命令按钮将多张图片或图片与其他元素进行组合。

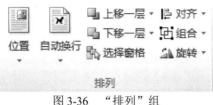

图 3-36　"排列"组

在纳新宣传海报中插入图片一

● 打开"教程素材/Word/任务三/纳新海报.docx"，可以看到，海报中应用了两张图片素材。
● 插入"椅子"图片。单击"插入"选项卡"插图"组中的"图片"按钮，打开"插入图片"对话框，如图 3-32 所示。在 Word 文件夹下找到该图片素材并选中，单击对话框右下角的"插入"按钮，将图片插入新建的文档中。
● 编辑"椅子"图片。选中插入的图片，单击进入"图片工具-格式"选项卡。
　　· 打开"排列"组的"自动换行"命令列表，更改"嵌入型"为"浮于文字上方"。
　　· 选择"大小"组的"裁剪"命令，使用鼠标拖动黑色裁剪控制柄，对图片中的地板、天棚等多余的部分进行裁剪。
　　· 选择"排列"组"对齐"命令列表中的"左右居中"命令。确定图片在页面中的水平位置、垂直位置，可通过键盘上的"上下"方向键不精确调整。
● 按 Ctrl+S 组合键保存文档。

---

5) 调整图片的样式

　　"图片工具-格式"选项卡"图片样式"组的样式列表中提供了已有的图片样式以供选择，用户也可以从图片的边框、效果、版式三部分进行自定义设置。

　　(1) 设置图片的边框

　　选中需要设置的图片，进入如图 3-37 所示的"图片工具-格式"选项卡的"图片样式"组，展开"图片边框"命令列表，选择边框的颜色、粗细、线型。

图 3-37　"图片样式"组

(2) 设置图片的效果

"图片效果"命令列表中包括图片阴影、映像、发光、棱台、柔化边缘、三维旋转效果的设置，在"预设"中可以所见即所得地选择一种图片效果预设。

(3) 设置图片版式

插入图片后，在"图片版式"命令列表中选择一种版式，则插入的图片将应用于一种带图片的 SmartArt 图形中，图片的形状将随选中的 SmartArt 图形而变化。关于 SmartArt 图形的应用本节后面有介绍。

在纳新宣传海报中插入图片二

- 插入"奔跑"图片。插入方法与前面相同。
- 编辑"奔跑"图片。选中插入的图片，单击进入"图片工具-格式"选项卡。
  - 打开"排列"组的"自动换行"命令列表，更改"嵌入型"为"浮于文字上方"。
  - 拖动图片到页面左下角。
  - 选择"图片样式"组"图片效果"命令列表中的"柔化边缘"命令。选择"柔化边缘"级联列表中的"50 磅"边缘效果。
- 按 Ctrl+S 组合键保存文档。

步骤三：在纳新宣传海报中应用文本元素

1. 绘制文本框

文本框是将文字、表格、图形精确定位的有效工具。在 Word 中文本框可以看成一种可移动、可调大小并且能精确定位文字、表格或图形的容器。只要被装进文本框，就如同被装进了一个容器，可以随时将它移动到页面的任意位置，让正文在它的四周环绕。文本框有两种：横排文本框和竖排文本框。

1) 插入文本框

(1) 在"插入"选项卡的"文本"组中单击"文本框"按钮，弹出"文本框"列表，如图 3-38 所示。

(2) 在"文本框"列表中单击"绘制文本框"选项或"绘制竖排文本框"选项。"绘制文本框"中的文字为横排，"绘制竖排文本框"中的文字为竖排。如单击"绘制文本框"选项，这时鼠标指针变成十字形，单击鼠标拖动文本框到所需的大小与形状之后再松开鼠标，即可插入文本框，如图 3-39 所示。

(3) 插入文本框之后就可以在文本框中插入文字、图片、表格等内容了。

2) 将现有的内容纳入文本框

(1) 在页面视图方式下，选定需要纳入文本框的所有内容。

(2) 单击"插入"选项卡"文本"组的"文本框"列表中的"绘制文本框"或"绘制竖排文本框"选项，即可将选定内容放入文本框中。

3) 编辑文本框

文本框具有图形的属性，所以对其的操作与图形类似，设置方式主要有两种。

(1) 可以利用"文本框工具"的"格式"选项卡的选项进行设置。主要可以设置文本框样式、阴影效果、三维效果、位置和大小等。

(2) 在文本框的边框上右击鼠标，在弹出的快捷菜单中选择"设置形状格式"命令，打开"设置形状格式"对话框，可设置文本框的填充、线条颜色、线型、阴影、影像、发光和柔化边缘、三维格式、三维旋转、文本框和可选文字。

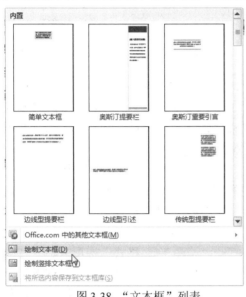

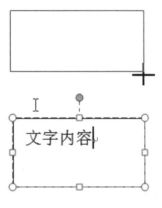

图 3-38　"文本框"列表　　　　　　图 3-39　绘制横排文本框

2. 编辑艺术字

艺术字是一种文字型的图片。利用艺术字可以在文档中插入有艺术效果的文字，如阴影、斜体、旋转和拉伸效果等，使文档更加美观。

1) 插入艺术字

(1) 将光标定位于需要插入艺术字的位置。

(2) 在"插入"选项卡的"文本"组中单击"艺术字"按钮，打开"艺术字库"列表，如图 3-40 所示。

(3) 在"艺术字库"列表中选择合适的艺术字样式，单击鼠标左键，如图 3-41 所示，即可在文档中插入艺术字，输入文字并在"开始"选项卡中设置其字体、字号等。

图 3-40　艺术字库　　　　　　　　图 3-41　插入艺术字

2) 编辑艺术字

插入艺术字之后，可以利用"绘图工具-格式"选项卡中的命令按钮对插入的艺术字进行设置。"艺术字样式"组中的样式列表与插入艺术字时的列表是相同的。

如果对初始创建的样式不满意，可以重新选择一种，用户也可以通过文本填充、文本轮廓、文本效果自由设置一组艺术字样式。其中文本填充可以为艺术字的内部填充颜色，文本轮廓可以改变艺术字的轮廓线样式。如图3-42所示的文本效果包括阴影效果、映像效果、发光效果、棱台效果、三维旋转效果、转换效果六种，每一种都有一系列的预设可以选择，各种效果可以结合起来应用。

图3-42　文本效果

在纳新宣传海报中插入文本框和艺术字

- 观看实例样本，可以看到这张海报中运用了较多文字元素。具体是运用的文本框还是艺术字，其实没什么本质的区别，主要看设计起来是否方便，我们可以将没有外框的文字看成艺术字，有外框的文字看成文本框。
- 插入艺术字"WE ARE"和"FAMILY"，在"开始"选项卡"字体"组中设置字体为Algerian，字号为48号。颜色分别为黑色和深红。拖动艺术字的边框到合适的位置。
- 插入艺术字"远航""逐梦"和"Sailing"，字体为"华文琥珀"，字号分别为72、130和80，字体颜色为"红色 着色2"。
- 插入横排文本框"2019"，字号为80，打开"绘图工具-格式"选项卡。
  - 调整文本框填充。在"形状样式"组中调整"形状填充"列表为"无填充颜色"。
  - 调整文本框边框。在"形状轮廓"下拉列表中选择"虚线"中的最后一项"其他线条"，打开"设置形状格式"窗格，设置"宽度"为"4磅"，"复合类型"为"双线"，颜色与文字相同。
- 插入横排文本框"让我们"，字号为72，字体颜色为白色。打开"绘图工具-格式"选项卡，调整"形状填充"列表为"红色 着色2"。
- 插入竖排文本框"let us"和"Dream"。如果插入横排文本框则要经过下列两步调整。
  - 在"文本"组中调整"文字方向"为"垂直"。
  - 按住 Shift 键拖动文本框上方中央的旋转控制柄，将文本框旋转90°。也可以使用"排列"组的"旋转"命令完成该操作。
- 在页面右下角插入横排文本框。调整"形状填充"列表为"无填充颜色"，"形状轮廓"列表为"无轮廓"。在文本框中录入多行文字，使用段落排版，应用项目符号。
- 拖动各部分的边框到页面适当位置，按 Ctrl+S 组合键保存文档。

步骤四：在纳新宣传海报中应用形状元素

在 Word 中，除了可以插入图片外，还可以绘制自选图形。

1．插入形状

Word 2013 中提供了 9 种自选图形，包括线条、矩形、基本形状、箭头总汇、公式形状、流程图、星与旗帜、标注和最近使用的形状。具体方法如下。

(1) 单击"插入"选项卡"插图"组中的"形状"按钮，打开"形状"命令列表。

(2) 在"形状"命令列表中选择所需要的形状，此时，鼠标指针变成十字形，在页面上拖动鼠标到所需的大小后松开鼠标即可。如果要保持图形的高度和宽度成比例缩放，在拖动鼠标的同时按下 Shift 键。

(3) 任何图形都是由边和顶点构成的，如果要绘制任意多边形或者曲线等图形，要注意顶点位置的选择，如果是封闭图形，最后一个顶点应该和第一个顶点重合。

(4) 插入后的形状可以通过拖动白色空心控制点改变其大小，通过黄色控制点控制形状特殊的变化，使用绿色控制柄进行旋转。

2．设置自选图形的格式

自选图形绘制完毕后，为了美化自选图形，需要对自选图形进行格式设置。设置自选图形的格式主要是在"绘图工具-格式"选项卡的"插入形状"组及"形状样式"组中进行的，如图 3-43 所示。

图 3-43 "绘图工具-格式"选项卡的"插入形状"组及"形状样式"组

在"插入形状"组中，用户可以重新更改当前的形状。选中当前的形状，单击"编辑形状"命令列表中的"更改形状"命令，可以将现有形状重新设定。单击"编辑形状"命令列表中的"编辑顶点"命令，形状图形的各个顶点将以黑色实心方框表示，如图 3-44 所示，通过拖动顶点，顶点上将出现一对平衡的方向线，方向线的顶端有空心的方向点，控制方向点，改变方向线的长短和两条方向线的夹角，可以在一定程度上改变形状。

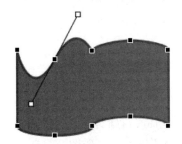

图 3-44 编辑形状的顶点

在"形状样式"组中，可以通过样式的选择来改变形状的样式，形状的样式包括形状的内部填充、轮廓的设置及一些特殊的效果，如果对给定列表中的样式都不满意，可以通过"形状填充""形状轮廓""形状效果"这三个命令进行重新设定。

3. 在自选图形上添加文字

除直线、曲线等形状外，用户可在封闭的自选图形上添加文字。添加的文字和文本框中的文字相同，可以进行字符格式的设置，文本也可以随着图形的移动而移动，添加文字的具体操作如下。

(1) 选择需要添加文本的自选图形。

(2) 在所选图形上右击鼠标，在弹出的快捷菜单中选择"添加文字"命令，在所选中的自选图形上出现插入点。

(3) 利用插入点即可在自选图形上插入文字，并对文字进行格式设置。

在纳新宣传海报中插入形状

● 插入海报中"椅子"图片的背景"形状"。选择列表中"矩形"组的第一个"矩形"。并进入"绘图工具-格式"选项卡做如下处理：
  - 在"形状样式"组选择"形状填充"，选择颜色为"橄榄色 着色3"，再选择"渐变"列表中的"浅色变体"中的"线型向下"。
  - 在"形状轮廓"下拉列表中选择"虚线"中的最后一项"其他线条"，打开"设置形状格式"窗格，设置"宽度"为"4磅"，"复合类型"为"双线"，颜色为"橄榄色 着色3 深色25%"。
  - 执行"排列"组中的"下移一层"命令。将后插入的矩形放在"椅子"图片下方。拖动调整矩形的大小和位置。
● 插入海报中"椅子"图片上方的黑色直角矩形"形状"。注意"形状填充"设为"无填充颜色"。
● 插入"学生会"和"纳新"两个箭头形状。选择列表中"箭头总汇"组的"燕尾形"。并进入"绘图工具-格式"选项卡做如下处理：
  - 选择其中一个"燕尾形"，选择"形状样式"组中的第三个样式，美化该形状。
  - 打开"排列"组的"旋转"命令列表，选择"向右旋转90度"选项。
  - 打开"文本"组的"文字方向"命令列表，选择"垂直"选项。
  - 右击该"燕尾形"，执行快捷菜单中的"添加文字"命令，录入文字"学生会"。
  - 第二个"燕尾形"处理方式类似。
● 按 Ctrl+S 组合键保存文档。

4. 组合自选图形

有时一幅图由多个自选图形组成，它们各自独立，在移动或复制等操作时需要单独操作，这样比较麻烦。因此需要把多个设置好的自选图形组合成一个整体，具体的组合方法是按住 Shift 键选中需要组合在一起的多个自选图形，右击鼠标，在弹出的快捷菜单中选择"组合"命令，即可把多个自选图形组合成一个整体，方便进行移动、复制等操作。

如图 3-45 所示，如果在绘制这样的组合图之前就插入画布(插入/形状/新建绘图画布)，所有的形状都在画布上完成的话，就可以利用画布对多个形状进行整体操作了。

图 3-45　在画布中绘制形状

5. 插入 SmartArt 图形

SmartArt 图形是信息和观点的视觉表示形式，多用于在文档中演示流程、层次结构、循环或者关系。SmartArt 图形包括列表图、层次结构图、流程图、关系图、循环图、矩阵图和棱锥图等，利用 SmartArt 工具可以制作出精美的文档图表。

1) 插入 SmartArt 图形

插入 SmartArt 图形的步骤如下。

(1) 单击"插入"选项卡中的 SmartArt 按钮，弹出"选择 SmartArt 图形"对话框，如图 3-46 所示。

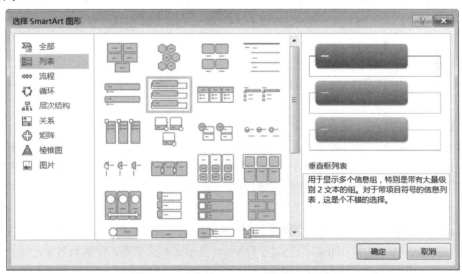

图 3-46　"选择 SmartArt 图形"对话框

(2) 从中选择一种图形样式，如选择左侧的"列表"，然后选择右侧图库中的"垂直框列表"，单击"确定"按钮，即可在文档中插入一个 SmartArt 图形。

(3) 在图形上面单击鼠标输入文字，也可以在左侧的文本框中输入文字，输入文字后的效果如图 3-47 所示。

2) 修改和设置 SmartArt 图形

插入 SmartArt 图形之后，如果对图形样式和效果不满意，可以对其进行必要的修改。从整体上讲，SmartArt 图形是一个整体，但它是由图形和文字组成的。因此，Word 允许用户对整个 SmartArt 图形、文字和构成 SmartArt 的子图形分别进行设置和修改。

(1) 增加和删除项目。一般的 SmartArt 图形是由一条一条的项目组成的，有些 SmartArt 图形的项目是固定不变的，而很多则是可以修改的。如果默认的项目不够用，可以添加项目。

(2) 修改 SmartArt 图形的布局。SmartArt 图形的布局就是图形的基本形状，也就是在刚开始插入 SmartArt 图形的时候选择的图形类别和形状。如果用户对 SmartArt 图形的布局不满意，可以在"SmartArt 工具-设计"选项卡的"布局"组中选择一种合适的样式。如在"布局"组中选择"垂直曲形列表"样式，调整后的列表如图 3-48 所示。

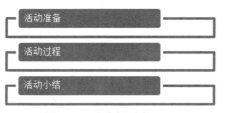

图 3-47　垂直框列表　　　　　　　　　图 3-48　调整之后的列表

(3) 修改 SmartArt 图形样式。"SmartArt 工具-设计"选项卡的"SmartArt 样式"组是动态的，它会随着插入的 SmartArt 图形的不同自动变化，用户从中可以选择合适的样式，如选择"中等效果"。

(4) 修改 SmartArt 图形颜色。在"SmartArt 工具-设计"选项卡中单击"更改颜色"按钮，在下拉列表中显示出所有的图形颜色样式，在颜色样式列表中即可选择合适的颜色，如选择"彩色"组的最后一个颜色样式。

(5) 设置 SmartArt 图形填充。在"SmartArt 工具-格式"选项卡中单击"形状填充"按钮，弹出下拉列表，用户可以通过其中的命令为 SmartArt 设置填充色、填充纹理或填充图片。

(6) 设置 SmartArt 图形轮廓。在"SmartArt 工具-格式"选项卡中单击"形状轮廓"按钮，可以调整轮廓线的线型、粗细、颜色等，也可以选择"无轮廓"效果。

(7) 设置 SmartArt 图形效果。在"SmartArt 工具-格式"选项卡中单击"形状效果"按钮，弹出下拉列表，选择合适的效果即可。用户可以通过其中的命令为 SmartArt 图形设置阴影、映像、棱台、三维旋转效果。设置图形效果的方法与前面为图片、绘制的图形设置效果的方法基本相同。

(8) 调整 SmartArt 图形中的文字效果。在"SmartArt 工具-格式"选项卡的"艺术字样式"组中可以对 SmartArt 图形中的文字样式进行调整，包括文本的填充、轮廓和效果选项。其调整方法和艺术字相同。

步骤五：纳新宣传海报的打印预览

完成页面设置后可以利用打印预览功能观看打印效果，若无误就可以打印文档了。打印预览和打印文档需要选择"文件"列表中的"打印"命令，打开"打印"界面，如图 3-49 所示。

1．打印预览

图 3-49 的右侧是当前"招聘海报"文档的打印预览效果。正式打印之前可以先进行打印预

览，打印预览的效果和打印出的效果是一致的。因此可以通过打印预览找出文档设置的问题。

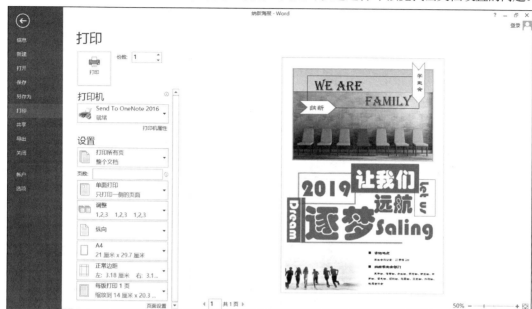

图 3-49   "打印"界面

2．打印相关设置

在打印之前需要对打印份数、打印范围、缩放等进行设置。具体设置方法如下：

(1) "打印"按钮。所有打印选项设置好后，单击该按钮进行打印。

(2) 打印份数设置。"份数"微调框中的数值决定了打印份数，改变该数字进行打印份数的调整。

(3) "打印机"下拉列表。默认显示用户所设置的默认打印机。展开该列表，显示了当前计算机所能够使用的所有打印机选项，用户可以根据需要决定由哪台打印机来完成文档的打印工作。

(4) "设置"列表。用来设置打印范围。打印当前页、其中几页还是整个文档。如果只打印文档中的部分页，要在"页数"文本框中指定页数，连续页以"-"分隔，不连续页以"，"分隔。如"1，3，5-12"指的是文档中的第 1 页、第 3 页以及 5 到 12 页需要打印。值得注意的是，这里的页号是文档中真实的顺序号和用户指定的页码无关。

在这里还可以设置只打印奇数页或者偶数页，以实现双面打印。

(5) "单面打印"和"手动双面打印"的切换。一般选择单面打印，当有双面打印需要时，因为一般办公用打印机不能自动双面打印，需要按奇偶页分别打印，其间需要手动重新进纸。

(6) 调整打印顺序。当需要打印多份时，设置是按照"1、2、3，1、2、3，1、2、3"的打印顺序还是"1、1、1，2、2、2，3、3、3"的打印顺序。

(7) 纸张大小、纸张方向、页边距的进一步调整。

(8) 每版打印页数。默认为 1 页，也可以根据情况进行调整，每版打印的页数越多，原文档缩小得越多，也可以在"缩放至纸张大小"命令中选择缩放的大小。如原文档是 A3 排版的，但打印时可以选择"缩放至纸张大小为 A4"。从而不必重新排版原文档而得到缩小版的打印效果。当然，如果原文档是 B5 的页面设置，打印时选择"缩放至纸张大小为 A4"，可以得到放大的打印效果。

设计效果

本任务的设计效果如图 3-50 所示。

图 3-50　纳新海报效果

举一反三

任务二举一反三中的表格简历已经能够实现向用人企业进行自我简明扼要介绍的基本功能，但要在千篇一律的简历表中给用人企业以直观深刻的印象还要从内容和排版上多下功夫，通过任务三的学习，我们能够将图形、图像、艺术字等元素应用到 Word 中。现在就应用这些元素来设计一份更有特色的简历。

(1) 新建文档，进行页面设置，纸张为"A3、横向"，页边距为"0"。

(2) 设置页面背景颜色。

(3) 插入形状。插入多个矩形作为简历条目背景。在"绘图工具-格式"选项卡"形状样式"组中调整其填充颜色为同一色系深浅不一的颜色，注意颜色要与页面背景色协调。宽度设为统一的接近 A4 纸宽度。高度根据简历的各部分内容进行调整。

(4) 插入形状。插入矩形，在"绘图工具-格式"选项卡"形状样式"组中调整其填充颜色为白色，大小接近 A4 纸大小，覆盖页面的右半部分，作为简历内容的背景。

(5) 插入形状。插入多个高度相同、宽度不同的"子弹头"形状，拖动调整其宽度和高度，添加文字"基本信息""教育经历""工作经历"等，其填充颜色与第 3 步插入的矩形颜色统一。

(6) 插入形状。插入粘贴照片处的矩形框，可设置为无填充、有边框的样式。

(7) 插入文本框，文本框中输入具体的个人简历"基本信息"的内容，调整其文本格式为"宋体、小 4"，字体颜色为黑色。用同样的方法在"教育经历""工作经历"等内容处也插入文本框，并填写完整。注意这几个文本框左侧要在同一垂直线上。

(8) 插入图片。插入你所在大学的 Logo 图片，将该图片在 Word 中进行简单处理，按 Shift 键拖动调整其大小，在"图片工具-格式"选项卡中，进行删除背景和颜色的重新着色。

(9) 插入图片。插入素材中的大学校园风景图片，在"图片工具-格式"选项卡中，通过裁剪和大小调整使其高度统一，宽度相近；在图片样式中选择第一项，并拖动其控制柄进行图片旋转。通过"排列"组中的"上移一层"和"下移一层"命令按钮调整其与 Logo 图片的垂直位置关系。

(10) 插入艺术字。插入所在大学的校训，并调整字体、字号和颜色。

任务 4　创业计划书的排版

任务目标

- 掌握使用导航窗格的方法。
- 掌握长文档目录的插入与格式调整方法。
- 掌握分隔符的作用及使用方法。
- 掌握页眉、页脚、页码的设置方法。

任务描述

一年一度的创业大赛开始了，你有没有什么创业的好点子呢，还记得电视剧《创业时代》中的郭鑫年吗？如果想要很好地说明你的创业想法，必须要设计一份创业计划书，这份创业计划书除了内容要有说服力，清晰标准的排版也很重要，不但可以彰显你的专业，还能方便投资方理解你的创业计划。这次的任务就是结合前面所学的文字段落排版、图文混排等内容，完成创业计划书的排版工作。设计报告、毕业论文等长文档的排版也用到了类似的知识点。

知识要点

(1) 大纲级别的设定。大纲级别是用于为文档中的段落设定等级结构的段落格式。共包含 1 级到 9 级，共 9 个级别，1 级最高，9 级最低。大纲级别的设定是文档导航和目录创建的基础。

(2) 导航窗格的使用。导航窗格是一个完全独立的窗格，它由文档各个不同等级的标题组成，是从前期版本"文档结构图"演化来的。使用导航窗格可以快速在文档中进行定位。

(3) 自动生成文档目录。以大纲级别为基础，Word 2013 可以为文档自动生成目录，生成后的目录可以随着文档内容的修改，方便快捷地进行更新。

(4) 插入分隔符。Word 2013 提供了分页符、分节符、分栏符三种类型的分隔符。满足长文档排版中的特殊需求。

(5) 页眉、页脚、页码的插入。

(6) 题注。题注是文档中给图片、表格、图表、公式等项目添加的名称和编号。在毕业论文等长文档排版的过程中使用题注功能可以保证文档中的图片、表格或图表等项目能够顺序地自动编号。当移动、插入或删除带有题注的项目时，其编号可以自动更新。

(7) 脚注和尾注。脚注一般位于页面底端，说明要注释的内容；尾注一般位于文档结尾处，集中解释文档中要注释的内容或标注文档中所引用的其他文章的名称。

任务实施

步骤一：为创业计划书设定大纲

1. 设置大纲级别

大纲级别用于为文档中的段落设定等级结构(1~9 级)。指定大纲级别后，就可在大纲视图或导航窗格中处理文档。

1) 视图的切换

Word 文档默认的视图方式是页面视图，而大纲级别的设置需要在大纲视图中进行。因此，需要把视图方式从页面视图切换到大纲视图，选择"视图"选项卡，单击"视图"组中的"大纲视图"按钮，即可打开大纲视图，如图 3-51 所示。在出现的"大纲显示"选项卡"大纲工具"组中可以看到当前文本的大纲级别情况。

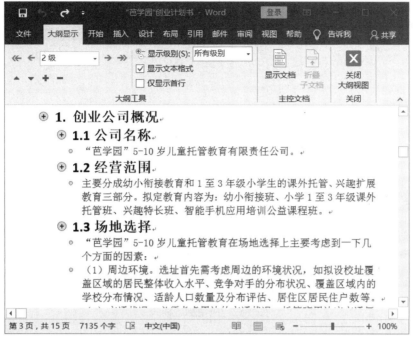

图 3-51　大纲视图

2) 设置大纲级别

在大纲视图方式下就可以给章节标题设置恰当的大纲级别了。方法是单击每一个标题的任意位置或选中标题，在"大纲"选项卡下的"大纲工具"组中设置该标题的大纲级别。

大纲级别设置完成后，在"大纲工具"组中选择合适的"显示级别"。在该任务中，由于最低的大纲级别为"2 级"的小节标题，因此选择"2 级"即可。

2. 应用样式与格式刷

应用样式也是改变文档中段落大纲级别的常用方法。在"开始"选项卡的"样式"组中，可以给文档中不同级别的标题设定标题样式。"标题 1"对应大纲级别中的"1 级"，"标题 2"对应大纲级别中的"2 级"，以此类推。设定之前，首先要将光标停留在要设定标题级别的内容行，如将光标放在"创业公司概况"所在行，然后单击样式列表中的"标题 1"即可。也可以通过选择不连续的行的方法，一起设定同一级别的标题，如图 3-52 所示。如果对于默认标题样式中的字体、字号、对齐方式等排版不满意，可以创建自己的样式，也可以随时调整或更换样式集。

对于同一级别的样式，设定好一个后，其他的标题也可以通过格式刷辅助完成设定。如已将"创业公司概况"设为"标题 1"，让光标停留在"创业公司概况"所在行，双击"开始"选项卡"剪贴板"组中的"格式刷"按钮复制格式，可以多次地将"标题 1"的样式应用到正文中的"创业服务介绍及推广的意义""创业服务行业及市场分析"等章标题上。

图 3-52 应用标题样式

3. 套用多级列表

在任务一中介绍了多级列表，在进行长文档排版时，多级列表的使用比较普遍。对于已经设定好大纲级别(标题样式)的长文档大纲，可以套用比较常用的多级列表。首先选中编辑好的大纲，然后打开"开始"选项卡的"段落"组，单击"多级列表"按钮，在展开的列表库中选择如图 3-53 所示的列表项。

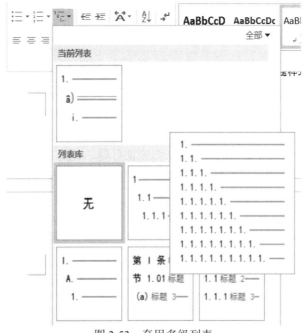

图 3-53 套用多级列表

4. 使用导航窗格

对于长达几十页，甚至上百页的超长文档，要查看特定的内容可以使用 Word 2013 新增的"导航窗格"功能，该功能是以往版本"文档结构图"视图的延伸，方便用户在长文档中快速定位。"导航窗格"起作用的前提是设定好大纲级别或标题样式。

打开"导航"窗格的方法是：打开"视图"选项卡，在"显示"组中选中"导航窗格"复选框，即可在 Word 2013 编辑窗口的左侧打开"导航"窗格。

1) 文档标题导航

文档标题导航是最简单的导航方式，使用方法也最简单，打开"导航"窗格后，Word 2013 会对文档进行智能分析，并将文档标题在"导航"窗格中列出，如图 3-54 所示。只要单击标题，就会自动定位到相关段落。

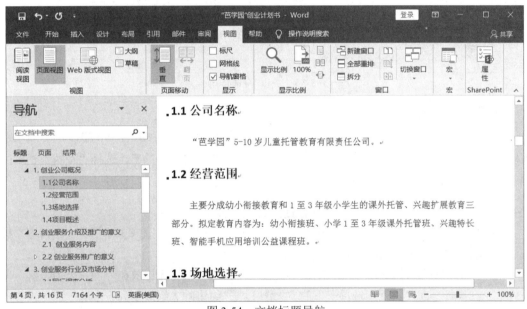

图 3-54　文档标题导航

2) 文档页面导航

用 Word 编辑文档会自动分页，文档页面导航就是根据 Word 文档的默认页码进行导航的，单击"导航"窗格上的"页面"按钮，将文档导航方式切换到"文档页面导航"，Word 2013 会在"导航"窗格上以缩略图形式列出文档分页，只要单击分页缩略图，就可以定位到相关页面查阅。

3) 关键字(词)导航

除了通过文档标题和页面进行导航，Word 2013 还可以通过关键字(词)导航。单击"导航"窗格上的"结果"按钮，然后在文本框中输入关键字(词)，"导航"窗格上就会列出包含关键字(词)的导航链接，如图 3-55 所示。单击这些导航链接，就可以快速定位到文档的相关位置。

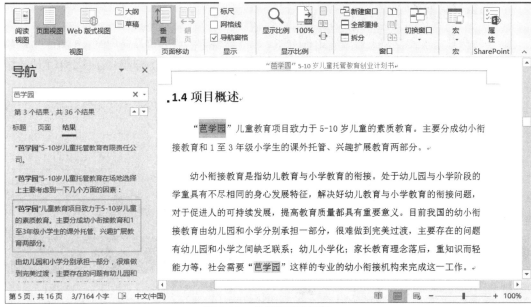

图 3-55 关键字(词)导航

4) 特定对象导航

一篇完整的文档，往往包含图形、表格、公式、批注等对象，利用 Word 2013 的导航功能可以快速查找文档中的这些特定对象。单击搜索框右侧放大镜后面的▼，选择"查找"栏中的相关选项，就可以快速查找文档中的图形、表格、公式和批注。

设置创业计划书的大纲

- 打开"任务 4\创业计划书排版前.docx"文档，单击"视图"选项卡中的"大纲视图"按钮切换到大纲视图，设置大纲级别。
  - 把"创业公司概况"的大纲级别设置为"1 级"。将光标放在"创业公司概况"所在行，在"大纲"选项卡下的"大纲工具"组中的大纲级别列表中选择"1 级"。
  - 用同样的方法将文档中所有的章标题(创业服务介绍及推广的意义、创业服务行业及市场分析、创业公司销售策略、创业公司生产经营、创业公司财务分析、创业公司管理)的大纲级别均设为"1 级"。将每一章的小节标题的大纲级别设为"2"级。
- 以上大纲级别的设置也可通过"开始"选项卡"样式"组中的"标题样式"来完成。
- 套用多级列表。按 Ctrl+A 组合键，全选设定的大纲，选择如图 3-53 所示的多级列表选项，为文档大纲套用多级列表。
- 打开"导航"窗格。在"视图"选项卡"显示"组中选中"导航窗格"复选框。
- 按 Ctrl+S 组合键保存文档，设计结果如图 3-56 所示。

图 3-56 步骤一的完成结果

步骤二：为创业计划书生成目录

目录的作用就是列出文档中的各级标题以及每个标题所在的页码。使用目录有助于用户迅速了解整个文档的内容，并且能够很快地查找到自己所需要的信息。

1. 插入目录

利用大纲级别或样式设置好文档结构之后，就可以根据文档结构中标题的级别和对应的页码为文档自动生成目录了。自动生成目录的步骤如下。

(1) 将插入点定位到需要插入目录的位置。

(2) 打开"引用"选项卡，找到"目录"组中的"目录"按钮。

(3) 单击"目录"按钮，打开"目录"列表，如图 3-57 所示。

图 3-57 "目录"列表

(4) 在"目录"列表中单击"自定义目录"选项，打开"目录"对话框，如图 3-58 所示。

(5) 在"目录"对话框中进行设置，选中"显示页码"和"页码右对齐"复选框，在"打印预览"下查看目录显示效果。

图 3-58　　"目录"对话框

(6) 在"显示级别"数值框中设置目录级别为 2 级。可以看到"打印预览"中只包含了 1 级目录和 2 级目录。

(7) 单击"修改"按钮，为目录设置合适的样式。

(8) 在打开的"样式"对话框中，选择"目录 1"，在"预览"中可以查看"目录 1"当前的默认样式为"宋体""10 磅""加粗"等。单击"修改"按钮修改"目录 1"的样式。

(9) 在打开的"修改样式"对话框中可以为目录设置字体和段落的样式。

(10) 使用相同的方法为"目录 2"设置样式。设置完毕后，可在"目录"选项卡中预览目录的效果。单击"确定"按钮，在文档插入点自动生成目录。

为创业计划书生成目录

- 将光标定位在"创业公司概况"之前。
- 选择"引用"选项卡"目录"组"目录"命令列表中的"自定义目录"命令。
- 在"目录"对话框中进行设置，显示级别为 2 级。
- 单击"修改"按钮，在弹出的"样式"对话框中修改"目录 1"和"目录 2"的字号为"小四"，段间距为"1.5 倍"。
- 在"目录"对话框中单击"确定"按钮即可完成目录的生成。
- 按 Ctrl+S 组合键保存文档。

2. 更新目录

插入目录以后，用户如果需要对文档进行编辑修改，那么目录标题和页码都有可能发生变化，此时必须对目录进行更新，以便用户可以进行正确的查找。Word 2013 提供了自动更新目录的功能，使用户无须手动修改目录。更新目录主要有以下两种方法。

(1) 选中目录，打开"引用"选项卡，在"目录"组中单击"更新目录"按钮，打开"更新目录"对话框，如图 3-59 所示。若文档的章节标题没有变化，只需要更新目录的页码，则选择"只更新页码"；否则，选择"更新整个目录"。单击"确定"按钮，即可完成目录的更新。

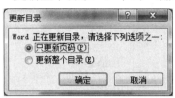

图 3-59　"更新目录"对话框

(2) 选中目录，在目录上右击鼠标，在弹出的快捷菜单中选择"更新域"命令，打开"更新目录"对话框。在"更新目录"对话框中进行设置，即可完成目录的更新。

为创业计划书更新目录

- 创业计划书的大纲已经完成，但是正文内容还没有开始书写，随着正文内容的书写目录的页码一定会有所变化，所列大纲的不恰当之处也会暴露出来，这些都会影响目录的变化。
- 接下来的文档分节和插入分页也会影响目录的变化。
- 选中目录，在目录上右击鼠标，在弹出的快捷菜单中选择"更新域"命令，因为分节、分页后页码发生了变化，标题内容没变，只需要更新目录的页码，在两个选项中选择"只更新页码"。
- 按 Ctrl+S 组合键保存文档。

步骤三：在创业计划书中使用分隔符

1. 插入分节符

分节符是指为表示节的结尾而插入的标记。文档的页面设置是以小节为单位的，不同节可以进行不同的纸张大小、方向、页边距、页眉页脚等设置。在长文档排版过程中，封面、目录页和正文的页面设置并不完全相同，因此要在页面设置之前先在文档的恰当位置进行分节设置。

分节符包含节的格式设置元素，如页边距、页面的方向、页眉和页脚以及页码的顺序。分节符共有 4 种类型，下一页、连续、奇数页和偶数页。

(1) "下一页"：插入一个分节符，新节从下一页开始。分节符中的"下一页"与分页符的区别在于前者分页又分节，而后者仅仅起到分页的效果。

(2) "连续"：插入一个分节符，新节从同一页开始。

(3) "奇数页"或"偶数页"：插入一个分节符，新节从下一个奇数页或偶数页开始。

插入分节符的步骤如下。

(1) 将插入点定位到需要分页的内容后。如"目录"页后，"摘要"页前。

(2) 打开"页面布局"选项卡，单击"分隔符"按钮，在弹出列表中单击"分节符"中的

"下一页"选项，如图 3-60 所示，此时即可在插入点处对文档进行分节。

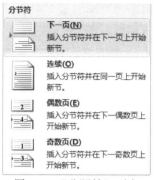

图 3-60 "分隔符"列表

分节符起着分隔其前面文本格式的作用，如果删除了某个分节符，它前面的文字会合并到后面的节中，并且采用后者的格式设置。

2．插入分页符

分页符是分页的一种符号，在上一页结束以及下一页开始的位置。Word 2013 中可插入一个"自动"分页符(或软分页符)，也可以插入"手动"分页符(或硬分页符)，在指定位置强制分页。在草稿视图下，分页符是一条虚线，又称为自动分页符。在页面视图下，分页符是一条黑灰色宽线，鼠标指向并单击后，变成一条黑线。如图 3-61 所示，在草稿视图下可以看到"自动"分页符、插入的"手动"分页符和插入的分节符。

插入分页符的步骤如下。

(1) 将插入点定位到需要进行分页的文本之后。

(2) 打开"页面布局"选项卡，单击"分隔符"按钮，在弹出的列表中单击"分页符"中的"分页符"选项，此时即可在插入点处对文档进行分页。

在创业计划书中使用分隔符

- 插入分节符。
  - 将光标定位在目录之后。
  - 打开"页面布局"选项卡，单击"分隔符"按钮，在弹出列表中单击"分节符"中的"下一页"选项。
- 插入分页符。
  - 将光标定位在章标题"创业服务介绍及推广的意义"之前。
  - 打开"页面布局"选项卡，单击"分隔符"按钮，在弹出列表中单击"分页符"中的"分页符"选项。
  - 用同样的方法分别在创业计划书每一章的结尾页插入分页符。
  - 手动插入分页符的好处是，使各章的排版版面独立，不会因为前一章的内容删减而影响后一章的排版。
- 按 Ctrl+S 组合键保存文档。

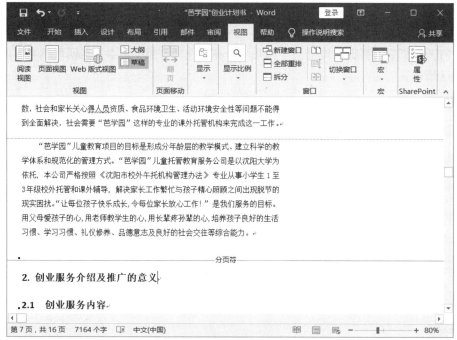

图 3-61　草稿视图下的分隔符

步骤四：为创业计划书设定页眉页脚

页眉和页脚是指在每一页顶部和底部的注释性文字或图形，通常显示文档的附加信息，常用来插入时间、日期、页码、单位名称、徽标等，页眉也可以添加文档注释等内容。其中，页眉在页面的顶部，页脚在页面的底部。

页眉和页脚不是随文本输入的，而是通过命令设置的。页眉、页脚只能在页面视图和打印预览方式下看到。

1．插入页眉和页脚

打开"插入"选项卡，在"页眉和页脚"组中单击"页眉"或"页脚"按钮。

在"页眉"编辑窗口中输入页眉文字，在"页脚"编辑窗口中输入页脚文字。

单击"页眉页脚工具-设计"选项卡下"关闭"组中的"关闭页眉和页脚"按钮，完成设置并返回文档编辑区域。也可以通过鼠标双击"文本编辑区域"退出页眉页脚编辑状态。

2．修改和删除页眉与页脚

修改页眉和页脚，只需双击页眉或页脚区域，进入页眉和页脚编辑区，再对其内容进行修改即可。要删除页眉或页脚，只需在页眉和页脚编辑区选定要删除的内容按 Delete 键即可。

3．页眉和页脚的高级应用

(1) 设置奇偶页不同的页眉。如果长文档的格式设定中要求为奇偶页进行不同的页眉设置，如同我们的教材一样，可以通过如下步骤完成：

① 将插入点定位在文档正文开始的页面上，并打开"插入"选项卡，单击"页眉"按钮，在下拉列表中选择"空白"选项，如图 3-62 所示。

② 打开"页眉和页脚工具-设计"选项卡，在"选项"组中选中"奇偶页不同"复选框，如图 3-63 所示。

图 3-62　插入页眉　　　　　　　　　图 3-63　"选项"组

③ 切换至文档第 1 页的页眉区域，输入奇数页页眉内容，在第 2 页的页眉区域输入偶数页页眉内容。同时可以在"开始"选项卡中的"字体"组中设置其字体格式。可以看到正文所有页面均产生了所设置的页眉。

④ 将光标置于文档"封面"的页眉区域，在"选项"组中选中"首页不同"复选框，即可去掉封面的页眉。

(2) 设置与前一节不同的页码。在完成长文档排版时，往往要求页码从正文开始。完成这个要求具体步骤如下：

① 把光标定位到文档正文的第一页的页脚区域中，找到"页眉页脚工具-设计"选项卡的"导航"组，在"导航"组中单击取消"链接到前一页页眉"。

② 单击"页眉和页脚"组中的"页码"按钮，在下拉列表中单击"页面底端"选项，在级联列表中选择"普通数字 2"选项，此时将重新插入页码。

③ 单击"页眉和页脚"组中的"页码"按钮，在下拉列表中选择"设置页码格式"选项，弹出"页码格式"对话框，修改该对话框中的"页码编号"选项，选择"起始页码"并设置其值为"1"，如图 3-64 所示，单击"确定"按钮。

图 3-64　"页码格式"对话框

在创业计划书中插入页眉和页码

- 给正文插入页眉。
  - 将插入点定位在计划书"正文"开始的页面上，并打开"插入"选项卡，单击"页眉"按钮，在下拉列表中选择"空白"选项。
  - 打开"页眉和页脚-设计"选项卡，在"选项"组中选中"奇偶页不同"复选框。
  - 在"导航"组中单击"链接到前一条页眉"取消与前一条页眉的链接关系。
  - 在创业计划书第 1 页的页眉区域，输入"*********创业计划书"，在第 2 页的页眉区域输入创业项目的名称。并在"开始"选项卡的"字体"组中设置其字体格式为"宋体、小四、加粗"。
- 给目录页插入页码。
  - 单击"页眉和页脚"组中的"页码"按钮，在下拉列表中单击"页面底端"选项，在下拉列表中选择"普通数字 2"选项。
  - 单击"页眉和页脚"组中的"页码"按钮，在下拉列表中选择"设置页码格式"选项，弹出"页码格式"对话框，修改该对话框中的"编号格式"为罗马字符。
  - 在"导航"组中单击取消"链接到前一条页眉"。
- 给正文插入页码。用同样的方法给正文的页脚加上"编号格式"为"1,2,3…"的页码。
- 按 Ctrl+S 组合键保存文档。

步骤五：长文档排版的知识扩展

1. 为图片和表格设置题注

很多文档中都包含图片、表格或图表，在插入图片、表格或图表之后，需要为其加上相应的编号和名称。编号和名称可以使图片、表格和图表的说明更加清晰、直观，但因为长文档的编写并不是一气呵成的，在多次修改的过程中难免会发生图片、表格的增、删情况，这使得手动修改编号带来了额外的工作量。Word 2013 中的题注功能可以很好地解决这个问题。

1) 插入题注

插入题注之后，需要对图片、表格等项目的编号进行修改时，题注可以自动更新。插入题注的具体步骤如下。

(1) 选中需要插入题注的图片，单击"引用"选项卡"题注"组中的"插入题注"按钮，打开"题注"对话框。

(2) 在"题注"对话框中，"题注"一栏显示的即是插入题注后的内容，当前显示的是默认的 Figure 1。如果觉得默认的这几种标签类型不合适，可单击"新建标签"按钮，在弹出的"新建标签"对话框中创建所需要的标签，如图 3-65 所示。

图 3-65　在"题注"对话框中新建标签

(3) 设置编号。单击"编号"按钮，打开"题注编号"对话框，从中选择需要的题注格式，可以设置编号样式，默认编号样式是数字"1,2,3…"。

2) 更新题注

题注设置完毕后，若需要插入新的图片、表格或其他项目，原题注的编号都可以快速自动更新。自动更新的方法是选中需要更新的题注，右击鼠标，在弹出的快捷菜单中选择"更新域"命令，即可对题注进行更新。

2．添加脚注和尾注

脚注一般位于页面底端，说明要注释的内容；尾注一般位于文档结尾处，集中解释文档中要注释的内容或标注文档中所引用的其他文章的名称。

1) 插入脚注或尾注

(1) 选择要插入脚注或尾注的文字。

(2) 单击"引用"选项卡"脚注"组中的"插入脚注"或"插入尾注"按钮，或者单击"脚注"组中的对话框启动器按钮，打开"脚注和尾注"对话框，如图 3-66 所示。在"脚注和尾注"对话框中设置脚注或尾注的位置、编号格式、起始编号、编号是否连续等内容。

图 3-66　"脚注和尾注"对话框

2) 脚注与尾注的转换

添加的脚注和尾注之间可以相互转换，转换的具体步骤如下。

(1) 在"脚注和尾注"对话框中单击"转换"按钮,打开"转换注释"对话框。

(2) 从中选择合适的选项,单击"确定"按钮即可完成脚注和尾注间的转换。

在"转换注释"对话框中为用户提供了三个选项,分别是"脚注全部转换成尾注",功能是将文档中的所有脚注全部转换成尾注;"尾注全部转换成脚注",功能是将文档中的所有尾注全部转换成脚注;"脚注和尾注相互转换",功能是将文档中的所有脚注转换成尾注、所有尾注转换成脚注。

3) 删除脚注或尾注

在文档中要删除脚注或尾注时,需要删除文档窗口中的注释引用标记,而非注释中的文字。如果删除了一个自动编号的注释引用标记,Word 会自动对注释进行重新编号。删除脚注或尾注的方法有以下两种。

(1) 在文档中选中要删除的脚注或尾注的引用标记,然后按 Delete 键或退格键,即可删除所选中的脚注或尾注。

(2) 把光标定位到要删除的脚注或尾注的引用标记之后,然后按两下退格键,也可删除脚注或尾注。

3. 插入数学公式

对于理工类专业的学生,在编辑有关自然科学的文章或整理试卷时,经常需要使用各种数学公式、数学符号等。在 Word 2013 中提供了方便的公式编辑方式,其中有多个内置的公式可以直接插入,如二次公式、勾股定理等,也可以使用"插入新公式"命令编制所需的新公式。

1) 利用内置公式插入数学公式的具体步骤如下。

(1) 单击"插入"选项卡"符号"组中的"公式"按钮,打开如图 3-67 所示的数学公式列表。

(2) 在数学公式列表中选择需要的公式,在文本插入点会出现所选的公式,此时只需用鼠标单击公式中需要更改的字符,字符显示灰色就可根据需要对其重新编辑。

2) 插入新的公式

若需要的公式在内置公式中没有,可以利用"插入新公式"命令插入数学公式,具体步骤如下。

(1) 单击"插入"选项卡"符号"组中的"公式"按钮,在打开的列表中选择"插入新公式"命令,在文本编辑区的插入点处会出现一个空的公式编辑框。

(2) 选中该公式编辑框,在选项卡中会出现"公式工具-设计"选项卡,如图 3-68 所示。利用"公式工具-设计"选项卡的各组工具设置数学公式。

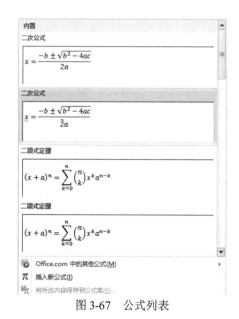

图 3-67　公式列表

图 3-68 "公式工具-设计"选项卡

(3) 公式编辑完成后，在 Word 文档空白处单击即可返回。

(4) 数学公式插入完成后，若要修改公式，只需单击公式，即可打开"公式工具"功能区中的"设计"选项卡，进行相应的修改。

4. 插入封面

比较长的文档编写完成后，往往需要设计一个封面，不但使整篇文档更有整体感，而且使文档给人的感觉更正式，美观实用的封面能够实现快速、准确传递信息的功能。Word 2013 提供了快速生成文档封面的功能，使文档封面的设计更容易实现。

如图 3-69 所示，打开"插入"选项卡的"封面"列表，选择一个封面，即可在当前文档前生成新的封面页。封面页上有一些时间、标题、作者、摘要之类的占位符，修改这些占位符的内容，多余的可以删除。对于封面中自带的不适合文档内容的图片，可以使用"图片工具-格式"选项卡中的"更改图片"命令按钮进行图片的替换。

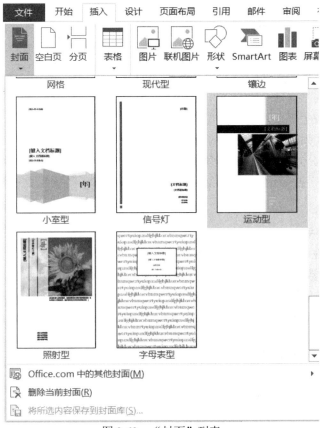

图 3-69 "封面"列表

在创业计划书中插入封面

- 打开"插入"选项卡的"封面"列表，选择如图 3-62 所示的封面。
- 修改"年份"占位符内容为"2019"。
- 修改"标题"占位符内容为"创业计划书"。更改黑色矩形背景为红色。
- 修改"公司"占位符内容为"芭学园团队"。
- 单击"Administrator"左上角的"作者"，按 Delete 键删除"作者"占位符。
- 选择图片，进入"图片工具-格式"选项卡，使用"更改图片"命令按钮进行图片的替换。
- 按 Ctrl+S 组合键保存文档。

设计效果

本任务的设计效果如图 3-70 所示。

图 3-70　创业计划书设计效果

举一反三

对于本科的毕业生来说，毕业设计和毕业论文是综合考核学生大学四年学习成果的一种普遍方式。毕业论文是对毕业设计过程完整严谨的描述，一篇完整的毕业论文由封面、摘要、关键字、目录、正文、结论、致谢和参考文献等多个部分构成。结合任务四中的长文档排版实例，完成毕业论文的排版工作。

(1) 通过标题样式的套用完成论文的导航。

(2) 为论文自动生成目录。目录生成至大纲级别 2 级，目录排版要求"宋体、小四，间距 20 磅"。

(3) 分节设置。将论文分为三节：封面、目录、正文。

(4) 分页设置。在正文部分每一章(包括摘要、结论、参考文献等)末尾处插入分页符。

(5) 页眉设置。正文部分设置奇偶页不同的页眉，奇数页页眉为"**大学毕业论文"，偶数页页眉为毕业论文题目。

(6) 页脚设置。正文部分设置奇偶页不同的页脚，奇数页页码在底部右侧，偶数页页码在底部左侧。页码格式为"1,2,3…"

(7) 题注设置。为论文中的图片和表格设置题注,图注位于图片下方,格式为"图1,图2,图3……",表注位于表格上方,格式为"表1,表2,表3……",字体字号为"宋体、小5"。

综合实训

项目通过4个实训任务由浅入深地讲述了简单文档编辑与格式设置、表格在文档中的应用、文档的美化与图文混排、Word 2013中常用工具的使用以及长篇文档编辑的技巧,从内容上基本满足了日常工作、学习的使用。

现在请你根据项目中所学到的知识技能完成一项Word 2013应用的综合训练任务,任务要求具体如下:

结合你所学习的专业,设计并制作一本专业宣传手册。主要包括专业介绍、课程设置、实习实训等专业培养部分以及寝室生活、文体活动、社团活动等校园文化生活部分。

(1) 宣传手册封面设计。

(2) 宣传手册目录生成。

(3) 各组成栏目的图文混排。主要构成元素有文字、艺术字、自选图形、图片、表格、图表、脚注等。

(4) 页眉、页脚及页码的设计。

(5) 封底设计。

项目 4

Excel 2013电子表格应用

Excel 2013 是 Microsoft 公司开发的 Office 2013 办公软件的组件之一，无论是软件本身的易用性还是功能，都比以前的版本好。确切地说，Excel 2013 是一个电子表格软件，可以用来制作多种电子表格，完成许多复杂的数据运算，进行数据的分析和预测，并且具有强大的制作图表功能。通过完成本项目的各项训练任务，读者能够掌握单元格的操作技巧，工作表的编辑、管理、打印，公式、函数、图表的使用方法，以及数据清单的管理等方面的内容。

教学目标

- 熟练掌握 Excel 2013 工作簿和工作表的基本操作。
- 熟练掌握在 Excel 2013 工作表中进行数据的录入与编辑。
- 熟练掌握 Excel 2013 中公式和函数在表格数据计算中的使用。
- 熟练掌握 Excel 2013 工作表中数据的排序、筛选和分类汇总。
- 熟练掌握 Excel 2013 电子表格的打印排版输出。
- 掌握 Excel 2013 中图表的创建与排版。

项目实施

任务 1　创建学生基本信息表

任务目标

- 掌握 Excel 2013 工作表的基本操作。
- 掌握电子表格中数据的输入方法。
- 熟练掌握单元格的基本操作及格式的设置方法。
- 熟练掌握单元格样式和套用表格样式的方法。
- 掌握条件格式的用法。

任务描述

入学以后，为了使班级学生的管理工作更加方便，辅导员老师要求每个班级建立自己的学生基本信息表，并给出了所需要的格式要求，这个任务就交给了初学 Excel 的你，请你根据要求完成班级数据的录入并进行简单的排版。

知识要点

(1) 熟悉 Excel 2013 的工作界面。从 Excel 2007 版本开始取消了旧版本的菜单操作方式，并以功能区取而代之，Excel 2013 版使这种功能区的设计更加完善，用户操作起来所见即所得，更加方便。

(2) 熟悉单元格、活动单元格、行、列、工作表、工作簿等概念。

(3) 数据的录入与编辑。选定单元格的方法，单元格中的数据类型，在单元格中填充、移动、复制、修改、删除数据。

(4) 添加(删除)单元格、行或列。在 Excel 中添加(删除)单元格、行或列，会造成单元格、行或列的位置发生变化。

(5) 单元格格式。在 Excel 中对于相同数据类型的数据，在不同的应用场合，会有不同的表现形式，如数字"0.5"也可表现为分数的"1/2"。

(6) 单元格对齐方式。单元格的对齐方式是指单元格中的文本和数据的内容相对单元格上、下、左、右的位置。在 Excel 中不同的数据类型拥有不同的默认对齐方式，也可以根据需要调整单元格的对齐方式。

(7) 单元格字体格式。为了使工作表美观、鲜明、重点突出，需要对不同的单元格设置不同的字体。字体设置主要包括字体选用、字号大小、颜色、加粗、斜体、特殊效果等。

(8) 单元格边框和底纹。单元格或者单元格区域的背景和边框的设置。

(9) 单元格样式。单元格的样式就是事先设计好并命名保存的一组设置，包括单元格字体、对齐方式及边框底纹等方面。Excel 2013 将样式直接提供给用户进行套用，方便表格的排版美化。单元格样式也可以进行自定义调整。

(10) 套用表格格式。Excel 2013 中提供了 60 种表格样式给用户的工作表套用选择，节约整张工作表排版时间。用户在套用过程中可以根据需要进行局部调整。

(11) 设置条件格式。条件格式功能是为了根据用户所提供的特殊条件来快速改变工作表中符合条件的单元格数据的格式以突出显示这部分数据。

任务实施

步骤一：初识 Excel 2013

1. 熟悉 Excel 2013 的工作界面

Excel 2013 的启动与 Word 的启动操作类似，启动后即可看到 Excel 2013 的工作界面，其工作界面由"文件"选项卡、快速访问工具栏、标题栏、功能区、编辑栏、垂直(水平)滚动条、状态栏、工作区等组成，工作界面如图 4-1 所示。

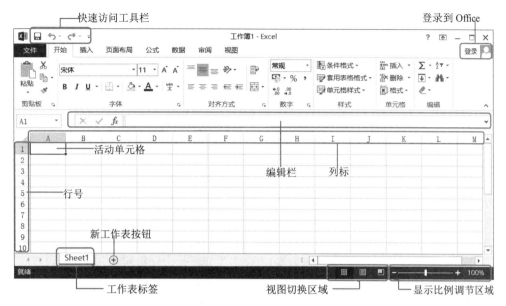

图 4-1　Excel 2013 工作界面

(1) "文件"选项卡。单击 Excel 2013 工作界面左上角的"文件"选项卡，可以运用其中的新建、打开、保存等命令来操作 Excel 文档。它为用户提供了一个集中的位置，便于用户对文件执行所有操作，包括共享、打印或发送等。

(2) 快速访问工具栏。Excel 2013 的快速访问工具栏是一个自定义工具栏，其中显示了最常用的命令，方便用户使用。单击快速访问工具栏中的任何一个选项，都可以直接执行其相应的功能。默认的常用快速访问工具栏有"保存""撤销""恢复"等，如果用户想定义自己的快速访问工具栏，可以单击快速访问工具栏右边的小三角，弹出"自定义快速访问工具栏"下拉菜单，在菜单中把需要添加的工具按钮前面的对号选中，即可被添加到快速访问工具栏上。如果需要删除某个工具按钮，直接将其前面的对号去掉即可。

(3) 标题栏。标题栏位于窗口的顶部，显示应用程序名和当前使用的工作簿名。对于新建立的 Excel 文件，用户所看到的文件名是"工作簿 1"，这是 Excel 2013 默认建立的文件名。标题栏的最右端是控制按钮，单击控制按钮，可以最小化、最大化(还原)或关闭窗口。

(4) 功能区。默认情况下，Excel 2013 的功能区中包含"开始""插入""页面布局""公式""数据""审阅"和"视图"七个选项卡。这些选项卡将相关命令组合到一起，用户可以轻松地查找以前隐藏在复杂菜单和工具栏中的命令和功能。并且，通过 Office 2013 中改进的功能区，可以自定义已有的选项卡和组或创建自己的选项卡和组，以适合自己独特的工作方式，从而可以更快地访问常用命令，另外还可以重命名内置选项卡和组或更改其顺序。

(5) 编辑栏。在功能区的下方一行就是编辑栏，编辑栏的左端是名称框，用来显示当前选定单元格或图表的名字；编辑栏的右端是数据编辑区，用来输入、编辑当前单元格或单元格区域的数学公式等数据。当一个单元格被选中后，可以在编辑栏中直接输入或编辑该单元格的内容。随着活动单元数据的输入，编辑栏上的工具按钮被激活：

　　：　"取消"按钮，表示放弃本次操作，相当于按 Esc 键。

　　：　"确认"按钮，表示确认保存本次操作。

: "插入函数"按钮,用于打开"插入函数"对话框。

(6) 状态栏与视图切换区域。状态栏位于窗口底部,用来显示当前工作区的状态。

Excel 2013 支持三种视图,分别为"普通"视图、"页面布局"视图和"分页预览"视图,如图 4-1 所示,单击 Excel 2013 窗口右下角的视图切换区域中的按钮可以切换视图。而"显示比例调节区域"用来调整当前工作表的显示比例。

(7) 工作区。工作区窗口是 Excel 工作的主要窗口,启动 Excel 所见到的整个表格区域就是 Excel 的工作区窗口。

2. Excel 中的几个基本概念

(1) 工作簿:在 Excel 中,一个工作簿就是一个 Excel 文件,它是工作表的集合体,工作簿就像日常工作的文件夹。一张工作簿中可以放多张工作表,但是最多只能放 255 张工作表。

(2) 工作表:工作表是显示在工作簿窗口中的表格,是工作簿文件的基本组成部分。每张工作表都以标签的形式排列在工作簿的底部,Excel 工作表是由行和列组成的一张表格,行号用数字 1、2、3、4 等表示,列号用英文字母 A、B、C、D 等表示。

工作表是数据存储的主要场所,一个工作表可以由 1048576 行(2^{20} 行)和 16384 列(2^{14} 列)构成。当需要进行工作表切换的时候,只需要用鼠标单击相应的工作表标签名称即可。

(3) 单元格:行和列交叉的区域称为单元格。是 Excel 工作表中的最小单位,单元格按所在的行列交叉位置来命名,命名时列号在前、行号在后,如单元格"B6"。单元格的名称又称为单元格地址。

步骤二: 创建工作表文档

1. 工作簿的基本操作

Excel 和 Word 的新建、打开、保存方法基本一样,在新建并打开一个 Excel 2013 文件后,默认情况下只有"Sheet1"一个工作表,根据需要,用户可以插入或删除工作表,重命名、切换、移动、复制工作表。

1) 工作簿的新建

启动 Excel 2013 时,系统自动新建一个名为"工作簿 1"且包含一个空白工作表的工作簿。继续创建新的工作簿可使用以下三种方法。

方法一:单击"文件"选项卡,然后选择"新建"命令,打开"新建"窗格,单击"空白工作簿",如图 4-2 所示,创建一个空白工作簿,或根据需要选择一个模板即可创建一个工作簿。

方法二:单击快速访问工具栏中的"新建"按钮,直接弹出一个新的空白工作簿,即完成了新工作簿的创建工作。

方法三:按下组合键 Ctrl+N,直接弹出一个新的空白工作簿。

图 4-2　新建空白工作簿

2) 工作簿的打开

启动 Excel 后可以打开一个已经建立的工作簿文件，也可同时打开多个工作簿文件，最后打开的工作簿位于最前面。

单击"文件"选项卡，默认显示"打开"窗格，在"打开"窗格的右侧，是最近使用的工作簿列表，单击列表中的工作簿名称即可打开相应的 Excel 文件。在打开窗格的左侧还有"计算机"和"One Drive"两个选项，单击"计算机"，可以通过右侧窗格提供的"浏览"按钮进入"打开"对话框，从而选择目标文件所在的位置，进而打开该 Excel 文件。单击"One Drive"可以打开上传到云端的 Excel 文件。

3) 工作簿的保存

工作簿在编辑后需要保存，可使用以下三种方法。

方法一：单击"文件"选项卡下的"保存"选项。

方法二：单击快速访问工具栏中的"保存"按钮。

方法三：使用组合键 Ctrl+S。

无论采用哪种保存方式，在第一次保存文件时，都会打开"另存为"对话框，首先选择文件保存的位置，可以将文件保存在本地计算机上，也可以将文件上传到云端。然后在"文件名"文本框中输入工作簿的名称，在"保存类型"列表中选择"Excel 工作簿"，".xlsx"是 Excel 2013 工作簿文件的扩展名，如果想保存为低版本的格式，选择"Excel 97-2003 工作簿"，最后单击"保存"按钮。如果直接单击"文件"选项卡下的"另存为"命令，则可以将当前文件另存为另一个新文件。

4) 工作簿的关闭

这里介绍三种关闭工作簿的方法。

方法一：单击"文件"选项卡上的"关闭"命令。

方法二：单击工作簿窗口右上角的"关闭"按钮 █。

方法三：双击工作簿窗口左上角"控制菜单"图标，或者单击工作簿窗口左上角"控制菜单"图标 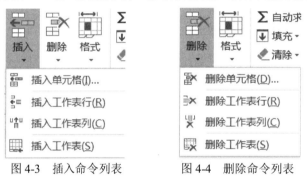。

如果当前工作簿文件是新建的，或当前文件已被修改尚未存盘，系统将提示是否保存修改。单击"保存"按钮，存盘后退出；单击"不保存"按钮，则被认为放弃修改，不存盘退出；单击"取消"按钮，取消关闭任务，返回原工作簿编辑状态。

2. 工作表的插入和删除

(1) 插入工作表。

方法一：在"开始"选项卡下，单击"单元格"组中的"插入"按钮，在弹出的列表中选择"插入工作表"命令，如图 4-3 所示。

方法二：单击工作表标签右侧的新建工作表按钮 ⊕，这也是最常用的方式。

(2) 删除工作表。

方法一：在"开始"选项卡下，单击"单元格"组中的"删除"按钮，在弹出的列表中选择"删除工作表"命令，如图 4-4 所示。

方法二：右击要删除的工作表的标签，从弹出的快捷菜单中选择"删除"命令即可。

图 4-3　插入命令列表　　　　图 4-4　删除命令列表　　　　图 4-5　单元格格式列表

3. 工作表标签的设置

工作表标签上标注了工作表的名称，当前工作表显示在最前方，其标签高亮度显示，用户通过单击工作表标签在工作表之间进行切换。

(1) 工作表的重命名。

方法一：选择要更名的工作表，单击"开始"选项卡"单元格"组中的"格式"命令按钮，在弹出的下拉列表中选择"重命名工作表"命令，如图 4-5 所示，进入编辑状态，输入新的工作表名称。

方法二：右击要更名的工作表标签，从弹出的快捷菜单中选择"重命名"命令，然后输入新的工作表名称。

方法三：双击要更名的工作表标签，然后输入新的工作表名称。这是最常用的方式。

(2) 更改工作表标签的颜色。

方法一：在要修改的工作表标签上右击，在弹出的快捷菜单中选择"工作表标签颜色"命令，在弹出的"主题颜色"列表中进行颜色的设置。

方法二：选择要修改的工作表，单击"开始"选项卡"单元格"组中的"格式"命令按钮，在弹出的下拉列表中选择"工作表标签颜色"命令，在弹出的"主题颜色"列表中进行颜色的设置。

4. 工作表的移动、复制

为了提高编辑效率，对于结构完全或者大部分相同的工作表来说，常常需要进行移动、复制等操作。工作表的移动和复制方法类似，具体有如下三种方法：

方法一：首先选择要移动的工作表标签，单击"开始"选项卡"单元格"组中的"格式"命令按钮，打开如图 4-5 所示的下拉列表，选择"移动或复制工作表"命令，打开"移动或复制工作表"对话框，在"下列选定工作表之前"列表框中选择要移动到的位置，单击"确定"按钮完成工作表的移动。如果选中"建立副本"复选框，则完成的是复制操作。

方法二：右击工作表标签，在弹出的快捷菜单中选择"移动或复制工作表"命令，打开"移动或复制工作表"对话框，剩余操作同方法一。

方法三：在同一个工作簿中，选定目标工作表，按住鼠标左键同时按下 Ctrl 键不放向左、右拖动，拖至目标位置后释放鼠标，此时可以看到目标工作表被复制。

创建"学生基本信息表"工作簿

- 打开 Excel 2013，按 Ctrl+N 组合键新建一个空白工作簿。
- 保存该工作簿到"Excel\任务一"中并命名为"学生基本信息表.xlsx"。
- 修改工作表名称。双击"Sheet1"，待出现选中状态录入工作表新名称为"19 艺术"。
- 修改工作表标签颜色。选中工作表标签"19 艺术"，右击鼠标，在弹出的快捷菜单中选择"工作表标签颜色"命令，在弹出的"主题颜色"列表中选择"深红"。
- 移动复制工作表。打开"Excel\任务一"中的"实例数据.xlsx"，执行"开始"选项卡"单元格"组中的"格式"命令列表中的"移动或复制工作表"命令，打开"移动或复制工作表"对话框，在"将选定工作表移至工作簿"列表中选择工作簿"学生基本信息表.xlsx"，并选中"建立副本"复选框，单击"确定"按钮。
- 删除工作表。在"实例数据.xlsx"工作簿中，右击工作表标签"Sheet2"，从弹出的快捷菜单中选择"删除"命令。
- 保存并关闭"实例数据.xlsx"。
- 插入新工作表。在"学生基本信息表.xlsx"的工作表标签右侧单击新建工作表按钮⊕，出现新工作表"Sheet1"，将该工作表名称修改为你自己的班级。
- 按 Ctrl+S 组合键，保存"学生基本信息表.xlsx"工作簿。

---

5. 工作表的拆分与冻结

1) 工作表的拆分

拆分工作表是把当前工作表窗口拆分成几个窗格，每个窗格都可以使用滚动条来显示工作表的各个部分。使用拆分窗口可以在一个文档窗口中查看工作表的不同部分，既可以对工作表进行水平拆分，也可以对工作表进行垂直拆分。

如图 4-6 所示，选定单元格(拆分的分割点)，单击"视图"选项卡"窗口"组中的"拆分"命令按钮，以选定单元格的左上角为拆分的分割点，工作表将被拆分为 4 个独立的窗格，每个窗格均可通过滚动条进行滚动浏览整张工作表的内容。

2) 取消拆分工作表

再次单击"视图"选项卡"窗口"组中的"拆分"命令按钮即可取消当前的拆分操作，恢复窗口原来的形状。

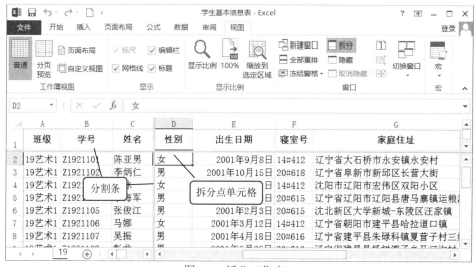

图 4-6　拆分工作表

3) 工作表的冻结

工作表中有很多数据时，如果使用垂直或水平滚动条浏览数据，行标题或列标题也随着一起滚动，这样查看数据很不方便。使用冻结窗口功能就是将工作表的上窗格和左窗格冻结在屏幕上。这样，当使用垂直或水平滚动条浏览数据时，行标题和列标题将不会随着一起滚动，一直在屏幕上显示。冻结工作表的操作方法如下：

选定目标单元格作为冻结点单元格，单击"视图"选项卡"窗口"组中的"冻结窗格"命令按钮，弹出下拉列表，如图 4-7 所示，在下拉列表中选择冻结拆分选项如"冻结拆分窗格"命令即可。

图 4-7　冻结拆分窗格

取消冻结窗格的方法也很简单，单击"视图"选项卡"窗口"组中的"冻结窗格"命令按钮，在弹出的下拉列表中选择"取消冻结窗格"命令，即可取消冻结窗格把工作表恢复原样。

6. 保护工作表

为了防止工作表被别人修改，可以设置对工作表的保护。保护工作表功能可防止修改工作表中的单元格、图表等。

(1) 保护工作表。选定需要保护的工作表，单击"审阅"选项卡"更改"组中的"保护工作表"命令按钮，弹出"保护工作表"对话框，如图4-8所示，选择需要保护的选项，输入密码，单击"确定"按钮。

图 4-8　保护工作表

(2) 保护工作簿。选定需要保护的工作簿，单击"审阅"选项卡"更改"组中的"保护工作簿"命令按钮，弹出"保护结构和窗口"对话框，在"保护工作簿"列中选择需要保护的选项，输入密码，单击"确定"按钮。其中选择"结构"选项，保护工作簿的结构，避免插入、删除工作表等操作；选择"窗口"选项，保护工作簿的窗口不被移动、缩放等操作。

如果对工作表或工作簿进行了保护，在"审阅"选项卡"更改"组中的"保护工作表"命令按钮变为"撤销工作表保护"命令按钮，"保护工作簿"命令按钮变为"撤销工作簿保护"命令按钮。单击这两个命令按钮可取消对工作表和工作簿的保护。

7. 隐藏和恢复工作表

当工作簿中的工作表数量较多时，有些工作表暂时不用，为了避免对重要的数据和机密数据的误操作，可以将这些工作表隐藏起来，这样不但可以减少屏幕上显示的工作表，还便于对其他工作表的操作，如果想对隐藏的工作表进行编辑，还可以恢复显示隐藏的工作表。

(1) 隐藏工作表或工作表中的行、列。选定要隐藏的工作表，在"开始"选项卡下，单击"单元格"组中的"格式"命令按钮，展开"可见性"分组中的"隐藏和取消隐藏"级联命令列表，如图4-9所示，在该列表中单击"隐藏工作表"命令选项，即可隐藏该选定的工作表。如果事先选择的是工作表中的行或列，也可以针对选中的行或列执行"隐藏行"或"隐藏列"命令，对工作表进行局部的隐藏。

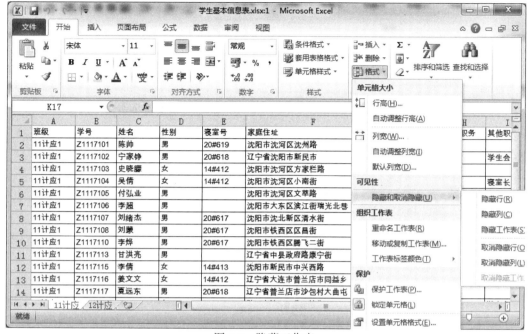

图 4-9　隐藏工作表

(2) 恢复工作表或工作表中的行、列。在"开始"选项卡下，单击"单元格"组中的"格式"命令按钮，展开"可见性"下的"隐藏和取消隐藏"级联命令列表，单击"取消隐藏工作表"命令项，弹出"取消隐藏"对话框，选择要恢复显示的工作表后单击"确定"按钮，即可恢复该工作表的显示。要恢复工作表中隐藏的行或列，则需要在执行"取消隐藏行"或"取消隐藏列"命令之前，选择被隐藏的行的上下两行或者被隐藏的列的左右两列，才能完成恢复隐藏的行或列。

工作表的拆分、冻结和保护
- 在工作簿"学生基本信息表.xlsx"中选择工作表"19 艺术 1"。
- 拆分工作表。如图 4-6 所示，选定 D2 单元格，单击"视图"选项卡"窗口"组中的"拆分"命令按钮，将拆分条固定在标题行下方姓名列右方。
- 冻结工作表。执行"视图"选项卡"窗口"组"冻结窗格"命令列表中的"冻结拆分窗格"命令，将工作表冻结。
- 保护工作表。如图 4-8 所示，单击"审阅"选项卡"更改"组中的"保护工作表"命令按钮，为工作表设置密码，使无密码者无权修改该工作表。

步骤三：在工作表中输入数据

在 Excel 2013 工作表中的单元格和 Word 一样，可以输入文本、数字以及特殊符号等，数据类型也各不相同。Excel 2013 的数据类型包括文本型数据、数值型数据、日期时间型和逻辑型数据，不同数据类型输入的方法是不同的，所以在电子表格输入数据之前，首先要了解所输入数据的类型。

要在单元格中输入数据首先要定位单元格，可以采用以下方法。

(1) 单击输入数据的单元格，直接输入数据，按下 Enter 键确认。

(2) 双击单元格，单元格内出现插入光标，将插入光标移到适当位置后开始输入，这种方法常用于对单元格内容的修改。

(3) 单击单元格，然后单击编辑栏，并在其中输入或编辑单元格中的数据，输入的内容将同时出现在单元格和编辑栏上，通过单击"输入"按钮 ✓ 确认输入。如果发现输入有误时，可以利用退格键和 Delete 键进行修改，也可以按 Esc 键或"取消"按钮 ✖ 取消输入。

1. 输入文本型数据

文本可以是任何字符串或数字与字符串的组合。在单元格中文本自动左对齐。当输入的文本长度超过单元格列宽且右边单元格没有数据时，允许覆盖相邻单元格显示。如果相邻的单元格中已有数据，则输入的数据在超出部分处截断显示。默认单元格中的数据显示方式为"常规"，其代表的意思是如果输入的是字符，则按文本类型显示；如果输入的是日期格式，则按日期格式显示；如果输入的是 0～9 的数据，则按数值型数据显示。所以当把数字作为文本输入时应当使用以下方法。

将数字作为文本输入，一般采用以下三种方法。

(1) 应在数字前面加上一个单引号" ' "，如 " '18845079921"。

(2) 在数字前加一个等号并把数字用双引号括起来，如= "18845079921"。

(3) 选定单元格，在"开始"选项卡中，单击"数字"组中的"数字格式"列表，在列表中选择"文本"项，则该单元格输入的数字将作为文本处理。

2. 输入数值型数据

数值型数据也是 Excel 工作表中最常见的数据类型。数值型数据自动右对齐，如果输入的数值超过单元格宽度，系统将自动以科学记数法表示。若单元格中填满了"#"符号，说明该单元格所在列没有足够的宽度显示这个数值。此时，需要改变单元格列的宽度。

在单元格中输入数字之前可以通过"开始"选项卡"数字"组中的"数字格式"列表调整数字格式，如果在数字格式为"常规"的情况下直接输入数据需要注意下面几点：

(1) 输入正数时，正号"+"可以省略；输入负数时，在数字前面加上一个负号" – "或将其放在括号"( )"内。

(2) 输入分数时，应先输入一个"0"加一个空格，如输入"0 1/2"，表示二分之一。否则系统将其作为日期型数据处理。

(3) 输入百分数时，先输入数字再输入百分号"%"，则该单元格将应用百分比格式。

3. 输入日期型数据

Excel 把日期和时间作为特殊类型的数值。这些数值的特点是采用了日期或时间的格式。在单元格中输入可识别的时间和日期数据时，单元格的格式自动从"常规"转换为相应的"日期"或者"时间"格式，而不需要去设定该单元格为"日期"或者"时间"格式。输入的日期和时间自动右对齐，如果输入的时间和日期数据系统不可识别，则系统视为文本处理。

系统默认时间用 24 小时制的方式表示，若要用 12 小时制表示，可以在时间后面输入 AM 或 PM，用来表示上午或下午，但和时间之间要用空格隔开。

可以利用组合键快速输入当前的系统日期和时间，具体操作为按 Ctrl+；组合键可以在当前光标处输入当前日期；按 Ctrl+Shift+；组合键可以在当前光标处输入当前时间。

4. 输入逻辑型数据

逻辑值是判断条件或表达式的结果，逻辑值只有"TRUE"或"FALSE"两种，条件成立或判断结果是对的，值为 TRUE、否则为 FALSE，常用的判别符号有"="">"">="" "<"和"<="。逻辑值也可与函数 AND( )、OR( )、NOT( )一起进行逻辑运算。逻辑值还可以参与计算，在计算式中，TRUE 当成 1、FALSE 当成 0 看待。逻辑值在单元格中的对齐方式为居中对齐。

5. 自动填充功能

在 Excel 表格的制作过程中，对于相同数据或者有规律的数据，使用 Excel 自动填充功能可以快速地对表格数据进行录入，从而减少重复操作所造成的时间浪费，提高用户的工作效率。

1) 在多个单元格中输入相同内容

首先选择要输入相同内容的单元格，接下来输入数据，最后按下 Ctrl+Enter 组合键。会在选中的每个单元格里看到输入的内容。

2) 通过填充柄填充数据

每个选定单元格或区域都有一个填充柄，把鼠标移动到选定区域的右下角，如图 4-10(a) 所示，鼠标就会变成"黑十字"，这个"黑十字"就称为填充柄。将鼠标指向填充柄，用户根据需要可向上、下、左、右四个方向拖动鼠标完成填充。

值得注意的是在图 4-10(b)中，学号的填充是有规律的序列，在 Excel 中数值型数据或文本型数据中存在数字的情况下，用控制柄的填充被视为步长为"1"的等差数列去填充。在图 4-10(c) 中，进行的是步长为"2"的等差数列填充，因为步长不是默认的"1"，在其他步长的等差数列填充时，要给定前两项，以便确定步长值，用控制柄填充时要选中前两项，并在第二项右下角鼠标变成黑色十字时拖动填充。

在图 4-10(d)中，通过控制柄填充了 Excel 2013 系统预设的序列。关于自定义序列的内容接下来将会介绍，无论是系统预设的序列还是用户自己定义的序列，都可以通过控制柄方便地填充。

3) 通过对话框填充序列数据

在 Excel 2013 中，如果说步长为"1"的等差数列是控制柄填充的默认情况，那么像其他的等差、等比、日期等有规律的序列数据，用户则可以通过序列对话框来填充，以步长为"2"的等比数列为例。

(1) 首先在一个目标单元格中输入内容"2"，然后选定要填充数值的所有目标单元格，如图 4-11(a)所示。

(2) 在"开始"选项卡的"编辑"组中单击"填充"，如图 4-11(b)所示，在弹出的下拉列表中选择"序列"命令，打开"序列"对话框。

(3) 如图 4-11(c)所示,在"序列"对话框中进行相应的设置。在"序列产生在"选项组中选择"行"单选按钮;在"类型"选项组中选择"等比数列"单选按钮;"步长值"设定为"2"。

(4) 单击"确定"按钮,如图 4-11(d)所示,则在预先选定的区域实现了等比数列步长为"2"的填充。

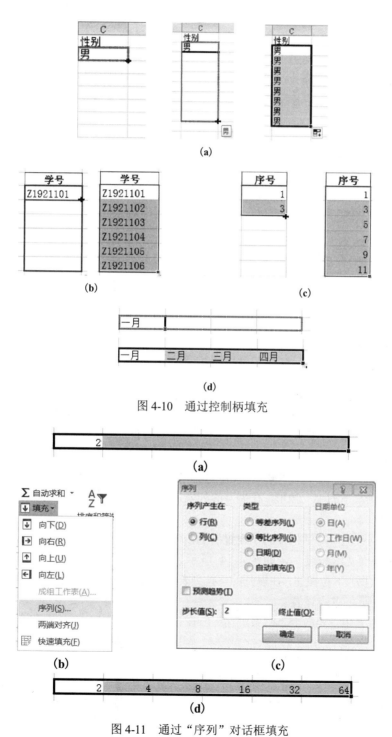

图 4-10　通过控制柄填充

图 4-11　通过"序列"对话框填充

4) 自定义填充序列

在 Excel 中,可以使用自定义序列填充数据。用户可使用系统默认序列,也可建立自己所需要的序列。

选择"文件"选项卡中的"选项"命令,打开如图 4-12 所示的"Excel 选项"对话框,在"高级"标签中,选择"编辑自定义列表"按钮,弹出如图 4-13 所示的"自定义序列"对话框。在该对话框中右侧的"输入序列"列表中输入自定义序列内容,每一项占一行,输入完成后单击"添加"按钮,则可以在左侧"自定义序列"列表的下方看到新定义的序列,此时自定义序列完成。左侧列表中所显示的所有自定义序列都是可以通过控制柄在工作表中进行自动填充的。

图 4-12 "Excel 选项"对话框

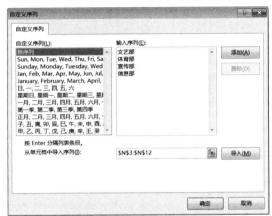

图 4-13 "自定义序列"对话框

6. 设置数据有效性

对于大量数据需要输入时,有时难免会出错,那么用户可以把一部分检查工作交给计算机来处理,这就需要提前对单元格数据的有效性进行设置。如对"联系电话""身份证号"等列进行文本长度的限制,对"成绩""工资"等数值列进行值的范围限制等。设置有效性规则后的工作表区域,在进行编辑时如果输入不符合所设置的有效性范围的内容,系统将自动给出提示。

(1) 首先选择目标区域,如"联系电话"所在列,打开"数据"选项卡,单击"数据工具"组中的"数据验证"下的小三角形,在展开的列表中选择"数据验证"命令,打开"数据验证"对话框。

(2) 在"数据验证"对话框中的"设置"选项卡下单击"允许"下拉列表按钮,在展开的下拉列表中选择"文本长度",如图 4-14 所示。

(3) 单击"数据"下拉按钮,在展开的下拉列表中选择"等于"。在长度文本框输入"11"。单击"确定"按钮,完成设置。

(4) 回到工作表中,当改变"联系电话"所在列单元格中的文本长度时将会弹出如图 4-15 所示的提示。

图 4-14　"数据验证"对话框

图 4-15　违反有效性规则的提示

在工作表中录入数据

- 在"学生基本信息表.xlsx"工作簿中选择新建的自己班级命名的工作表。
- 在第 1 行仿照工作表"19 艺术 1"的结构输入标题行。
- 插入列。右击 A 列，在弹出的快捷菜单中选择"插入"命令，在学号列前面插入新列。并输入新列的标题"班级"。
- 按照班级人数进行"班级"列的填充。比如"19 旅游"班有 30 人，则选中 A2:A31 单元格区域，输入"19 旅游"，按 Ctrl+Enter 组合键完成填充。
- 进行"学号"列的填充。在 B2 列中输入"Z1917101"，选中该单元格，将鼠标停留在其右下角，待鼠标变成"黑色十字"形状时向下拖动至 B31 单元格。完成学号的生成。
- 根据实际情况完成其他信息的录入。
- 设置数据验证。设置"联系电话"这一列的长度等于 11 位。
- 按 Ctrl+S 组合键保存"学生基本信息表.xlsx"工作簿。

步骤四：编辑单元格

用户在对表格中的数据进行处理的时候，最常用的操作就是对单元格的操作，掌握单元格的基本操作可以提高制作表格的速度。Excel 2013 中单元格的基本操作包括插入、删除、合并、拆分等，要对单元格操作首先要选择单元格。

1. 选择单元格

在执行 Excel 命令之前，要先选定对其操作的单元格(区域)。被选定的单元格(区域)称为活动单元格(区域)或当前单元格(区域)，其四周用黑色粗边框进行标明。各对象的选定方法如表 4-1 所示。

表 4-1　工作表单元格及区域的选定方法列表

选定区域	操作方法
一个单元格	单击某个单元格
整行(列)	单击工作表相应的行号(列标)

(续表)

选定区域	操作方法
整张工作表	单击全选按钮 ▦ (工作表左上角行列交叉处按钮)
相邻行(列)	鼠标拖过相邻的行号(列标)
不相邻行(列)	选定第一行(列)后，按住 Ctrl 键，再选择其他行(列)
相邻单元格区域	单击区域左上角单元格，拖至右下角(或按住 Shift 键后单击右下角单元格)
不相邻单元格区域	选定一个区域后，按住 Ctrl 键，再选择其他区域

2. 单元格数据的移动与复制

(1) 使用鼠标拖动进行单元格数据的移动与复制。

选择单元格或单元格区域，将鼠标指针指向该单元格或区域的四边边缘，当鼠标变为四向箭头 ✛ 形状时，拖动鼠标左键到目标单元格后释放，即可完成单元格的移动。如果在拖动鼠标的同时按住 Ctrl 键则完成的是复制操作。

(2) 使用菜单或组合键方式进行单元格数据的移动与复制。

移动单元格时，先选定要移动的单元格或单元格区域，然后选择"开始"选项卡"剪贴板"组中的"剪切"命令(组合键 Ctrl+X)，如果是复制操作，则选择"复制"命令(组合键 Ctrl+C)；被剪切或复制的单元格或单元格区域周围会出现一个闪烁的虚线框；选定目标单元格，再选择"开始"选项卡"剪贴板"组中的"粘贴"命令(组合键 Ctrl+V)，即可完成单元格的移动或复制操作。移动后闪烁的虚线框消失，而复制后只要闪烁的虚线框不消失可以进行多次的粘贴操作，按 Esc 键闪烁的虚线框消失。

另外进行单元格数据的移动和复制操作还可以使用右击鼠标弹出的快捷菜单中的命令。无论采用哪种方式，如果进行粘贴时目标单元格已有数据，则系统会弹出询问"是否替换目标单元格内容"的对话框，选择"确定"或"取消"来决定是否完成粘贴操作。

3. 选择性粘贴的使用

一个单元格含有多种特性，如内容、格式、公式等，有时只需复制单元格的部分特性，这时就可通过选择性粘贴来实现。

先选择要复制的源单元格并执行"复制"命令，然后选定目标单元格，在"开始"选项卡"剪贴板"组中单击"粘贴"命令下三角按钮，在展开的下拉列表中选择"选择性粘贴"命令(组合键 Ctrl +Alt +V)，打开"选择性粘贴"对话框。在该对话框中选择要粘贴的相应选项，单击"确定"按钮。

4. 插入和删除单元格

在处理工作表时，在已存在工作表的中间位置常常需要插入单元格或删除已经不需要的单元格。

1) 插入单元格

插入单元格就是指在原来的位置插入新的空白单元格，而原位置的单元格按照用户指定的方式顺延到其他的位置上，具体方法如下：

　　首先选定要插入单元格的位置，然后在"开始"选项卡"单元格"组中单击"插入"命令下三角按钮，在展开的下拉列表中选择"插入单元格"命令，弹出"插入"对话框，如图 4-16 所示，在对话框中按需要选择一种插入方式后，单击"确定"按钮。另外要插入单元格，也可在选定单元格后，右击鼠标，选择快捷菜单中的"插入"命令。

2) 删除单元格

在 Excel 2013 中，有两种不同含义的对数据删除的操作：

　　(1) 数据清除。数据清除是指将单元格中的格式、内容、批注或超链接等成分删除，不影响单元格本身。

　　进行数据清除首先要选定单元格，单击"开始"选项卡"编辑"组中的"清除"命令按钮，在展开的界面中选择合适的清除的选项，即可清除单元格数据的相应成分。若直接按键盘上的 Delete 键，将清除单元格内容。

　　(2) 数据删除。数据删除是指将选定的单元格(区域)中的数据及其所在单元格(区域)的位置一起删除，删除后将影响其他单元格的位置。

　　首先选定单元格(区域)，单击"开始"选项卡"单元格"组中的"删除"命令按钮，展开命令列表，选择"删除单元格"命令，弹出"删除"对话框，在对话框中选择删除当前单元格后，相邻单元格的移动方式。也可通过右击鼠标，选择快捷菜单中的"删除"命令，打开如图 4-17 所示的"删除"对话框。

图 4-16　"插入"对话框

图 4-17　"删除"对话框

3) 插入、删除行或列

　　插入行的操作是：单击要插入行的单元格，选择"开始"选项卡"单元格"组，单击"插入"命令下三角按钮，在展开的下拉列表中选择"插入工作表行"命令，即可在当前行的上面插入一行新行。若需要插入列，则在展开的下拉列表中选择"插入工作表列"命令，即可在当前列的左边插入一列新列。插入行(列)的操作也可在选定某一个单元格(行、列)，右击鼠标，选择快捷菜单中的"插入"命令。

　　行(列)的删除方法与删除单元格的方法类似。也可在选定某一个单元格(行、列)后，右击鼠标，选择快捷菜单中的"删除"命令。

　　插入或者删除单元格、行、列后，系统会自动调整行号或列标。

5. 合并与取消合并单元格

在表格制作过程中，有时候为了表格整体布局的考虑，需要将多个单元格合并为一个单元格或者需要把一个合并后的单元格取消合并。

首先选择需要合并的目标单元格区域，在"开始"选项　图4-18　"合并后居中"下拉列表
卡的"对齐方式"组中打开"合并后居中"下拉列表，选择"合并单元格"命令，如图4-18所示，即可完成对所选单元格区域的合并。

另外，在该命令列表中，"合并后居中"命令适合完成需要居中的表格标题合并。"跨越合并"命令适合完成单元格区域的多行的同时合并，合并完成后，每行将合并成一个大的单元格。"取消单元格合并"命令将会对已经合并的单元格进行拆分。

用户也可以通过单击"开始"选项卡"单元格"组"格式"下拉列表中的"设置单元格格式"选项，打开"设置单元格格式"对话框，并在"对齐"选项卡上选择"合并单元格"复选框，来进行单元格的合并。

6. 调整单元格的行高和列宽

在实际应用中，有时用户输入的数据内容超出单元格的显示范围，这时用户需要调整单元格的行高或者列宽以容纳其内容。

(1) 使用鼠标调整行高和列宽。

将鼠标指向要调整高度的行(列)的边缘，当鼠标指针变成双向箭头形状时，拖动鼠标移动即可改变行高或列宽。

(2) 自动调整行高和列宽。

将鼠标移动到所选行行标的下边框处，当鼠标指针变成上下箭头时，双击鼠标，该行的高度自动调整为该行内最高项的高度；也可以在"开始"选项卡"单元格"组中，单击"格式"按钮，从展开的下拉列表中选择"自动调整行高"选项也可达到相同效果。

列宽的自动调整，需要首先将鼠标移动到所选列列标的右边框处，当鼠标指针变成左右箭头时，双击鼠标。

(3) 使用对话框精确设置行高或列宽。

首先选择需要进行行高或列宽调整的行或列，在"开始"选项
卡"单元格"组中，单击"格式"按钮，从展开的下拉列表中选择

图4-19　"行高"对话框

"行高"或"列宽"命令，打开"行高"或"列宽"对话框，如图4-19所示为"行高"对话框，在文本框中输入数值后，单击"确定"按钮即可。

单元格编辑

- 在"学生基本信息表.xlsx"工作簿中选择工作表"19艺术1"。
- 取消保护工作表。在"审阅"选项卡单击"撤销保护工作表"命令按钮，在弹出的对话框中输入原来设置的撤销密码。
- 插入标题行。选择第一行内的任意单元格，右击鼠标，在弹出的快捷菜单中选择"插入"命令，在弹出的对话框中选择"整行"。
- 合并单元格。选择"A1:J1"区域，单击"开始"选项卡"对齐方式"组中的"合并后

居中"命令按钮。

- 输入标题。在已经合并的区域输入"19艺术1班学生自然信息表"。
- 调整行高。将第一行选中，单击"开始"选项卡"单元格"组中的"格式"命令列表中的"行高"命令，将"行高"设置为"50"。用同样的方法将第二行行高设置为"25"，将其他行行高设置为"20"。
- 调整列宽。在列标上拖动选中所有列，单击"开始"选项卡"单元格"组中的"格式"命令列表中的"列宽"命令，统一将列宽设置为"10"，个别调整"家庭住址"和"联系电话"列，在列标F和G右边框线上，鼠标变成左右箭头的时候双击，可得到自适应的列宽。
- 按Ctrl+S组合键保存"学生基本信息表.xlsx"工作簿。

步骤五：格式化表格

使用Excel 2013创建工作表后，还可以通过添加边框和底纹等效果进行格式化操作，使表格外观更加美观。

1. 设置单元格格式

选中需要设置格式的单元格，然后在"开始"选项卡"单元格"组中单击"格式"按钮，从展开的下拉列表中选择"设置单元格格式"命令，打开"设置单元格格式"对话框。或在选定单元格后，右击鼠标，在弹出的快捷菜单中选择"设置单元格格式"命令，也可打开"设置单元格格式"对话框。

"设置单元格格式"对话框包括数字、对齐、字体、边框、填充和保护6个选项卡。

1)"数字"选项卡

用户可以在"分类"列表框中根据需要选择所需的格式，再对右侧的不同属性进行设置。单元格默认的数据显示方式是"常规"，如果用户要明确地套用某种数据类型的格式，就需要在这里进行数据分类，如"数值"型、"货币"型、"日期"型等，针对每种类型在对话框的下方都提供解释说明，而在右侧可以进行具体的格式设置，如图4-20所示，数值型可以进行保留小数位数、负数的表示形式以及是否使用千位分隔符的设置。

图4-20　"设置单元格格式"对话框的"数字"选项卡

2) "对齐"选项卡

在"对齐"选项卡上主要是设置单元格内容的对齐方式。在"水平对齐"下拉列表中可以选择居中、跨列居中、靠左、靠右、两端对齐、分散对齐以及填充中的一种，在"垂直对齐"下拉列表中，可以选择居中、靠上、靠下、两端对齐和分散对齐中的一种；另外，在"方向"区域，还可以支持在单元格中旋转文本，用鼠标单击如表盘状的"方向"区域中红色的控制柄，可以改变文本的角度。

在"文本控制"区域，有如下三个复选框：

(1) 选中"自动换行"：如果选中的单元格一行显示不下，可以自动换行。

(2) 选中"缩小字体填充"：如果选中的单元格填充的文本显示不下，可以缩小字体。

(3) 选中"合并单元格"：对所选区域的单元格进行合并。

使用功能区"开始"选项卡"对齐方式"组中的相应命令按钮也可完成对齐方式的设置。

3) "字体"选项卡

在"字体"选项卡中支持对单元格区域或区域内一个或多个字符的字体、字形、字号、颜色及特殊效果的设置。"特殊效果"区域有"删除线""上标""下标"三个复选框，帮助用户完成一些特殊要求的设置。使用功能区"开始"选项卡"字体"组中的相应命令按钮也可完成字体格式的设置。

4) "边框"选项卡

如图 4-21 所示，在"边框"选项卡上可以进行单元格或单元格区域边框的设置。左侧的"线条"区域，可以设置边框的线条样式和颜色，必须先设置"线条"区域再进行边框的设置，线条样式和颜色才起作用；在"预置"区域，可以将选中的单元格区域设置为无边框、加外边框、加内部边框，后两项配合使用可以加全部边框。在"边框"区域，可以单独添加或取消选中的单元格区域的某些边框。另外，使用功能区"开始"选项卡"字体"组中的"边框"命令列表也可完成边框格式的快速设置。

图 4-21   "设置单元格格式"对话框的"边框"选项卡

5）"填充"选项卡

在"填充"选项卡中可以设置单元格填充颜色或图案。在"颜色"列表中可以选择单纯背景的颜色，在"图案"列表中可以设置底纹的图案。还可以为图案选择一种颜色，为单元格设置带颜色的底纹。

6）"保护"选项卡

利用"保护"选项卡可以锁定或隐藏单元格的内容。只有在工作表被保护时，锁定单元格或隐藏公式才有效。

2. 设置单元格格式与样式

样式是一组定义好的格式集合，如数字、字体、边框、对齐方式、底纹等。利用样式可以快速地将多种格式用于单元格中，简化工作表的格式设置。如果样式发生变化，所有使用该样式的单元格都会自动改变。应用样式的操作步骤如下。

(1) 选择需要应用样式的单元格或单元格区域。

(2) 在"开始"选项卡"样式"组中单击"单元格样式"按钮，展开如图 4-22 所示的下拉列表，在该下拉列表中选择要应用的样式或者右击选择"应用"命令。该列表中的样式按照不同的应用进行了分类，用户将鼠标移动到某种样式后，所选中的单元格或单元格区域将会呈现所见即所得的预览效果。

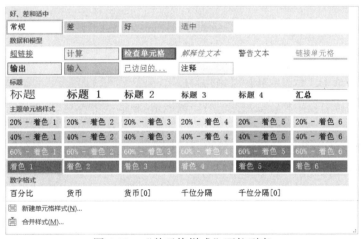

图 4-22　"单元格样式"下拉列表

用户还可以在该列表中选择"新建单元格样式"命令，从弹出的对话框中进行新样式的创建。在样式列表中的某一样式上右击鼠标，可以在弹出的快捷菜单中对现有样式进行修改或删除等操作。

3. 设置套用表格格式

在 Excel 2013 中，可以通过添加边框和底纹的方式美化工作表，但如果套用表格样式就没必要每次都做这么烦琐的工作了。Excel 提供了自动格式化功能，用户可以根据预设的格式将制作的单元格格式化。

首先选中要进行格式套用的工作表区域，在"开始"选项卡"样式"组中单击"套用表格格式"按钮，展开表格样式列表，在列表中选择一种表格格式，在弹出的"套用表格格式"对话框中选中"表包含标题"复选框，单击"确定"按钮完成格式套用。

4. 条件格式

使用条件格式可以把指定的公式或数值作为条件，并将此格式应用到工作表选定范围中符合条件的单元格，在"开始"选项卡"样式"组中单击"条件格式"命令按钮，在弹出的列表中进行相应的选择和设置即可完成条件格式的设置。

在 Excel 2013 中，根据条件使用数据条、色阶和图标集，突出显示相关单元格，可以直观地查看和分析数据，发现关键问题以及识别模式和趋势。

在"开始"选项卡"样式"组中单击"条件格式"命令按钮，展开"条件格式"命令列表，如图 4-23 所示，各选项说明如下：

(1) 突出显示单元格规则。使用该规则，可以将选定单元格区域中某些符合特定规则的单元格以特殊的格式突出显示。

(2) 项目选取规则。用户可以使用该规则来选择满足某个条件的单元格(区域)。

通常，作为项目选取规则的有："值最大的 10 项""值最大的 10%项""值最小的 10 项""值最小的10%项""高于平均值"和"低于平均值"等。

(3) 数据条。查看单元格中带颜色的数据条。

数据条的长度表示单元格中数据值的大小，数据条越长，代表数值越大；反之，数据条越短，代表数据值越小。当需要查看较高和较低数据值时，数据条特别有效。

(4) 色阶。色阶是指用不同颜色刻度来分析单元格中的数据，颜色刻度作为一种直观的提示，可以帮

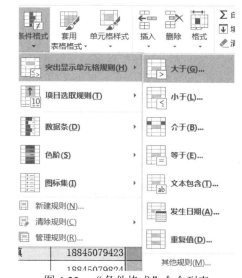

图 4-23　"条件格式"命令列表

助用户了解数据分布和数据变化。Excel 2013 中常用的颜色刻度有双色刻度和三色刻度，颜色的深浅表示值的大小。

(5) 图标集。在 Excel 2013 中，可以使用图标集对数据进行注释，还可以按阈值将数据分为 3~5 个类别，每个图标代表一个值的范围。

格式化学生基本信息表

- 在"学生基本信息表.xlsx"工作簿中选择工作表"19 艺术 1"。
- 字体字号调整。选中要设置的单元格区域，在"开始"选项卡的"字体"组中将第一行标题设置为"宋体，22 号"，第二行标题设置为"黑体，14 号"，其余行设置为"宋体，12 号"。
- 调整列宽。设置 H 列"入学成绩"列宽为"6"。
- 加边框。选中区域"A2:J26"，在"开始"选项卡的"字体"组"边框列表"中选中"所有框线"命令，为表格添加边框。

- 套用表格格式。选中区域"A2:J26"，在"开始"选项卡的"样式"组中选择"表样式中等深浅 2"。
- 设置条件格式。突出显示入学成绩高于 530 分的学生。单击 H 列，选择"入学成绩"所在列，单击"开始"选项卡"样式"组中的"条件格式"命令按钮，在弹出的命令列表中选择"突出显示单元格规则"下的"大于"，弹出"大于"对话框。在该对话框中"为大于以下值的单元格设置格式"处输入"530"，单击"确定"按钮。
- 按 Ctrl+S 组合键保存"学生基本信息表.xlsx"工作簿。

设计效果

本任务的设计效果如图 4-24 所示。

19艺术1班学生自然信息表

学号	姓名	性别	出生日期	寝室号	家庭住址	联系电话	入学成绩	班级职务	其他职务
Z1921101	陈亚男	女	2001年9月8日	14#412	辽宁省大石桥市永安镇永安村	18845079921	503	班长	学生会
Z1921102	李炳仁	男	2001年10月15日	20#618	辽宁省阜新市新邱区长营大街	18845023085	512		
Z1921103	杨冰	女	2001年11月21日	14#412	沈阳市辽阳市宏伟区双用小区	18845079921	521		寝室长
Z1921104	于海军	男	2001年12月28日	20#615	辽宁省辽阳市辽阳县唐马寨镇运粮河村	18845079922	530		
Z1921105	张俊江	男	2001年2月3日	20#615	沈北新区大学新城-东陵区汪家镇	18845079423	509		
Z1921106	马娜	女	2001年3月12日	14#412	辽宁省朝阳市建平县哈拉道口镇	18845079824	518		
Z1921107	吴振	男	2001年4月18日	20#616	辽宁省建平县朱碌科镇夏营子村三组	18845079925	527		
Z1921108	彭龙	男	2001年5月25日	20#616	辽宁省建昌县杨树沟子乡马河沟村	18845079026	536	生委	寝室长
Z1921109	贾丽华	女	2001年7月1日	14#412	辽宁省抚顺市顺城区新华四路	18845079927	521	文委	
Z1921110	马闯	男	2001年8月7日	20#618	辽宁省中县政府路康宁街	18845079228	484		
Z1921111	胡子玥	女	2002年9月13日	14#413	沈阳市新民市中兴西路	18845076929	493		寝室长
Z1921112	李文多	女	2001年10月20日	14#413	辽宁省大连市普兰店市同益乡	18845079930	502		
Z1921113	曹淼	女	2002年11月26日	14#413	辽宁省普兰店市沙包村大曲屯	18845079931	511	团支书	学生会
Z1921114	张永力	男	2000年1月2日	20#615	鞍山市铁东区北团结街1组八号	18845074236	520		
Z1921115	张新鹏	男	2001年2月8日	20#615	鞍山市千山区日新街661栋	18845079333	529	学委	寝室长
Z1921116	郑勇	男	2001年3月17日	20#617	辽宁省海城市岔沟镇下栗村	18845079454	498		
Z1921117	丛丽君	女	2001年4月23日	14#414	辽宁省抚顺市望花区窑地新区	18845079575	502		
Z1921118	张磊	男	2001年5月30日	20#617	抚顺市抚顺县兰山乡五味村	18845079696	506		寝室长
Z1921119	丁方勇	男	2001年7月6日	20#618	辽宁省抚顺市清原县双龙街	18845079817	510		寝室长
Z1921120	王鹏飞	男	2001年8月12日	20#618	辽宁省锦州市人和区新乡	18845079938	534		
Z1921121	李福洲	男	2000年9月18日	20#617	辽宁省北镇市富屯乡兴隆村	18845080059	518	组委	

图 4-24　"学生自然信息表"设计效果

举一反三

请在素材中对给定的 Excel 表格"学生会各部门信息表.xlsx"进行格式设置与美化。排版具体要求如下：

(1) 表头设置。合并单元格，居中对齐，设为"黑体，16 号"，行高为"40"。

(2) 字体、字号设置。将标题行设为"宋体，12 号"，其他行设为"宋体，10 号"。

(3) 行高、列宽调整。标题行行高设为"20"，其他行自动调整行高。

(4) 单元格内折行。因为 B 列内容较长，将该列内容用 Alt+Enter 组合键进行单元格内手动折行操作，或者使用"自动换行命令"进行单元格自动折行。

(5) 单元格内容的对齐方式为"垂直、水平居中"；B 列内容为"垂直居中、水平靠左"。

(6) 加边框。对整张表格加边框。

(7) 套用表格格式。套用表格格式进行快速表格美化。

(8) 条件格式。将"成员人数"超过 10 人的部门用红色显示。

(9) 保护工作表。调整后的工作表不允许进行任何修改操作。

举一反三实例样本在"教程素材\Excel\任务一"目录下。

任务 2　制作学生社团成员统计表

📋 任务目标

- 了解数据清单的概念。
- 掌握数据清单的建立方法。
- 熟练掌握数据的排序方法。
- 熟练掌握数据的筛选方法。
- 熟练掌握数据的分类汇总方法。
- 掌握工作表的页面设置方法。
- 掌握工作表的打印方法。

📽 任务描述

大学校园的生活是丰富多彩的，刚刚入学，各种各样的社团纳新就开始了，根据你自己的特长加入一个社团吧，不仅能发挥你的特长，丰富你的大学生活，还能交到更多的朋友。社团的管理也是社团工作的一部分，社团成员数据表是社团的最基本数据信息，从中能够统计出不同专业、特长的社团成员在不同社团的分布情况。请你帮助团委老师统计一下 19 级新生加入社团的情况吧。

📖 知识要点

(1) 数据清单的建立。数据清单是包含相关数据的一系列工作表数据行。数据清单的第一行是列标题，其他行是具体的数据记录。

(2) 数据的简单排序。针对数据清单中的某一列，即一个排序关键字进行的升序、降序排列。

(3) 数据的多重排序。针对数据清单中的多个列，即多个排序关键字进行的排序，多重排序中的关键字有主次之分，次级关键字只在其上级关键字呈现相同值时才起作用。

(4) 数据的自动筛选。筛选是从数据清单中查找和分析符合特定条件的记录数据的快捷方法，经过筛选的数据清单只显示满足条件的行，该条件由用户针对某列指定。自动筛选比较简单，通常是在数据清单的一个列中以给定列值为临界点自动筛选出符合的数据，筛选条件涉及多个列的，要进行多次自动筛选才能得到结果。

(5) 数据的高级筛选。用户自己定义和编辑复杂的筛选条件，筛选结果根据所设定的筛选条件一次性得出。

(6) 数据的分类汇总。分类汇总是指将数据清单按照某个字段进行分类，然后统计同一类记录的相关信息。在汇总过程中，可以对某些数值进行求和、求平均值、计数等运算。

(7) 页面设置。功能集中在"页面布局"选项卡的"页面设置"组，主要包括页边距、纸张大小和方向、分隔符、打印区域和打印标题的设置。

(8) 打印设置。打印份数、打印范围、缩放打印、打印预览等相关设置。

任务实施

步骤一：创建 19 级学生社团成员统计清单

1. 数据清单的建立

数据清单是包含相关数据的一系列工作表数据行。数据清单的列是数据清单的字段，第一行是列的标题，称为字段名，其他每一行称为一条记录。

创建数据清单时应同时满足以下条件：

(1) 数据清单第一行是字段名。

(2) 每列应包含同一类型的数据，如文本型、数值型。

(3) 清单区域内不能有空行或空列。

(4) 如果数据列表有标题，应与其他行(如字段名行)至少间隔一个空行。

凡符合上述条件的工作表，Excel 就把它识别为数据清单，并支持对它进行编辑、排序、筛选等基本的数据管理操作。数据清单创建完毕，接下来的排序、筛选、汇总、合并计算等操作都以该数据清单为依据。

数据清单的建立

- 按 Ctrl+N 组合键，新建一个空白 Excel 2013 工作簿。
- 将工作表 Sheet1 的第 1 行"A1:J1"区域进行合并居中操作，输入标题"19 级学生社团成员统计表"。
- 建立数据清单的列标题。在第 3 行输入包含"学号、姓名、性别、专业、班级、特长描述、社团名称、加入时间、缴纳费用和备注"的列标题。
- 数据填充。根据社团纳新报名表的审核通过结果运用任务一中所学习的技巧进行填充。
- 按 Ctrl+S 组合键，保存工作簿到"Excel、任务二、19 级学生社团成员统计表.xlsx"。

---

2. 数据排序

为了便于数据进行管理与查阅，常常需要对数据清单中的数据按照字段的值进行排序，用来排序的字段称为关键字。数据清单的排序分为简单排序和多重排序两种方法。

1) 简单排序

简单排序是依据一个字段对数据进行排序，方法有三种。

(1) 在"开始"选项卡的"编辑"组中，单击"排序和筛选"按钮，按需要选择"升序"或"降序"，如图 4-25 所示。

(2) 在"数据"选项卡的"排序和筛选"组中单击"升序"或"降序"按钮进行排序。

(3) 右击需要排序的单元格，在弹出的快捷菜单中选择"排序"选项，在弹出的子列表中选择需要的排序方式。

按"社团名称"字段进行简单排序

- 将光标停留在"社团名称"列的任意一行。
- 单击"数据"选项卡"排序和筛选"组中的"升序"按钮，完成按"社团名称"字段升序的排序过程。
- 如图 4-25 所示，可以看到因为排序的字段为汉字构成的文本，Excel 默认按其全拼的字母顺序排序。

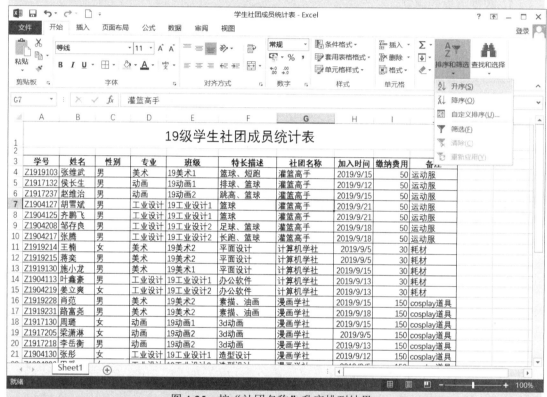

图 4-25　按"社团名称"升序排列结果

2) 多重排序

在数据列表中使用多重排序可以实现对多个字段数据进行同时排序。这多个字段也称为多个关键字，通过设置主要关键字和次要关键字，来确定数据排序的优先级。

(1) 单击数据清单中的任意一个单元格。

(2) 在"数据"选项卡的"排序和筛选"组中单击"排序"按钮。或者在"开始"选项卡的"编辑"组中单击"排序和筛选"按钮，在展开的下拉列表中选择"自定义排序"命令，弹出"排序"对话框。

(3) 在"排序"对话框中，确定"主要关键字""排序依据""次序"(升序/降序)，如图 4-26 所示。

图 4-26　"排序"对话框

若用户还需要按其他字段进行排序，可单击"添加条件"按钮添加次要关键字，再选择次要关键字、排序依据及次序。

按"社团名称"和"加入时间"字段进行排序

- 将光标停留在数据清单中，在"数据"选项卡的"排序和筛选"组中单击"排序"按钮，打开"排序"对话框。
- 在对话框中进行如图 4-26 所示的设置，主要关键字为"社团名称"，按其"数值"的"降序"排列；单击"添加条件"按钮，增加次要关键字"加入时间"，按其"数值"的"升序"排列。
- 单击"确定"按钮可以得到如图 4-27 的排序结果。

图 4-27　多重排序结果

3) 排序选项设置

在 Excel 中，用户可以设置按照大小、笔画或某种特定的顺序排序。在"排序"对话框中，单击"选项"按钮，弹出"排序选项"对话框。在该对话框中，设置是否区分大小写，选择排序的方向和方法，最后单击"确定"按钮，回到"排序"对话框。

步骤二：在数据清单中筛选数据信息

数据筛选是一种用于查找数据清单中特定数据的快速方法。数据筛选就是将数据清单中符合特定条件的数据查找出来，并将不符合条件的数据暂时隐藏。Excel 2013 提供了自动筛选和高级筛选两种方法。

1. 自动筛选

自动筛选可以是按简单条件在数据清单中快速筛选出满足指定条件的数据，一般又分为单一条件筛选和自定义筛选，筛选出的数据显示在原数据区域。使用自动筛选有以下三种方法：

(1) 在"开始"选项卡的"编辑"组中，单击"排序和筛选"按钮，在展开的下拉列表中选择"筛选"命令。

(2) 在"数据"选项卡的"排序和筛选"组中单击"筛选"按钮，如图 4-28 所示。

(3) 选择数据目标区域中的任意单元格，右击该单元格，在弹出的快捷菜单中选择"筛选"选项。

图 4-28　单击"筛选"按钮

	A	B	C	D	E	F	G	H	I	J
1					19级学生社团成员统计表					
2										
3	学号	姓名	性别	专业	班级	特长描述	社团名称	加入时间	缴纳费	备注
4	Z1919230	董子权	男	美术	19美	升序(S)		2019/9/5	15	书籍
5	Z1917131	孙雨薇	女	动画	19动	降序(O)		2019/9/5	15	书籍
6	Z1904210	马华龙	男	工业设计	19工			2019/9/12	15	书籍
7	Z1917121	李思文	女	动画	19动	按颜色排序(T)		2019/9/13	15	书籍
8	Z1919120	张慧莹	女	美术	19美	从"社团名称"中清除筛选(C)		2019/9/13	15	书籍
9	Z1904135	王刚	男	工业设计	19工	按颜色筛选(I)		2019/9/15	15	书籍
10	Z1919122	刘浩	男	美术	19美	文本筛选(F)		2019/9/13	200	服装
11	Z1917103	郭元	女	动画	19动			2019/9/15	200	服装
12	Z1919206	王立彬	男	美术	19美	搜索		2019/9/18	200	服装
13	Z1919109	张倩	女	美术	19美	■(全选)		2019/9/18	200	服装
14	Z1904111	杨德超	男	工业设计	19工	□灌篮高手		2019/9/18	200	服装
15	Z1917239	刘冠男	男	动画	19动	□计算机学社		2019/9/18	200	服装
16	Z1917134	李苏桐	女	动画	19动	□漫画学社		2019/9/5	100	茶具
17	Z1919220	张瑛琪	女	美术	19美	□倾心雅舍茶道		2019/9/12	100	茶具
18	Z1904224	侯静文	女	工业设计	19工	☑炫舞社团		2019/9/12	100	茶具
19	Z1904124	罗杨	女	工业设计	19工	□英语流利说		2019/9/12	100	茶具
20	Z1919121	伦杨	女	美术	19美			2019/9/18	100	茶具
21	Z1917213	高杨	女	动画	19动			2019/9/18	100	茶具

确定　取消

图 4-29　自动筛选

使用多次自动筛选，可以选出同时满足多个筛选条件的记录，参与筛选的字段名后面出现漏斗标记，这些筛选条件之间是逻辑"与"的关系，表示条件同时成立。

筛选出所有在"炫舞社团"的"美术"专业 19 级同学

● 将光标停留在数据清单中，在"数据"选项卡的"排序和筛选"组中单击"筛选"按钮，可以看到数据清单中所有字段名列的右侧出现了下拉按钮。

● 单击"社团名称"右侧的下拉按钮，弹出筛选命令列表，如图 4-29 所示，单击"全选"

复选框中的"√"取消其选中状态;单击"炫舞社团"复选框,使其处于选中状态;单击"确定"按钮完成第一次筛选。
- 单击"专业"右侧的下拉按钮,单击"全选"复选框中的"√",取消其选中状态;单击"美术"复选框,使其处于选中状态;单击"确定"按钮完成第二次筛选。
- 在自动筛选命令中,不同列的多个筛选条件之间是逻辑"与"的关系。

在进行自动筛选的过程中,选中"筛选值"这种方式表示的是筛选出等于选中值的记录。除了这样的筛选方式外,还可以进行其他方式的筛选。对于数字类型的数据,可以进行数字筛选,筛选条件包括"等于,不等于,大于,大于或等于,小于……"等多种,如筛选出"工资最高的10名同学"记录,可以在 "实习工资"字段的自动筛选情况下选择"10个最大值"。对于文本类型的数据,可以进行文本筛选,筛选条件包括"等于,不等于,开头是,结尾是,包含……"等多种。对于日期类型的数据,可以进行日期筛选,筛选条件包括"等于,之前,之后,介于,明天……"等多种。

筛选出所有社团中有跳舞特长的同学
- 单击"特长描述"右侧的下拉按钮,弹出筛选命令列表,如图 4-30 所示,选择"文本筛选"中的"包含"选项。
- 在弹出的"自定义自动筛选方式"对话框中填写包含的文本为"舞"。单击"确定"按钮。完成筛选。

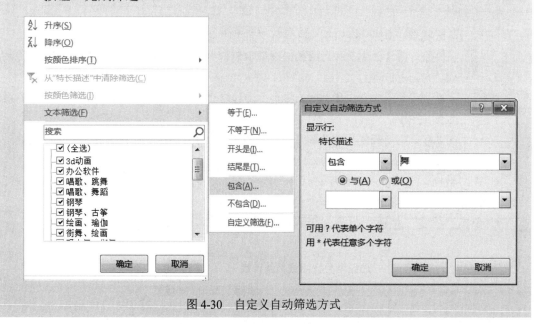

图 4-30 自定义自动筛选方式

要取消自动筛选,只需要在"数据"选项卡的"排序和筛选"组中再次单击"筛选"按钮,筛选下拉三角消失,筛选被取消,显示所有数据。

2. 高级筛选

如果要求筛选的数据是多个条件,而且这多个条件之间是"或"的关系,或者说筛选的结果需要放置到别的位置，就要考虑用高级筛选了。

使用高级筛选的关键是设置用户自定义的条件，这些条件必须放在一个称为条件区域的单元格区域中。条件区域一般与数据清单相隔一行或一列，与数据清单隔开。条件区域包括两部分：标题行和条件行。条件区域设置方法如下：

(1) 标题行是条件区域的第一行，输入待筛选数据所在的列标题(必须和数据清单中的字段名一致)。

(2) 条件行从条件区域的第二行开始输入，可以有一行或多行。同一行的条件表示逻辑“与”关系，同时满足这些条件的记录才能显示；不同行的条件表示逻辑“或”关系，记录只要满足其中任一个条件就能显示。

高级筛选的操作步骤如下：

(1) 建立条件区域。

(2) 在“数据”选项卡的“排序和筛选”组中单击“高级”按钮，弹出“高级筛选”对话框。

(3) 在“高级筛选”对话框中设置“列表区域”和“条件区域”，单击“确定”按钮。

要取消高级筛选，在“数据”选项卡的“排序和筛选”组中单击“清除”按钮，高级筛选被取消，显示所有数据。

筛选“具有舞蹈特长的男生和具有唱歌特长的女生”记录

- 建立条件区域，条件区域要与数据清单区域有“空行”或“空列”的间隔，如图 4-31 所示。
  - 根据要求，条件区域的标题行有“性别”和“特长描述”两个；
  - “性别”等于“男”和“特长描述”中包含“舞”，两者之间是逻辑“与”的关系，应该放在同一行。
  - “性别”等于“女”和“特长描述”中包含“歌”，两者之间是逻辑“与”的关系，应该放在同一行。
  - 而“有舞蹈特长的男生”和“有唱歌特长的女生”，两者之间是逻辑“或”的关系，因此分布在不同行。
- 在“数据”选项卡的“排序和筛选”组中单击“高级”按钮，弹出“高级筛选”对话框。在“高级筛选”对话框中设置“列表区域”和“条件区域”。
- 单击“确定”按钮，得到高级筛选结果。

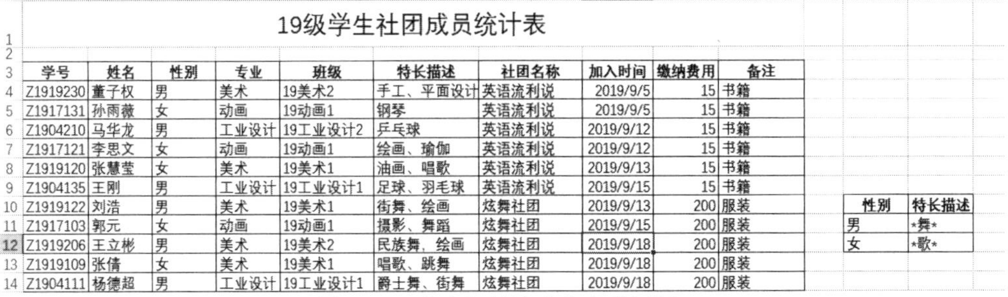

	A	B	C	D	E	F	G	H	I	J	K	L	M
1	19级学生社团成员统计表												
2													
3	学号	姓名	性别	专业	班级	特长描述	社团名称	加入时间	缴纳费用	备注			
4	Z1919230	董子权	男	美术	19美术2	手工、平面设计	英语流利说	2019/9/5	15	书籍			
5	Z1917131	孙雨薇	女	动画	19动画1	钢琴	英语流利说	2019/9/5	15	书籍			
6	Z1904210	马华龙	男	工业设计	19工业设计2	乒乓球	英语流利说	2019/9/12	15	书籍			
7	Z1917121	李思文	女	动画	19动画1	绘画、瑜伽	英语流利说	2019/9/12	15	书籍			
8	Z1919120	张慧莹	女	美术	19美术1	油画、唱歌	英语流利说	2019/9/13	15	书籍			
9	Z1904135	王刚	男	工业设计	19工业设计1	足球、羽毛球	英语流利说	2019/9/15	15	书籍			
10	Z1919122	刘浩	男	美术	19美术1	街舞、绘画	炫舞社团	2019/9/13	200	服装		性别	特长描述
11	Z1917103	郭元	女	动画	19动画1	摄影、舞蹈	炫舞社团	2019/9/15	200	服装		男	*舞*
12	Z1919206	王立彬	男	美术	19美术2	民族舞、绘画	炫舞社团	2019/9/18	200	服装		女	*歌*
13	Z1919109	张倩	女	美术	19美术1	唱歌、跳舞	炫舞社团	2019/9/18	200	服装			
14	Z1904111	杨德超	男	工业设计	19工业设计1	爵士舞、街舞	炫舞社团	2019/9/18	200	服装			

图 4-31　为高级筛选准备条件区域

步骤三：对 19 级学生社团成员统计表进行分类汇总

分类汇总其实就是对数据进行分类统计，也可以称它为分组计算。分类汇总可以使数据变得清晰易懂。分类汇总建立在已排序的基础上，即在执行分类汇总之前，首先要对分类字段进行排序，把同类数据排列在一起。

1. 数据分类汇总的概念

分类汇总是指将数据清单按照某个字段进行分类，然后统计同一类记录的相关信息。在汇总过程中，可以对某些数值进行求和、求平均值、计数等运算。

2. 分类汇总过程

(1) 将数据清单按照分类的字段进行排序。

(2) 单击数据清单中的任一单元格。在"数据"选项卡的"分级显示"组中单击"分类汇总"按钮，弹出"分类汇总"对话框。

(3) 在"分类汇总"对话框中进行"分类字段""汇总方式""选定汇总项"等选项的设置。

分类汇总统计"不同社团的学生人数分布"

- 将数据清单按照"社团名称"字段进行排序。
- 单击数据清单中的任一单元格。在"数据"选项卡的"分级显示"组中单击"分类汇总"按钮，弹出"分类汇总"对话框。
- 如图 4-32 所示，在"分类汇总"对话框中设置"分类字段"为"社团名称"，"汇总方式"为"计数"，"选定汇总项"也为"社团名称"，其他项目设置不变。

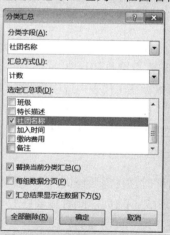

图 4-32　"分类汇总"对话框

- 单击"确定"按钮，得到分类汇总统计结果。

---

3. 查看分类汇总项

对数据进行分类汇总后，在工作表左端自动产生分级显示控制符，工作表内的数据包括具

体的数据记录、各分类的数据汇总和整个表格数据的汇总三个层次。单击汇总表左上角的
123 按钮可查看各层次数据情况，如图 4-33 所示为 2 级展开分类汇总结果的状态，显示结
果中包括了小计和合计项目。

图 4-33　"2 级"展开的分类汇总

4. 删除分类汇总

在"分类汇总"对话框中，单击"全部删除"按钮，即可将已经设置好的分类汇总全部
删除。

步骤四：输出 19 级学生社团成员统计表

1. 页面设置和打印准备

页面设置可以改变纸张大小、方向，设置页边距等。在"页面布局"选项卡的"页面设置"
组中，有"页边距""纸张方向""纸张大小"和"打印区域"等各种命令按钮，可选择需要
的命令按钮进行相应设置。设置方式与 Word 2013 页面设置基本相同。

1) 打印区域设置

对于 Excel 2013 的工作特点来说，其工作表往往收录了大量的数据信息，而这些数据信息
不一定都需要打印出来，因而需要设置打印区域。

设置打印区域时，首先要用鼠标在工作表内选中需要打印的区域范围，然后单击"页面布
局"选项卡"页面设置"组中的"打印区域"按钮，在弹出的列表中选择"设置打印区域"命
令即可完成打印区域的设置。打印预览时，打印区域以外的内容将不会显示。

2) 重复打印标题

工作表中的记录比较多，打印时往往需要跨页，此时需要在打印每一页时显示标题行；或
者工作表的列比较多，打印时形成了跨页，此时需要在打印每一页时显示标题列。

要设置重复打印标题，首先单击"页面布局"选项卡"页面设置"组中的"打印标题"命
令按钮，弹出如图 4-34 所示的"页面设置"对话框，然后在"工作表"选项卡的"打印标题"
选项组中设置"顶端标题行"区域，单击该文本框后面的"区域折叠"按钮，在工作表的
行标上拖动，将第 1 行至第 3 行设置为标题行。

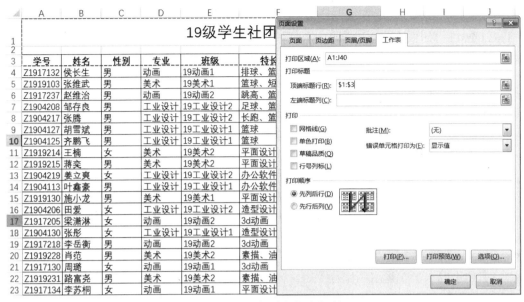

图 4-34　设置重复打印标题

3) 插入分隔符

对于数据很多的工作表，在打印时一页打不完，Excel 2013 将自动形成分页，但有时因为有特殊打印需要，需要在工作表中手动设置分页。Excel 2013 提供了插入分页符的功能，可以在水平或垂直方向上插入分页符。

插入分页符的具体方法：选择需要插入分页符的列或行所在的任意单元格，如图 4-35 所示，单击"页面布局"选项卡"页面设置"组中的"分隔符"命令按钮，在展开的命令列表中选择"插入分页符"命令，将在光标停留单元格的左侧和上方插入垂直和水平分页符。

如果要删除手动插入的分页符，可选择水平分页符虚线下方或垂直单元格虚线右侧的单元格，然后单击"页面布局"选项卡"页面设置"组中的"分隔符"命令按钮，在展开的命令列表中选择"删除分页符"命令，即可删除分页符。

图 4-35　插入分页符

2. 打印预览和打印

Excel 2013 打印预览功能和打印功能在同一个界面中。单击"文件"选项卡的"打印"命令，显示"打印预览和打印"界面。

使用 Ctrl+P 组合键，也可显示"打印预览和打印"界面。

打印各"社团名称"的学生信息

- 将数据清单按照"社团名称"字段进行排序。
- 设置为打印区域。将工作表的 A1:J40 区域选中，单击"页面布局"选项卡"页面设置"组中的"打印区域"按钮，在弹出的列表中选择"设置打印区域"命令。
- 设置打印标题。用图 4-34 所示的方法将第 1 行至第 3 行设置为行标题。
- 插入分隔符。将光标停留在要分页的位置(K11、K16、K23、K29、K35)，按社团名称的不同，单击"页面布局"选项卡"页面设置"组中的"分隔符"命令按钮，在展开的命令列表中选择"插入分页符"命令，进行手动分页，该命令将在选定单元格的左上角生成水平、垂直两个分页符。
- 设置纸张方向。在"页面布局"选项卡"页面设置"组中的"纸张方向"中选择"横向"。
- 执行"文件"选项卡上的"打印"命令。在打印预览中可以看到工作表的打印区域被分成了 6 页，每页都有标题行显示。
- 如果数据表没有居中于页面，可适当调整页边距。

设计效果

本任务的设计效果如图 4-36 ~图 4-38 所示。

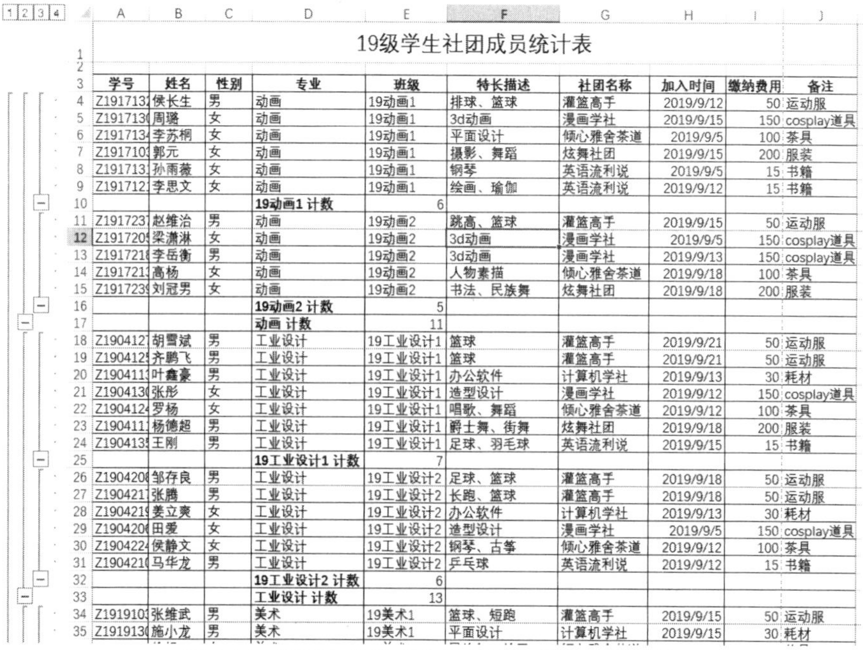

图 4-36　不同专业班级参加社团的学生人数统计

	A	B	C	D	E	F	G	H	I	J
1 2					19级学生社团成员统计表					
3	学号	姓名	性别	专业	班级	特长描述	社团名称	加入时间	缴纳费用	备注
19	Z190412	罗杨	女	工业设计	19工业设计1	唱歌、舞蹈	倾心雅舍茶道	2019/9/12	100	茶具
20	Z190411	杨德超	男	工业设计	19工业设计1	爵士舞、街舞	炫舞社团	2019/9/18	200	服装
31	Z191912	刘浩	男	美术	19美术1	街舞、绘画	炫舞社团	2019/9/13	200	服装
32	Z191910	张倩	女	美术	19美术1	唱歌、跳舞	炫舞社团	2019/9/18	200	服装
33	Z191912	张慧莹	女	美术	19美术1	油画、唱歌	英语流利说	2019/9/13	15	书籍
39	Z191920	王立彬	男	美术	19美术2	民族舞、绘画	炫舞社团	2019/9/18	200	服装

图 4-37　"具有舞蹈特长的男生和具有唱歌特长的女生"高级筛选结果

19级学生社团成员统计表

学号	姓名	性别	专业	班级	特长描述	社团名称	加入时间	缴纳费用	备注
Z191910	张维武	男	美术	19美术1	篮球、短跑	灌篮高手	2019/9/15	50	运动服
Z191713	侯长生	男	动画	19动画1	排球、篮球	灌篮高手	2019/9/12	50	运动服
Z191723	赵维治	男	动画	19动画2	跳高、篮球	灌篮高手	2019/9/15	50	运动服
Z190412	胡雷斌	男	工业设计	19工业设计1	篮球	灌篮高手	2019/9/21	50	运动服
Z190412	齐鹏飞	男	工业设计	19工业设计1	篮球	灌篮高手	2019/9/21	50	运动服
Z190420	邹存良	男	工业设计	19工业设计2	足球、篮球	灌篮高手	2019/9/18	50	运动服
Z190421	张腾	男	工业设计	19工业设计2	长跑、篮球	灌篮高手	2019/9/18	50	运动服

图 4-38　按"社团名称"分页打印成员名单

举一反三

打开"任务一\举一反三-学生会各部门信息统计表.xlsx"，另存到"任务三\"下，并进行如下操作。

(1) 在"学生会部门信息表"工作表中的"部门名称"前插入"序号"列，并进行相应的数据填充(1,2,3…)。

(2) 按"成员人数"的降序进行排序。

(3) 使用自动筛选功能筛选出办公地点在"106"的且人数少于"10人"的部门。将筛选结果存为新工作表"筛选结果1"。

(4) 使用高级筛选功能筛选出办公地点在"106"且人数多于"10人"和办公地点在"209"且人数少于"10人"的部门。将筛选结果存为新工作表"筛选结果2"。

(5) 将工作表"学生会部门信息表"拖动复制为"学生会部门信息表(2)"。

(6) 重命名"学生会部门信息表(2)"工作表为"按办公地打印"。

(7) 按"主要办公地"排序，并按办公地插入分页符，设置"打印区域"和"打印标题"，进行打印预览。

(8) 分类汇总。统计各主要办公地活动的学生会人员总数。

任务 3　计算机课程班级综合成绩表计算

任务目标

- 理解单元格地址的引用方式。

- 熟练掌握公式的输入和计算方法。
- 熟练掌握 Excel 提供的常用函数的功能及用法。
- 熟练掌握利用函数创建简单公式。
- 掌握公式的复制方法。
- 掌握合并计算的方法。

任务描述

学院进行考试改革以来，为了使课程的考核更加合理，提高学生对平时学习的重要性的认识，提高了平时成绩在期末考试成绩中所占的比重。本学期《计算机应用技术》课程也进行了相应的考试改革，平时成绩的考核分为上机实训成绩、设计作业成绩和出勤表现成绩三个部分，其中上机实训成绩占总成绩的 20%，设计作业成绩占总成绩的 20%，出勤表现成绩占总成绩的 10%，期末考试占总成绩的 50%。作为学习委员的你，请帮助老师完成"班级综合成绩表"的计算和排版工作。

知识要点

(1) 单元格的引用，用户可以根据单元格的地址引用单元格，单元格地址的不同表示方式决定了单元格的引用方式。

(2) 公式是在工作表中对数据进行分析与计算的等式。公式由前导符"="及参与运算的单元格和运算符构成，应用公式的单元格在数据更新时，能够自动计算出新的结果。

(3) Excel 中的运算符构成。Excel 包含算术运算符、比较运算符、文本运算符和引用运算符 4 种类型。

(4) 函数是一些预定义的特殊公式，通过给函数赋予一些称为参数的特定数值来按特定程序执行计算。Excel 提供了大量的内置函数以供调用，掌握这些函数的用法可以简化数据的计算，减少工作量。

(5) 合并计算。合并计算就是将多张工作表中相同区域的数据组合计算到统一的一张工作表中。

任务实施

步骤一：用简单的公式计算学生的平时成绩

1. 公式的构成

想要在数据处理过程中能够灵活应用公式，用户首先要对公式的基础知识做简单的了解。

1) 公式包含的元素

公式以"="开始，由运算符、常量、单元格引用，函数等元素组成。

2) 公式的运算符

Excel 包含算术运算符、比较运算符、文本运算符和引用运算符 4 种类型。

(1) 算术运算符

该类运算符能够完成基本的数学运算，如加、减、乘、除等。它们能够连接数字并产生计算结果。表 4-2 列出了所有的算术运算符。

表 4-2 算术运算符

算术运算符	含义	示例
+	加号	2+3=5
-	减号	3-2=1
*	乘号	2*3=6
/	除号	3/2=1.5
%	百分比	3%=0.03
^	乘方	2^3=8

(2) 比较运算符

该类运算符能够比较两个数值的大小关系，其返回值为 TRUE 或者 FALSE。表 4-3 列出了所有的比较运算符。

表 4-3 比较运算符

比较运算符	含义	示例
>	大于	A1>B1
>=	大于等于	A1>=B1
<	小于	A1<B1
<=	小于等于	A1<=B1
<>	不等于	A1<>B1
=	等于	A1=B1

(3) 文本运算符

文本运算符只包含一个连字符&，该字符能够将两个文本连接起来合并成一个文本，例如："中国"&"北京"将产生文本"中国北京"。

(4) 引用运算符

引用运算符可以将单元格区域合并计算，常用在函数的参数中，如表 4-4 所示。

表 4-4 引用运算符

引用运算符	含义	示例
:	区域运算符，对两个引用之间(包括两个引用在内)的所有单元格进行引用	SUM(A1:C4)

引用运算符	含义	示例
,	联合运算符，将多个引用合并为一个引用	SUM(A1:C4,C3:E8)
空格	交叉运算符,表示几个单元格区域所重叠的那些单元格	SUM(A1:C4 C3:E8)

在使用公式进行混合运算时必须要知道运算符的优先级关系以确定运算的顺序。表 4-5 按从高到低的顺序列出了 Excel 中各种运算符的优先级关系，对于优先级关系相同的运算顺序从左到右。

表 4-5　运算符的优先级

运算符	说明
区域(:)、联合(,)、交叉(空格)	引用运算符
-	负号
%	百分号
^	乘方
*和/	乘和除
+和-	加和减
&	文本运算符
>　>=　<　<=　<>　=	比较运算符

2. 公式的输入与复制

1) 公式的输入

公式的输入可以在编辑栏中进行，也可以在单元格中进行。首先选定要输入公式的单元格，输入"="后继续输入公式的其他部分，随后按 Enter 键即可完成。公式输入完毕，默认情况下，单元格中将显示计算的结果，编辑框中显示公式本身。

2) 复制公式

在工作表数据的计算过程中，很多时候很多单元格的运算方法即公式是相同的，如果每一个公式都直接输入，那就大大增加了工作人员的工作量了，Excel 可以利用复制公式的方法在多处运行同一个公式，方法如下。

(1) 单击选择包含已经编辑公式的单元格，在"开始"选项卡的"剪贴板"组中选择"复制"命令。

(2) 如需要复制公式和其他所有设置，单击要复制到的目标单元格区域，在"开始"选项卡的"剪贴板"组中选择"粘贴"命令；如果只复制公式，则选择"选择性粘贴"命令，在弹出的"选择性粘贴"对话框中选择"公式"。

(3) 公式的复制操作最常用的方法是使用填充柄，还可以使用快速填充工具快速复制单元格公式。

计算"平时成绩"

- 打开"计算机课程班级综合成绩-计算前.xlsx"工作簿，进入"考试成绩"工作表，准备进行平时成绩的计算。
- 选中 I3 单元格，在编辑栏中输入公式前导符"="，单击 C2 单元格，该单元格的地址显示在编辑栏中，接下来输入"+"，用同样的方法完成公式"=D3+E3+F3+G3+H3"的输入，如图 4-39 所示。
- 单击编辑栏上的"输入"按钮✔，完成公式的编辑。在 I3 单元格中可以看到公式的计算结果。
- 按 Ctrl+S 组合键，保存工作簿。

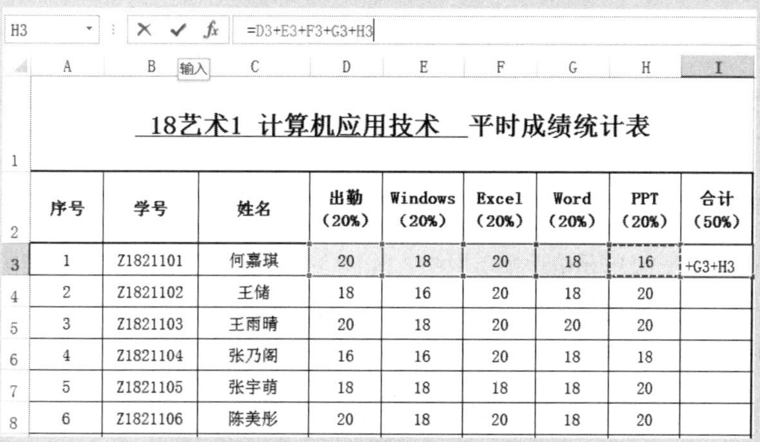

图 4-39　"计算机平时成绩公式"的输入

步骤二：利用单元格的引用快速完成计算

在公式和函数中使用单元格地址或单元格名字来表示单元格中的数据。公式的运算值随着被引用单元格数据的变化而发生变化。单元格引用就是指对工作表上的单元格或单元格区域进行引用。在计算公式中可以引用本工作表中任何单元格区域的数据，也可引用其他工作表或者其他工作簿中任何单元格区域的数据。Excel 提供了三种不同的引用类型，相对引用、绝对引用和混合引用。

1. 相对引用

相对引用是单元格地址默认的引用方式。相对引用是指当复制公式时，公式中单元格地址引用随公式所在单元格位置的变化而改变。

相对引用的格式是"列标行号"，如"A1""B2"等。

如图 4-40 所示，任意单击一个学生的平时成绩，可以看到复制的公式采用了单元格相对引用的形式，使用鼠标纵向拖动复制，并没有改变原公式的列关系，只有行标发生了相对的变化。

| I6 | | | f_x | =D6+E6+F6+G6+H6 | | | | | |

	A	B	C	D	E	F	G	H	I
1				18艺术1 计算机应用技术 平时成绩统计表					
2	序号	学号	姓名	出勤 (20%)	Windows (20%)	Excel (20%)	Word (20%)	PPT (20%)	合计 (50%)
3	1	Z1821101	何嘉琪	20	18	20	18	16	92
4	2	Z1821102	王储	18	16	20	18	20	92
5	3	Z1821103	王雨晴	20	18	20	20	20	98
6	4	Z1821104	张乃阁	16	16	20	18	18	88
7	5	Z1821105	张宇萌	18	18	18	18	20	92

图 4-40　公式的复制——相对引用

2. 绝对引用

绝对引用是指把公式复制和移动到新位置时，公式中引用的单元格地址保持不变。设置绝对引用需在行标和列标前面加美元符号$，如"$A$1""$B$2"等。

3. 混合引用

混合引用是指在一个单元格地址引用中，既包含绝对地址引用又包含相对地址引用。一个地址是绝对引用，一个地址是相对引用，如$A1、B$2 等。当复制公式时，公式的相对地址部分随位置变化而改变，而绝对地址部分不变。

引用同一工作簿中其他工作表的单元格

在同一工作簿中，可以引用其他工作表的单元格。如当前工作表是 Sheet1，要在单元格 E3 中引用"平时成绩"工作表单元格区 I3 中的数据,则可在单元格 A1 中输入公式"=平时成绩!I3"，如图 4-41 所示。

图 4-41　在"总成绩"工作表引用"平时成绩"工作表的"平时"列

引用其他工作簿中工作表的单元格

在 Excel 中也可以引用其他工作簿中单元格的数据或公式。如果要在当前工作簿 Book1 中 Sheet1 工作表的 A1 单元格中引用 Book2 工作簿中 Sheet1 工作表的 B2 单元格的数据，可以选中 Book1 工作簿的 Sheet1 工作表的 A1 单元格，输入公式"=[Book2.xlsx]Sheet1!B2"。

利用单元格的引用快速计算

- 相对引用。在"平时成绩"工作表选中 I3 单元格，将鼠标移动到该单元格的右下角，光标变成黑色十字形状时，向下拖动直到最后一名学生。可以看到每个学生的平时成绩都计算完成了。

- 跨工作表引用。切换到"总成绩"工作表，选中 E3 单元格，在编辑栏中输入公式前导符"="，该生的平时成绩应由"平时成绩"工作表上的 I3 单元格得到。因而切换至"平时成绩"工作表，选中 I3 单元格，单击编辑栏的"输入"按钮确认。

- 如图 4-41 所示，Excel 2013 自动返回至"总成绩"工作表，可以看到 E3 单元格生成了公式"=平时成绩! I3"。

- 向下拖动复制 E3 单元格，可以看到每个学生的平时成绩都引用到当前工作表了。这里也发生了相对引用。

步骤三：利用函数计算考试成绩

1. 输入函数

函数是随 Excel 附带的预定义或内置公式，它们使用一些称为参数的特定数值按特定的顺序或结构进行计算。用户可以直接用它们对某个区域内的数值进行一系列运算，如分析和处理日期值和时间值、确定单元格中的数据类型、计算平均值和运算文本数据等。函数既可以作为独立的公式单独使用，也可以用于另一个公式中或另一个函数内。

1) 函数的语法结构

Excel 函数包括函数名和参数两个部分，其语法格式为：函数名(参数 1，参数 2，…)。其中，函数名用来指明函数要执行的功能和运算；参数是函数运算的必需条件，可以是数字、文本、逻辑值、单元格引用、函数等，各个参数之间用逗号隔开。如果函数的参数是文本类型的，该参数要用双引号引起来。在 Excel 2013 中，函数分为财务函数、日期与时间函数、数学与三角函数、统计函数、查找与引用函数、数据库函数、逻辑函数等。

2) 直接输入函数

对于比较熟悉的函数可以采用直接输入的方式。首先选定单元格，输入等号"="后直接输入函数、参数即可，如输入"=SUM(C1：D2)"后按 Enter 键完成输入过程。

3) 插入函数

当用户不太了解函数格式和参数设置的相关信息时，可使用编辑栏左侧的"插入函数"按钮" fx "，或使用"公式"选项卡"函数库"组进行插入函数的操作。

4) 利用常用函数快速计算

如图 4-42 所示在"开始"选项卡"编辑"组的"自动求和"命令列表中列出了"求和、平均值、计数、最大值、最小值"五个常用函数，方便用户快速地完成常用计算。单击最后一个命令

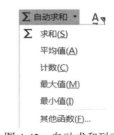

图 4-42　自动求和列表

"其他函数",可以打开"插入函数"对话框。

插入函数计算"考试成绩"列

- 切换到"考试成绩"工作表,选中 G3 单元格。
- 该生的期末考试成绩由"选择题""Windows 操作""Word 操作""Excel 操作"四部分构成。
- 在编辑栏中输入公式前导符"=",单击编辑栏左侧的"插入函数"按钮 fx,弹出如图 4-43 所示的"插入函数"对话框,选择求和函数"SUM"后单击"确定"按钮。
- 如图 4-44 所示,在弹出的"函数参数"对话框中设置 SUM 函数的参数。使用鼠标拖动选中区域"C3:F3",单击"确定"按钮。
- 向下拖动复制 G3 单元格,利用相对引用计算其他学生的考试成绩。

图 4-43   "插入函数"对话框

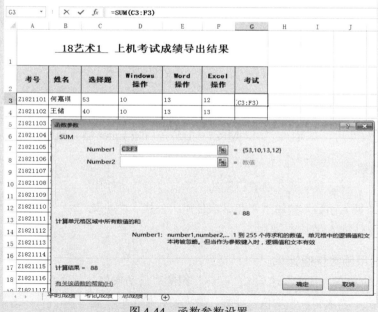

图 4-44   函数参数设置

2. 常用函数的使用

由于 Excel 的函数相当多，因此本书仅介绍几种比较常用的函数的使用方法，其他更多的函数可以从 Excel 的在线帮助功能中了解更详细的信息。下面简单介绍一些常用的函数。

1) 求和函数
功能：返回某一单元格区域中所有数字之和。

语法：SUM(numberl, number2，…)

说明：

(1) number1，number2，…为 1 到 30 个需要求和的参数，每个参数都是一个单元格或一个连续的区域。

(2) 直接键入参数表中的数字、逻辑值及数字的文本表达式将被计算。如果参数为错误值或不能转换成数字的文本，将会导致错误。

2) 求平均值函数
功能：对所有参数求其平均值。

语法：AVERAGE(numberl, number2，…)

说明：numberl, number2，…为 1 到 30 个求平均值的参数。与 SUM 函数的参数要求相同。

3) 求最大值函数
功能：求所有参数中最大的数值，忽略逻辑值及文本。

语法：MAX(numberl, number2，…)

说明：numberl, number2，…是要从中找出最大值的 1 到 30 个数字参数。与 SUM 函数的参数要求相同。

4) 求最小值函数
功能：求所有参数中最小的数值。

语法：MIN(numberl, number2，…)

说明：numberl, number2，…是要从中找出最小值的 1 到 30 个数字参数。与 SUM 函数的参数要求相同。

5) 条件函数
功能：判断一个条件是否满足，如果满足返回一个值，如果不满足则返回另一个值。

语法：IF(logical_test, value_if_true, value_if_false)

说明：logical_test 是一个表达式，如果该表达式的值为真，返回值为 value_if_true，否则返回 value_if_false。

6) 条件求和
功能：对满足条件的单元格求和。

语法：SUMIF(range, criteria, sum_range)

说明：

(1) range 为用于条件判断的单元格区域。

(2) criteria 为确定哪些单元格将被相加求和的条件。

(3) sum_range 为需要求和的实际单元格。只有当 range 中的相应单元格满足条件时，才对 sum_range 中的单元格求和。如果省略 sum_range，则直接对 range 中的单元格求和。

7) 条件计数函数

功能：计算区域中满足给定条件的单元格的个数。

语法：COUNTIF(range，criteria)

说明：

(1) range 为需要计算其中满足条件的单元格数目的单元格区域。

(2) criteria 为确定哪些单元格将被计算在内的条件，其形式可以为数字、表达式或文本。

8) 排位函数

功能：返回一个数值在一组数值中的排位(如果数据清单已经排过序了，则数值的排位就是它当前的位置)。

语法：RANK(number，ref，order)

说明：

(1) number 是需要计算其排位的一个数字。

(2) ref 是包含一组数字的数组或引用(其中的非数值型参数将被忽略)。

(3) order 为一数字，指明排位的方式。如果 order 为 0 或省略，则按降序排列的数据清单进行排位；如果 order 不为 0，ref 当作按升序排列的数据清单进行排位。

3. 合并计算

在工作簿中，有时为了记录数据往往会创建许多格式相同的工作表，比如"1 月、2 月、3 月"等按月记录的数据，"2017 年、2018 年"等按年记录的数据，为了对这些数据进行汇总计算分析，Excel 2013 提供了合并计算的功能。合并计算只能计算分布在各个工作表中对应位置的数值信息，对于文本则忽略，因此，在合并计算之间，最好先在一张新工作表中复制创建工作表的标题、表头等格式信息，并预留出等待合并计算结果的数据区域。合并计算的步骤如下：

(1) 单击"数据"选项卡"数据工具"组中的"合并计算"按钮，弹出"合并计算"对话框。

(2) 在对话框中，"函数"下拉列表中可以进行合并计算函数的选择，默认为"求和"，也可以根据需要选择计数、求平均值等。

(3) 在对话框中，单击"引用位置"后的"折叠"按钮，可以进行求和区域的选择。单击该折叠按钮，在需要合并计算的工作表中选择数据区域，然后单击"添加"按钮，将数据区域添加到"所有引用位置"中，经过多次操作，将所有参与合并计算的工作表区域都添加到"所有引用位置"列表中。

(4) 选中"创建指向源数据的链接"复选框，单击"确定"按钮完成合并计算。

值得注意的是：要合并计算的每个区域都必须分别置于单独的工作表中，不能将任何区域放在需要放置合并的工作表中。

步骤四：完成"总成绩"工作表的计算

完成"总成绩"工作表计算

- 切换到"总成绩"工作表，选中 D3 单元格，将"考试成绩"中的 G3 单元格引用过来，得到公式"='考试成绩'!G3"。
- 拖动复制 G3 单元格，填充所有学生的"考试"列。
- 进行总分计算。因为平时成绩和考试成绩都是百分制，所以学生的总分由"考试成绩*考试比例+平时成绩*平时比例"得到。选中 F3 单元格，在编辑栏中输入公式前导符"="，输入公式"=D3*M\$3+E3*L\$3"，如图 4-45 所示，M3 和 L3 单元格是本次计算的比例系数，为了在纵向复制公式的过程中行地址不发生相对变化，这里采用了混合引用的方式，即对列地址相对引用对行地址绝对引用。按 Enter 键确认公式输入。
- 向下拖动复制 F3 单元格，计算完成其他学生的总成绩。
- 调整第 F 列小数位数。单击"开始"选项卡"数字"组中的"减少小数位数"按钮，将"总分"保留 1 位小数。
- 计算班级平均分。选中 D26 单元格，在编辑栏中输入公式前导符"="，单击"插入函数"按钮，在弹出的"插入函数"对话框中选择求平均值函数"AVERAGE"，并设定其参数为区域"D3:D25"，单击"确定"按钮。
- 向右侧拖动复制 D26 单元格至 F26 单元格，可以看到每个项目的平均分都计算完毕了，如图 4-46 所示。设置保留 2 位小数。

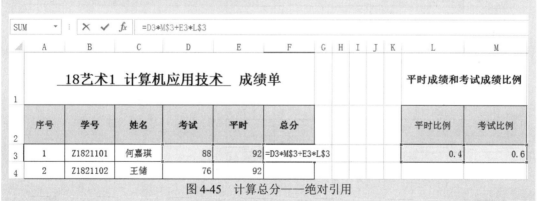

图 4-45　计算总分——绝对引用

图 4-46　计算机班级平均分

设计效果

本任务的设计效果如图 4-47 所示。

序号	学号	姓名	考试	平时	总分		平时比例	考试比例
1	Z1821101	何嘉琪	88	92	89.6		0.4	0.6
2	Z1821102	王储	76	92	82.4			
3	Z1821103	王雨晴	66	98	78.8			
4	Z1821104	张乃阁	77	88	81.4			
5	Z1821105	张宇萌	87	92	89.0			
6	Z1821106	陈美彤	91	96	93.0			
7	Z1821107	李鑫宇	79	78	78.6			
8	Z1821108	崔欣竹	81	84	82.2			
9	Z1821109	付双维	89	84	87.0			
10	Z1821110	葛若	63	82	70.6			
11	Z1821111	韩子晴	60	88	71.2			
12	Z1821112	贺洁鑫	61	80	68.6			
13	Z1821113	寇铭洋	84	86	84.8			
14	Z1821114	刘紫鑫	45	90	63.0			
15	Z1821115	宁婕妤	65	96	77.4			
16	Z1821116	王璐	86	82	84.4			
17	Z1821117	闻德玮	70	86	76.4			
18	Z1821118	杨锦	74	90	80.4			
19	Z1821119	渊博	91	86	89.0			
20	Z1821120	张子晴	74	88	79.6			
21	Z1821121	李忱	67	88	75.4			
22	Z1821122	李荣起	79	82	80.2			
23	Z1821123	杨森	79	82	80.2			
		平均分：	75.30	87.39	80.14			

18艺术1 计算机应用技术 成绩单 / 平时成绩和考试成绩比例

平时成绩 | 考试成绩 | 总成绩

图 4-47 班级综合成绩单

举一反三

上大学之后，我们每个月的开销由自己决定，再也不由父母做主了，大家是不是有一种自由的感觉呢，但是有的同学不能合理地安排自己的收支情况，使得财务危机频发。为了更好地计划开支，现在请同学们自己设计一个"学年收支统计表"。这个工作簿由"上学年"和"下学年"两张工作表构成，上学年的工作表样本如图 4-48 所示，请你根据自己的情况进行修改，并完成"下学年"工作表的计算任务。具体要求如下：

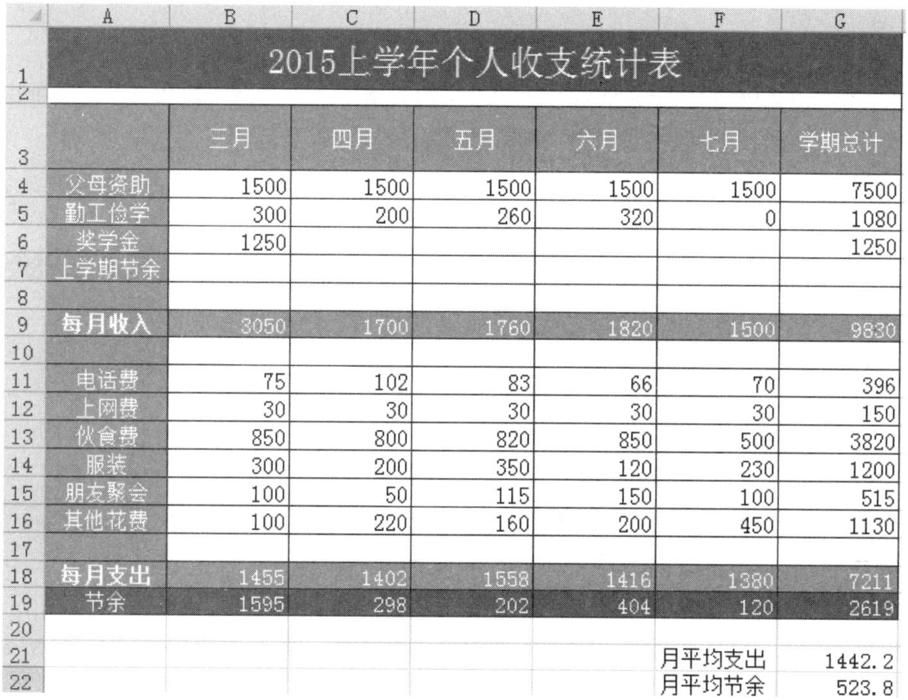

	A	B	C	D	E	F	G
1	2015上学年个人收支统计表						
2							
3		三月	四月	五月	六月	七月	学期总计
4	父母资助	1500	1500	1500	1500	1500	7500
5	勤工俭学	300	200	260	320	0	1080
6	奖学金	1250					1250
7	上学期节余						
8							
9	每月收入	3050	1700	1760	1820	1500	9830
10							
11	电话费	75	102	83	66	70	396
12	上网费	30	30	30	30	30	150
13	伙食费	850	800	820	850	500	3820
14	服装	300	200	350	120	230	1200
15	朋友聚会	100	50	115	150	100	515
16	其他花费	100	220	160	200	450	1130
17							
18	每月支出	1455	1402	1558	1416	1380	7211
19	节余	1595	298	202	404	120	2619
20							
21						月平均支出	1442.2
22						月平均节余	523.8

图4-48 “举一反三”实例预览

(1) 合理调整工作表中A列的收支项目，并根据自己的情况进行填写。

(2) 利用函数计算各个收支项目的学期总计。

(3) 利用函数计算每个月的收入情况。

(4) 利用函数计算每个月的支出情况。

(5) 利用公式计算每个月的节余情况。

(6) 利用函数计算学期平均月支出和节余情况。

(7) 在“下学期”工作表中增加“上学期节余”项目，将上学期的节余引入。

(8) 合并计算，将“上学期”和“下学期”工作表中的数据合并计算到“全年汇总”工作表中。

任务4 统计分析结果展示

任务目标

- 了解图表的类型及组成图表的元素。
- 熟练掌握图表的创建方法。
- 熟练掌握图表的编辑和美化方法。
- 掌握数据透视表的创建方法。
- 掌握数据透视图的创建方法。

任务描述

学生会社团部要对近几年来学院社团的学生构成情况进行数据统计和分析，请你根据所给定的数据资料，以图表的形式展示出当前社团人员的构成以及近四年的数量对比和变化趋势。

知识要点

(1) 图表的定义。图表泛指可直观展示统计信息属性，对信息的直观生动感受起关键作用的图形结构。是一种很好的将对象属性数据直观、形象地"可视化"的手段。

(2) 图表的数据源。图表是对数据信息的直观展示，因而图表必须以数据源作为支撑。

(3) 图表编辑。创建图表后，可以修改图表的任何一个元素以满足用户的需要，包括图表的样式设计、图表的布局和格式。

(4) 数据透视表。数据透视表是一种可以对大量数据快速汇总和建立交叉列表的交互式表格。它是建立在数据清单基础上的一种视图，通过设置自动生成，方便用户对数据清单进行数据分析的呈现。

(5) 数据透视图。数据透视图是数据透视表的图形化表示工具。使数据透视表中的数据信息表现得更加形象直观。因为数据透视图是建立在数据透视表基础之上的，因而数据透视图的展现随数据透视表而变化，并且伴有筛选等功能。

任务实施

步骤一：创建图表

1. 了解图表各元素

为了使用户在以后的工作中能够灵活应用图表，需要很好地了解图表的类型和结构。下面分别予以介绍。

1) 图表的类型

Excel 提供了许多种图表类型，常见的图表类型有饼图、柱形图、折线图、条形图等，不同类型的图表展现数据的优势也不一样，所以用户可以根据需要采用显示数据最有意义的图表类型。下面是几种常用的图表类型。

(1) 柱形图。柱形图用来显示不同时间内数据的变化情况，或者用于对各项数据进行比较，是最普通的商用图表种类。柱形图中的分类位于横轴，数值位于纵轴。

(2) 折线图。折线图用于显示某个时期内的数据在相等时间间隔内的变化趋势。折线图与面积图相似，但它更强调变化率，而不是变化量。

(3) 饼图。饼图用于显示数据系列中每一项占该系列数值总和的比例关系，它通常只包含一个数据系列，用于强调重要的元素，这对突出某个很重要的项目中的数据是十分有用的。

(4) 面积图。面积图强调数量随时间而变化的程度，也可以用于引起人们对总值趋势的注意。

(5) 条形图。条形图用于比较不连续的无关对象的差别情况，它淡化数值项随时间的变化，突出数值项之间的比较。条形图中的分类位于纵轴，数值位于横轴。

2) 图表的组成元素

图表由图表区、绘图区、图例、坐标轴、数据系列等几部分组成，各组成部分功能如下。

(1) 图表区：用于存放图表各个组成部分的区域。

(2) 绘图区：用于显示数据系列的变化。

(3) 图表标题：用以说明图表的标题名称。

(4) 坐标轴：用于显示数据系统的名称和其对应的值。

(5) 数据系列：用图形的方式表示数据的变化。

(6) 图例：显示每个数据系列代表的名称。

2. 创建图表

图表有内嵌图表和独立图表两种。内嵌图表是指图表与数据源放置在同一张工作表中；独立图表是指图表和数据源不在同一张工作表，而是单独存放。

(1) 选定生成图表的数据区域。该区域一定是数据清单的一部分，不包括表头标题，但包括行和列标题。

(2) 选择"插入"选项卡的"图表"组，该组中显示 Excel 提供的图表类型。在该组中单击某一图表类型按钮，在展开的子图表列表中选择所需子类型，即可在当前工作表中生成一个嵌入式图表。

3. 创建迷你图

迷你图是一种小型图表，可放在工作表内的单个单元格中。由于其尺寸已经过压缩，因此迷你图能以简明直观的方式显示大量数据集所反映出的图案。创建迷你图的方法如下：

(1) 首先要选择一行或者一列的数据，注意不需要选择标题。

(2) 然后在"插入"选项卡"迷你图"组中选择任意一种迷你图插入，这里有折线、柱状和盈亏三种迷你图。

(3) 在弹出的"创建迷你图"对话框中选择放置迷你图的位置。迷你图一般放置在所选的行数据集的右侧或者列数据集的下方。

(4) 单击"确定"按钮完成迷你图的创建。如果要继续创建其他行或者列的迷你图，可以通过拖动填充的方式完成。

创建柱形图

- 打开"任务 4\学生社团人员构成统计分析.xlsx"工作簿，可以看到该工作簿中有"社团当前人员构成"和"16-19 年社团人员构成"两张工作表，记录了 2016-2019 年学生社团人员构成数据。

- 利用"社团当前人员构成"工作表创建一个"三维堆积柱形图"图表。

  - 选择数据区域。如图 4-49 左侧所示，不要选择表标题，将数据清单部分的"A3:D9"区域选中，作为图表的数据支撑。

  - 选择图表类型。单击"插入"选项卡"图表"组中的"柱形图"按钮，在展开的子图表类型中选择"三维堆积柱形图"，生成默认图表，如图 4-49 右侧所示。

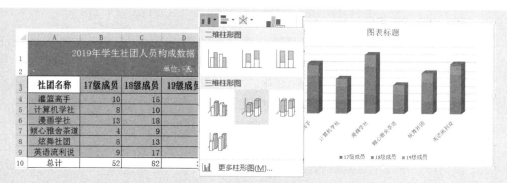

图 4-49　生成三维堆积柱形图

创建饼图

- 利用"社团当前人员构成"工作表创建一个"三维饼图"图表。分析 18 级加入社团学生的分布情况。
  - 选择数据区域。如图 4-50 所示，这里要选择两块不连续的区域，首先选择"A3:A9"的行标题区域，然后按住 Ctrl 键，选择"C3:C9"区域。
  - 选择图表类型。单击"插入"选项卡"图表"组中的"饼图"按钮，在展开的子图表类型中选择"三维饼图"，生成默认图表。

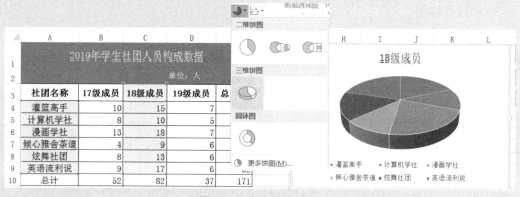

图 4-50　生成三维饼图

创建折线图

- 利用"16-19 年社团人员构成"工作表创建一个"二维折线图"图表。分析四年来加入社团学生的数量变化情况。
  - 选择数据区域。如图 4-51 所示，这里挑选三个社团进行分析，选择"A3:E6"的连续区域。
  - 选择图表类型。单击"插入"选项卡"图表"组中的"折线图"按钮，在展开的子图表类型中选择"二维带数据点的折线图"，生成默认图表。

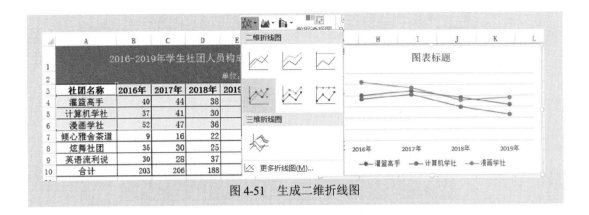

图 4-51　生成二维折线图

创建迷你图

- 为了能直观地看到各社团四年来的人员数量变化，利用"16-19年社团人员构成"工作表创建一个迷你折线图。
  - 选择数据区域。如图 4-52 所示，选择"B4:E4"的连续区域。

图 4-52　选择数据区域

- 选择图表类型。单击"插入"选项卡"迷你图"组中的"折线图"按钮。
- 在打开的"创建迷你图"对话框中可以看到"数据范围"已经填入了事先选定的区域，单击"位置范围"后面的折叠按钮，选择数据表中的 F4 单元格，单击"确定"按钮。
- 在"迷你图工具-设计"选项卡的"显示"组中选择"标记"复选框，为迷你图增加标记点，效果如图 4-53 所示。
- 拖动 F4 单元格右下角的填充柄，向下填充到 F10 单元格，可以看到各个社团的人员数量变化趋势以及总趋势。

图 4-53　带标记点的折线迷你图

步骤二：编辑图表

1. "图表工具-设计"选项卡

图表创建好后，单击图表对象，功能区选项卡会显示出"图表工具"，包含"设计"和"格式"两个选项卡，各选项卡又包含多个组和按钮，可以对图表进行修改和编辑。

(1) 切换行/列。在"图表工具-设计"选项卡中单击"数据"组中的"切换行/列"按钮，可切换图表的"分类轴"和"系列"。新生成的图表默认按数据源的"列标题"生成"系列"，"行标题"生成"分类轴"。图表的展示方式不同，显示出的对比角度也不同，用户可以根据需要去切换对比关系，如图 4-54 所示为切换"行/列"后的图表。

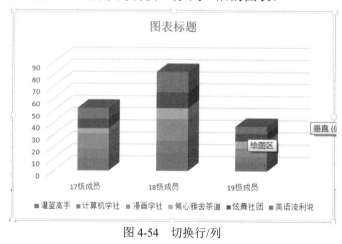

图 4-54　切换行/列

(2) 更改数据源。如果在建立图表的第一步没有预先选择数据源(生成空白图表)，或者在图表生成时对图表的对比效果不满意，都可以重新进行数据源的选择调整。在"图表工具-设计"选项卡中单击"数据"组中的"选择数据"按钮，弹出"选择数据源"对话框，如图 4-55 所示，使用鼠标拖动选择新的数据区域，松开鼠标后，在"图表数据区域"栏中会显示选择的结果，单击"确定"按钮。另外，在该对话框中单击"切换行/列"按钮也可以实现"分类轴"和"系列"之间的转换。

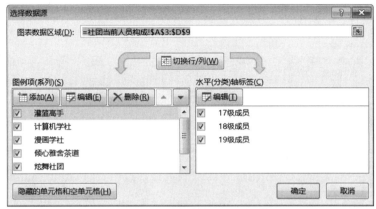

图 4-55   "选择数据源"对话框

(3) 改变图表位置。

① 图表在当前工作表中移动位置。单击选中图表，按下鼠标左键不放，拖动图表到所需要的位置后释放鼠标，图表即被移到虚线框所示的目标位置。

② 图表作为独立图表。图表是默认生成到当前工作表的，如果要将图表作为独立的工作表进行存放，可单击选中图表，在"图表工具-设计"选项卡的"位置"组中单击"移动图表"按钮，弹出"移动图表"对话框，如图 4-56 所示。在这里选择"新工作表"单选按钮，单击"确定"按钮，在当前工作表的前方生成独立图表 Chart1。

③ 图表移动到其他工作表中。在"移动图表"对话框中，单击"对象位于"选项后面的下拉列表，列表中将会显示当前工作簿的所有工作表，选择一个工作表，作为图表新的存放位置。

图 4-56   "移动图表"对话框

(4) 改变图表的大小。选中图表，把鼠标移到图表右上角，出现斜双向箭头且显示"图表区"提示文字时，按住鼠标左键拖动，即可放大或缩小图表。

(5) 更改图表类型。选择图表，单击"图表工具-设计"选项卡"类型"组中的"更改图表表型"按钮，打开"更改图表类型"对话框，如图 4-57 所示。在对话框中单击"折线图"，并选择其子类型，将其作为更新的图表类型，单击"确定"按钮。

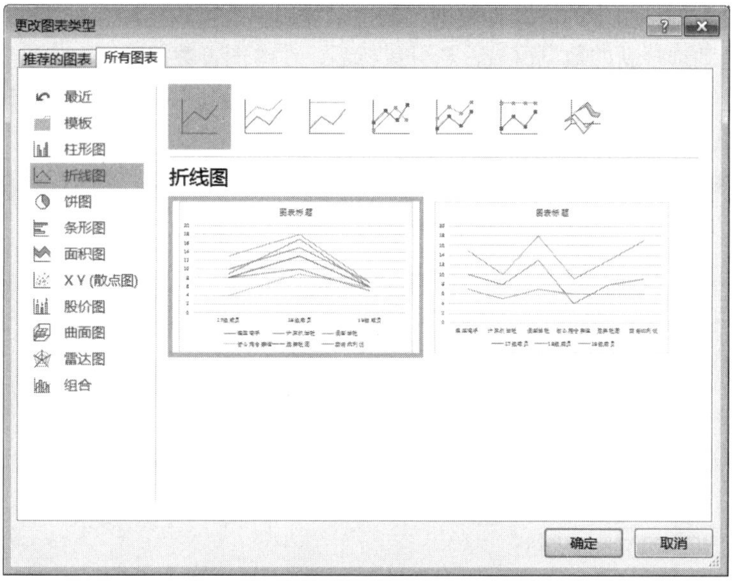

图 4-57 "更改图表类型"对话框

(6) 图表布局样式。图表布局指的是组成元素，包括图表、图表标题、图例、模拟运算表、垂直轴标题等之间的位置关系，以及网格线、高低点连线、数据标签等的标注与设置。选择图表，打开"图表工具-设计"选项卡"图表布局"组中的"快速布局"下拉列表，从中选择一种图表布局样式可以快速地更改图表的整体布局。在"添加图表元素"下拉列表中可以进行关于图表布局细节的调整。

(7) 更改图表样式。选择图表，打开"图表工具-设计"选项卡"图表样式"组中的下拉列表，从中选择一种图表样式，更改图表的整体外观样式。关于图表样式细节的调整还要在"图表工具-格式"选项卡中进行。

2. "图表工具-格式"选项卡

用户还可以通过如图 4-58 所示的"图表工具-格式"选项卡对图表进行格式化操作。主要包括图表区域的形状样式、艺术字样式及各元素之间的排列关系等。

图 4-58 "图表工具-格式"选项卡

1) 图表背景

选择图表的绘图区，在"图表工具-格式"选项卡的"形状样式"列表中选择一种样式，更换当前的图表背景，如果对样式列表中所提供的样式不满意，用户还可通过"形状填充""形状轮廓"和"形状效果"按钮进行进一步调整。

2) 艺术字样式

图中的文字都可以套用艺术字样式，比如选择图表标题，在"艺术字样式"列表中选择一种艺术字样式，美化当前的标题文字。如果对样式列表中所提供的样式不满意，用户还可通过"文本填充""文本轮廓"和"文本效果"按钮进行进一步调整。

3) 设置所选内容格式

单击"当前所选内容"组中的"设置所选内容格式"命令按钮，可以在工作区的右侧打开一个格式设置窗格，该窗格的名称随着当前选定的内容变化，如选定"数据系列"该窗格名称为"设置数据系列格式"，如果选择数据标签，则该窗格名称为"设置数据标签格式"，用来对数据标签的填充线条、效果、大小属性和标签选项进行更进一步的设置。

编辑如图 4-59 左图所示的柱形图图表

- 选择该图表，单击"图表工具-设计"选项卡。
  - 在"数据"组中单击"切换行/列"命令按钮，交换横轴和数据系列。
  - 添加图表标题。在占位符上进行修改，新图表标题为"2019年社团成员中各级学生数量对比"。
  - 更改图表布局。在"图表布局"组的"快速布局"列表中选择"布局 1"，此时数据系列显示在右侧。
- 单击"图表工具-格式"选项卡。
  - 调整艺术字样式。单击选择"图表标题"，在"艺术字样式"组调整图表标题的颜色样式，在"开始"选项卡"字体"组中调整字体和字号。用同样的方法调整坐标轴和系列的字体样式。
  - 调整形状样式。单击选择"图表区"，在"形状样式"组的"形状填充"列表中选择"橙色 着色2 淡色 80%"，美化图表区。用同样的方法可以调整绘图区、图表背景墙、图例等区域的填充。
  - 为图表区加边框。在"形状样式"组的"形状轮廓"列表中选择"橙色 着色2 深色 25%"。
- 编辑后的图表如图 4-59 左图所示。按 Ctrl+S 组合键保存工作簿。

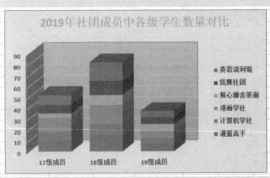 

图 4-59　编辑后的图表

编辑如图 4-59 右图所示的饼图图表

- 选择该图表，单击"图表工具-设计"选项卡。
  - 在"图表样式"列表中选择"样式 8"。可以看到数据系列以标签的形式出现。饼图的立体效果也发生了变化。
  - 添加图表标题。在占位符上进行修改，新图表标题为"18 级加入社团学生的分布情况"。
- 单击"图表工具-格式"选项卡。
  - 调整"图表标题"艺术字样式。
  - 调整"图表区"形状样式。单击选择"图表区"，在"形状样式"组的"形状填充"列表中选择"金色 着色 4 淡色 80%"，美化图表区。
  - 调整数据系列格式。单击数据系列，选择"当前所选内容"组中的"设置所选内容格式"命令，打开"设置数据系列格式"窗格，在窗格中进行如图 4-60 左图所示的设置。
  - 调整标签格式。单击数据标签，打开"设置数据标签格式"窗格，进行如图 4-60 右图所示的设置。

图 4-60 设置所选内容格式

步骤三：进一步数据分析

创建更复杂的图表

- 选择"16-19 年社团人员构成"工作表，创建一个独立的社团人员数量变化趋势图。
  - 选择"A3:E10"区域，单击"插入"选项卡"图表"组的"折线图"按钮，在展开的子图表类型中选择"二维簇状柱形图"。
  - 单击"图表工具-设计"选项卡"位置"组中的"移动图表"命令按钮，将该图表移动为"新工作表"。

- 调整数据系列图表类型，进行复合图表设计。
  - 选择最高的"合计"系列，右击鼠标，在弹出的快捷菜单中选择"更改系列图表类型"命令，如图4-61所示。
  - 打开"更改图表类型"对话框，在该对话框中选择"组合"中的"自定义组合"，将下方的"合计"系列设置"图表类型"为折线图，并在次坐标轴处选中复选框，如图4-62所示，单击"确定"按钮。

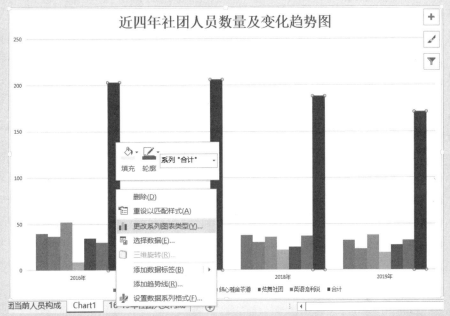

图4-61　选择命令

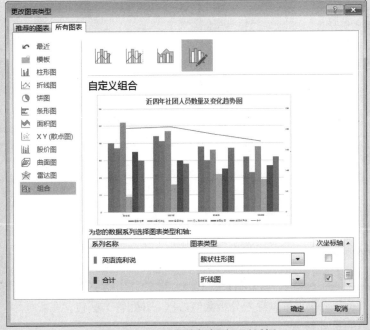

图4-62　"更改图表类型"对话框

复合图表的美化

- 添加图表标题。在"图表标题"占位符上进行修改,新图表标题为"近四年社团人员数量及变化趋势图",并设置为"宋体,24号,加粗"。
- 添加数据标签。因为"合计"系列生成在次坐标轴,为了方便区别,给该系列添加数据标签。选择该系列,在"图表工具-设计"选项卡的"添加图表元素"列表中选择"数据标签"选项的"上方"命令。
- 添加数据点。在"图表工具-格式"选项卡中选择"当前所选内容"组中的"设置所选内容格式"命令,打开"设置数据系列格式"窗格,在窗格中选择"填充线条",在"标记"下设置"数据标记选项"为"内置"菱形。
- 调整标签、数据系列、坐标轴的字号。标签和纵坐标轴字号为"10号",数据系列和横坐标轴为"12号,加粗"。
- 进行形状填充。填充图表区、绘图区、网格线的颜色样式。
- 编辑好的图表如图4-63所示,按Ctrl+S组合键保存工作簿。

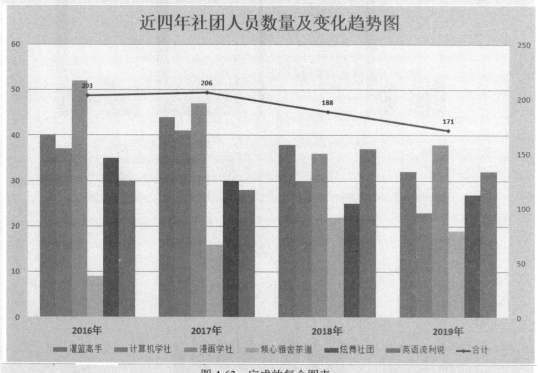

图4-63 完成的复合图表

步骤四:创建数据透视表

1. 了解数据透视表

数据透视表是一种交互的、交叉制表的Excel报表,用于对多种来源(包括Excel的外部数据)的数据进行汇总和分析,可以深入分析数值数据,并回答一些包含在数据中的实际问题,是数据分析和决策的重要技术。

2. 创建数据透视表

要创建数据透视表，必须定义其源数据，在工作簿中指定位置并设置字段布局。

在"数据透视表工具-设计"选项卡中可以进行数据透视表样式和布局的设计。在"数据透视表工具-选项"选项卡中可以进行改变透视表的数据源，更改数值计算的方式等操作。

创建数据透视表

- 打开"任务2\学生社团成员统计表.xlsx"工作簿，使用"文件"选项卡中的"另存为"命令，将该工作簿另存在文件夹"Excel\任务 4"中并命名为"学生社团成员统计表数据透视"。
- 单击 Sheet1 数据清单中的任意一个单元格，将该数据清单作为数据透视表的数据源。单击"插入"选项卡"表格"组中的"数据透视表"按钮，在下拉列表中选择"数据透视表"命令，在弹出的"创建数据透视表"对话框中选择要分析的数据，如图 4-64 所示，默认的选择是将整张工作表作为源数据。
- 在对话框的"选择放置数据透视表的位置"中选择放置数据透视表的位置，默认的选择是将数据透视表作为新的工作表，可以保持此选项不变，即生成一张空的数据透视表。
- 在生成空白数据透视表的同时打开"数据透视表字段"任务窗格。在任务窗格的"选择要添加到报表的字段"列表框中选择相应字段的对应复选框，即可创建出带有数据的数据透视表，在本例中选择"学号""专业"和"社团名称"，如图 4-65 所示。
- 将选中的字段分别拖动到"列"标签、"行"标签和"Σ值"区间，这里不设置筛选，由"切片"来完成筛选功能。这里数值标签采用了默认的"计数"的计算方式。可以得到各个社团的不同专业的学生人数分布情况。

图 4-64　"创建数据透视表"对话框

图 4-65　"数据透视表字段"窗格

3. 创建数据透视图

1) 数据透视图

数据透视图是数据透视表的图形化表示工具，它能准确地显示相应数据透视表中的数据，使得数据透视表中的信息以图形的方式更加直观、形象地展现在用户面前。

2) 创建数据透视图

创建数据透视图的方式主要有三种。

(1) 在刚创建的数据透视表中选择任意单元格，然后单击"数据透视表工具-选项"选项卡"工具"组中的"数据透视图"按钮。

(2) 数据透视表创建完成后，单击"插入"选项卡，在"图表"组中也可以选取相应的图表类型创建数据透视图。

(3) 如果还没有创建数据透视表，单击数据源数据中的任一单元格，单击"插入"选项卡"图表"组中的"数据透视图"按钮，在弹出的下拉列表中选择"数据透视图和数据透视表"命令，Excel 将同时创建一张新的数据透视表和一张新的数据透视图。

3) 编辑数据透视图

(1) "数据透视图工具"包含三个选项卡，分别是"分析""设计"和"格式"。其中"设计"选项卡用来对数据透视图的数据源、切换行/列、移动图表、添加图表元素、调整图表类型等进行设计。"格式"选项卡用来美化图表中的形状和文字。它们的功能与"图表工具"中的同名选项卡相同。

(2) "数据透视图工具-分析"选项卡，主要用来对数据透视图进行数据分析。比如添加"筛选"工具组中的切片。可以使数据透视图和数据透视表的展示随着切片的选项而变化。

创建数据透视图

- 将光标置于数据透视表中的任意位置，选择"插入"选项卡"图表"组中的"数据透视图"命令，则可生成相应的数据透视图。
- 将光标置于数据透视图上，可以在功能区看到"数据透视图工具"，该工具比"图表工具"多了一个"分析"选项卡。
- 在"数据透视图工具-分析"选项卡上选择"筛选"组中的"插入切片器工具"命令，打开如图 4-66 所示的"插入切片器"对话框，选择"社团名称"和"性别"两个字段，单击"确定"按钮。

图 4-66   "插入切片器"对话框

- 如图 4-67 所示，得到了带有"社团名称"和"性别"筛选的数据透视表，在该透视表中，可以分别根据行标签"专业"和列标签"社团名称"筛选数据进行透视表的展示。

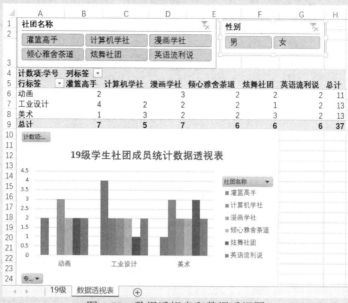

图 4-67　数据透视表和数据透视图

- 单击切片中的选项，可以看到数据透视表和数据透视图的变化情况。
- 按 Ctrl+S 组合键，保存工作簿。

设计效果

本任务的设计效果如图 4-68 和图 4-69 所示。

图 4-68　社团当前人员构成分析

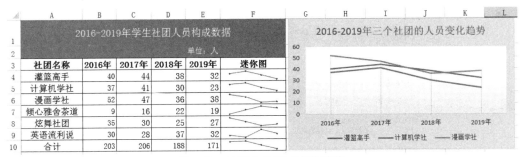

社团名称	2016年	2017年	2018年	2019年	迷你图
灌篮高手	40	44	38	32	
计算机学社	37	41	30	23	
漫画学社	52	47	36	38	
倾心雅舍茶道	9	16	22	19	
炫舞社团	35	30	25	27	
英语流利说	30	28	37	32	
合计	203	206	188	171	

图 4-69　社团人员构成变化趋势

举一反三

学前专业的同学利用假期进行了关于学前儿童英语学习方法的问卷调查，并将问卷调查的数据用 Excel 录入和保存，现在请你帮忙分析一下这些数据，看看从中能够得出什么结论。

(1) 打开"幼儿英语学习问卷调查数据.xlsx"工作簿，该工作簿有三张工作表，根据问卷来源不同分别收录了来自"英语辅导班""幼儿园"及两者综合的问卷数据。数据清单一共 11 列，分别对应了 Word 文档"幼儿英语学习调查问卷.docx"的 1～11 的问卷题目。清单中的每一行记录了一张问卷的调查结果。

(2) 分析清单中的数据，建立图表直观地反映问卷调查中各问题的现实情况。比如"幼儿园英语教学现状"，图 4-70 所示是来自参加辅导班的学生家长的问卷数据，通过饼图展示了参加学前英语辅导的家长对幼儿园英语教学的看法。

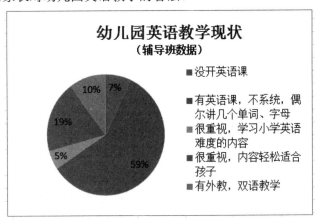

图 4-70　调查问卷分析

(3) 完成其他的类似分析，完成图表的创建、布局调整及修饰工作。

综合实训

本项目通过 4 个实训任务由浅入深地讲述了工作簿和工作表的基本操作，数据清单的排序、筛选、分类汇总，公式和函数在数据计算中的应用，统计图、透视表等数据分析工具的应用，从内容上基本满足了日常数据计算和数值分析的要求。

现在请你根据项目中所学到的知识技能完成一项 Excel 2013 应用的综合训练任务，基础数据在教程素材“Excel\综合实例.xlsx”工作簿中提供，任务要求具体如下：

(1) 根据所给班级学生考试成绩和平时成绩数据计算该班学生的总成绩。

(2) 设计成绩单并进行美化工作。

(3) 分析班级学生成绩数据并在如图 4-71 所示的“试卷分析”工作表中完成考试成绩的分析工作。

考试成绩分析							
专　业		年　级		班　级		人　数	人
考核科目		考核形式	考试	考核用时	100分钟	考核时间	
考核方式	闭卷	题型构成					
	平均分	最高分	最低分	及格人数	及格率	不及格人数	不及格率
	分数段	人数		百分比		备注	
卷面成绩统计	90-100分						
	80-89分						
	70-79分						
	60-69分						
	50-59分						
	40-49分						
	30-39分						
	0-29分						

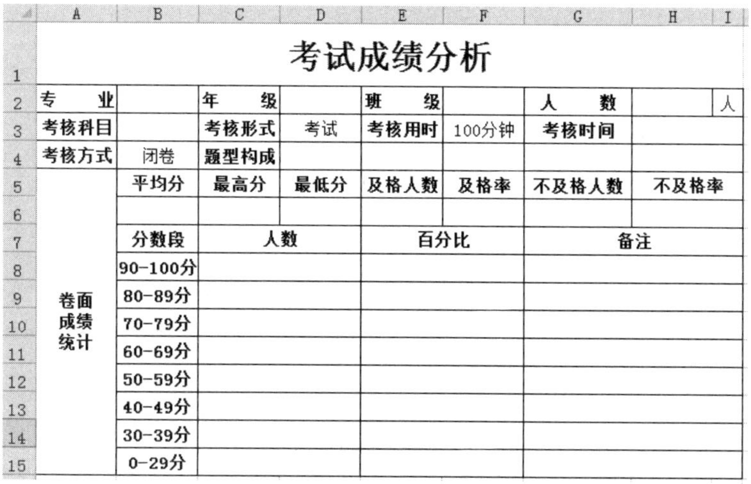

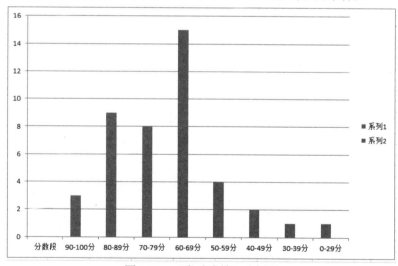

图 4-71　“试卷分析”工作表

(4) 生成如图 4-72 所示的“考试成绩”分析图，并进行布局和美化。

图 4-72　“考试成绩”分析图

项目 5

PowerPoint 2013演示文稿制作

PowerPoint 2013 是 Microsoft 公司开发的 Office 2013 办公软件的组件之一。使用 PowerPoint 可以制作幻灯片，例如在做计划、报告和产品演示时，制作成幻灯片，可以在向观众播放幻灯片的同时，配以丰富详实的讲解，使之更加生动形象。

教学目标

- 熟练掌握演示文稿的新建、保存等基本操作。
- 熟练掌握幻灯片的创建、编辑、排版操作。
- 熟练掌握多媒体素材在幻灯片中的应用。
- 熟练掌握幻灯片主题套用、背景设置和母版的应用。
- 掌握幻灯片切换、自定义动画、超链接和动作按钮的应用。
- 掌握幻灯片的放映、打印方法。

项目实施

任务 1 设计制作创业大赛演示文稿

任务目标

- 熟练掌握演示文稿的新建、保存等基本操作。
- 熟练掌握幻灯片的插入和删除方法。
- 掌握 PowerPoint 2013 不同视图的应用。
- 熟练掌握在幻灯片中插入表格、图表与 SmartArt 图形。
- 熟练掌握在幻灯片中插入图片、剪贴画、媒体剪辑。

任务描述

人生的舞台很多时候需要你展示自己的才华能力，让大家了解你；展示自己的观点看法，让大家认同你。使用 PPT 进行演示讲解是比较常见的方法。这一次你要参加的创业大赛给每一个参赛队伍 10 分钟时间，用来在评委面前展示自己的创业想法，你要怎样简明直观地进行演示讲解呢，整理好思路后开始设计一份 PPT 吧。

📖 知识要点

(1) 演示文稿的建立。演示文稿是指 PowerPoint 的文件，2013 版默认的扩展名是 ".pptx"。建立演示文稿的方法有很多种，一般是先确定存储的位置(文件夹)，并在该文件夹中右击鼠标，在快捷菜单的 "新建" 命令中选择 "Microsoft PowerPoint 演示文稿"。

(2) 演示文稿的保存。确定演示文稿的保存格式、名称和位置。

(3) 演示文稿的视图。为了方便演示文稿的编辑、查看、浏览，PowerPoint 2013 提供了不同的视图。

(4) 幻灯片的基本操作。幻灯片是演示文稿中的一页，在幻灯片编排的过程中进行新建、移动、复制、删除以及版式确定、分组等操作。

(5) 文本的编辑与排版。文本作为幻灯片设计中重要的元素，通常置于文本框中，文本的字体、段落排版，样式套用是幻灯片编辑的重要部分。

(6) 项目符号与编号。幻灯片默认版式中的文本内容区都设置了项目符号，可以通过 Tab 键来控制列表的级别。

(7) 在幻灯片中插入表格、图表、SmartArt 图形。

(8) 在幻灯片中插入图片、剪贴画、形状。

(9) 在幻灯片中插入声音、视频等元素，并控制其播放。

🖱 任务实施

步骤一：演示文稿的基本操作

1. PowerPoint 2013 的主界面

首先要启动 PowerPoint 2013，与 Word 的启动与退出操作类似，启动 PowerPoint 后即可看到 PowerPoint 2013 的工作界面，如图 5-1 所示。它的工作界面和上一版本的工作界面相比变化不大，使老用户使用起来更方便。

1) 选项卡和功能区

在系统默认的情况下，PowerPoint 2013 包含 "文件" "开始" "插入" "设计" "切换" "动画" "幻灯片放映" "审阅" 以及 "视图" 9 个选项卡，单击不同的选项卡标签可切换到相应的选项卡中。每个选项卡都对应着一个相应的功能区，而功能区又由许多组构成，每一个组中包含了许多功能相关的按钮，用户可以通过单击这些组中的按钮对演示文稿进行编辑操作。

2) "幻灯片" 窗格

"幻灯片" 窗格位于左侧，以缩略图的形式显示当前演示文稿中已经创建的幻灯片，在幻灯片窗格中可以完成幻灯片的移动、复制粘贴、删除等调整操作，但不能编辑幻灯片。

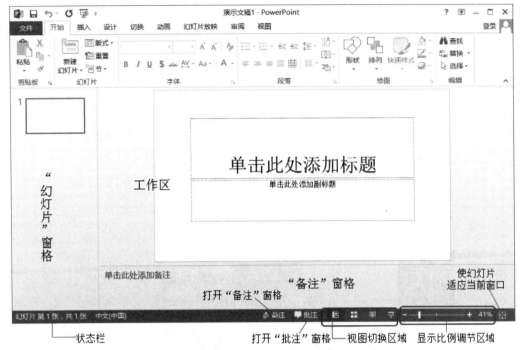

图 5-1　PowerPoint 2013 主界面

3) 工作区

工作区是 PowerPoint 主要的操作区域，主要用于幻灯片的编辑与显示。

4) "备注"窗格

"备注"窗格位于工作区的下方，用户可以从中输入关于幻灯片的各种注释及文字说明。通常添加的备注内容是给演讲者看的文字手稿。

"幻灯片"窗格、工作区和"备注"窗格之间的分界线可以通过拖动改变位置，从而改变三个区域的大小。

5) 状态栏

状态栏位于 PowerPoint 操作界面的最下方，用于显示演示文稿的相关信息。

6) "备注"按钮和"批注"按钮

在状态栏右侧单击"备注"按钮或"批注"按钮，可以打开或者关闭"备注"窗格和"批注"窗格，"批注"窗格是批阅者对演示文稿设计者提出设计修改意见的地方。

7) 视图按钮组

单击不同的视图按钮可以切换到相应的视图状态中，系统默认情况下显示的是"普通视图"状态。

8) 显示比例按钮

用于控制文档内容的显示比例。用户可以单击"缩放级别"按钮弹出"显示比例"对话框，然后在该对话框中精确地调整显示比例，当然也可以通过拖动其右侧的滑块来快速地进行显示比例的调整。

2. 演示文稿的基本操作

1) 演示文稿的创建

在使用 PowerPoint 2013 设计演示文稿时，最初的操作就是演示文稿的创建。切换到"文件"选项卡，选择"新建"命令按钮，可以看到如图 5-2 所示的"新建"窗格，用户可以在这里选择空白演示文稿或者一个主题模板完成创建工作。搜索栏帮助用户完成按类别的模板搜索。另外，和 Office 其他应用程序一样，按 Ctrl+N 组合键可以快速地创建空白演示文稿。

图 5-2　"新建"窗格可用的模板和主题

2) 保存演示文稿

演示文稿创建好之后，必须将其保存到磁盘文件中，这样才能把已经完成的设置保存下来。PowerPoint 2013 与 Office 2013 的其他应用程序的保存方法相同，最简单的方法是直接在快速访问工具栏中单击"保存"按钮，或按 Ctrl+S 组合键。如果是第一次保存，会弹出"另存为"窗格，设置文件的保存位置和文件名，再单击"保存"按钮即可。PowerPoint 2013 演示文稿文件的扩展名为".pptx"。如果保存时在"保存类型"下拉列表中选择".potx"，即可将现有文档保存为模板文件。

3) 关闭与打开演示文稿

演示文稿保存完毕后，可以通过以下方法进行文档的关闭操作：

(1) 单击窗口右上角的"关闭"按钮 。

(2) 双击标题栏左侧的图标 。

(3) 单击"文件"选项卡上的"关闭"命令按钮。

如果需要再次打开该演示文稿，最简单的方法是在保存文件的文件夹中双击该 PowerPoint 文件。当然，用户也可以单击"文件"选项卡上的"打开"命令按钮，在弹出的"打开"窗格中直接选择要打开的文件，或者通过保存路径找到要打开的文件，再单击"打开"按钮，完成已有文档的打开操作。

3. 演示文稿的视图

PowerPoint 2013 主要提供了普通视图、大纲视图、幻灯片浏览视图、备注页视图、阅读视图 5 种视图方式。各种视图方式的功能如下：

1) 普通视图

普通视图是 PowerPoint 2013 默认的视图，也是使用最多的视图，该视图主要有 3 个窗格，左侧窗格显示幻灯片的缩略列表或者大纲，右边的上半部分显示当前幻灯片的编辑状态，下半部分窗格显示幻灯片的备注。因而在普通视图下，可以同时观察到演示文稿中某张幻灯片的显示效果、大纲级别和备注内容，并且使整个幻灯片的输入和编辑工作都在一个视图中。

2) 大纲视图

和普通视图类似，只是左侧的幻灯片列表变成了演示文稿中的大纲文本。

3) 幻灯片浏览视图

在幻灯片浏览视图下，演示文稿中的幻灯片以缩略图的形式显示，如图 5-3 所示。这样可以方便观察和调整演示文稿的整体显示效果，也可以很方便地重新排列各张幻灯片，特别是在进行添加、删除、复制幻灯片操作时，在该视图下更加便捷。需要注意的是幻灯片浏览视图下不能编辑幻灯片中的具体内容。

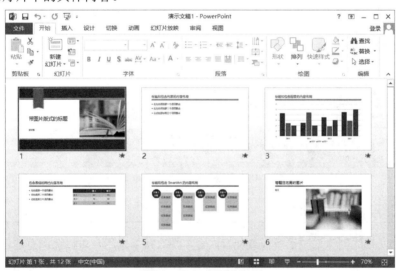

图 5-3　幻灯片浏览视图

4) 备注页视图

备注页视图用于对照幻灯片查看和编辑备注页内容，方便演讲者预览备注页的打印外观。备注页中的备注内容在幻灯片放映时是看不到的，只供演讲者打印，作为演讲前的准备。

5) 阅读视图

阅读视图类似于幻灯片的全屏放映，但保留了标题栏和状态栏，方便用户在预览设计好的演示文稿时，随时切换回普通视图进行修改编辑。

用户可以根据需要采用如下两种方法在不同的视图之间进行切换。

(1) 单击"视图"选项卡"演示文稿视图"组中的视图按钮。

(2) 单击窗口下方的"视图切换"按钮组中的视图按钮。

新建并保存演示文稿

- 打开 PowerPoint 2013，在"文件"选项卡下单击"新建"命令，在右侧展开的列表中选择一种"主题"样式，弹出如图 5-4 所示的配色方案选择列表，选择其中的一种配色，单击"创建"按钮完成新演示文稿的创建。
- 单击快速访问工具栏上的"保存"按钮，将演示文稿保存到"ppt\任务一"中，并命名为"创业大赛陈述稿.pptx"。

图 5-4 "主题"配色方案的选择

步骤二：幻灯片的基本操作

如果演示文稿的创建来源于模板或现有内容，那么接下来用户可以在原有的模板上进行幻灯片的修改，但如果演示文稿的创建来源于主题，或者就是空白演示文稿，那用户的编辑操作就要从头开始了。不论哪种情况都离不开幻灯片的新建、插入、删除、移动等基本操作。

1. 新建/插入幻灯片

在"开始"选项卡的"幻灯片"组中，单击"新建幻灯片"按钮，在弹出的列表中选择需要的幻灯片版式，这里选择"标题和内容"选项，如图 5-5 所示，这时会在当前幻灯片的后面插入一张新的幻灯片。

在左侧的幻灯片窗格中选择要插入幻灯片的位置之后，右击鼠标，在弹出的快捷菜单中选择"新建幻灯片"命令，也可以插入新幻灯片，但不能在插入前选择版式，只能在插入后再对版式进行调整。

图 5-5　新建幻灯片

2. 移动幻灯片

用户可以在普通视图方式和幻灯片浏览视图方式中进行移动幻灯片的操作。

在普通视图方式下，从左侧幻灯片窗格中单击要移动的幻灯片，如图 5-6 所示，选中了编号为 "13" 的幻灯片，按下鼠标左键进行拖动，至目标位置后放开鼠标，即可将幻灯片移动到指定位置。

在幻灯片浏览视图中移动幻灯片，首先将演示文稿切换到该视图下，选中要移动的幻灯片，按住鼠标左键进行拖动，至目标位置，如图 5-7 所示，释放鼠标左键，完成幻灯片的移动。

在需要大范围调整幻灯片位置的时候，应用幻灯片浏览视图将更方便。

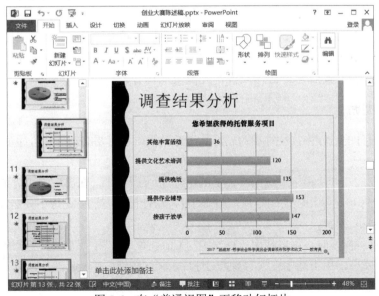

图 5-6　在 "普通视图" 下移动幻灯片

图 5-7 在"幻灯片浏览视图"下移动幻灯片

3. 复制幻灯片

在演示文稿的制作过程中，总有些幻灯片的版式内容相近，这时设计者往往不希望重新再设计一次雷同的幻灯片，而是选择以原有的幻灯片为基础进行复制修改。幻灯片的复制方法有很多。但首先都是要单击鼠标左键选中要复制的幻灯片。复制和粘贴可以通过下面几种方法完成：

(1) 使用"开始"选项卡"剪贴板"组中的"复制""粘贴"按钮。

(2) 在幻灯片上右击鼠标，使用快捷菜单中的"复制幻灯片"命令进行复制，在目标位置使用"粘贴选项"中"保留原格式"命令按钮进行粘贴。

(3) 在选中幻灯片的情况下，使用组合键 Ctrl+C 和组合键 Ctrl+V，这种方式最快捷。

(4) 在幻灯片浏览视图下，按住 Ctrl 键拖动鼠标，鼠标指针旁边出现小加号，将要复制的幻灯片拖动到目标位置后释放鼠标左键，完成复制操作。

4. 删除幻灯片

在幻灯片设计的过程中，往往要对幻灯片进行精简，不需要的幻灯片可通过如下方法进行删除。

在普通视图的幻灯片窗格中选中不需要的幻灯片，右击鼠标，在出现的快捷菜单中选择"删除幻灯片"命令即可删除相应的幻灯片。删除幻灯片最便捷的方法就是选中要删除的幻灯片后，按键盘上的 Delete 键。

在进行幻灯片操作时，可以使用鼠标左键与 Ctrl 键配合，用于选中不连续的多张幻灯片，或者与 Shift 键配合，用于选中连续的多张幻灯片，将这些幻灯片一起进行复制、移动、删除等操作。

5. 幻灯片分节

如果演示文稿中幻灯片的数量比较多，在编辑和浏览的过程中会出现困难，这时可以使用"开始"选项卡上的"节"命令根据幻灯片的内容进行分节，每节由内容相关的多张幻灯片构成，如图 5-8 所示，不需要编辑的节可以进行折叠,更有利于演示文稿内容的组织与编排。

6. 重设幻灯片版式

如果对新建幻灯片时选择的幻灯片的版式不满意，可以通过"开始"选项卡"幻灯片"组中的"版式"按钮重新设定幻灯片的版式。如果对编辑中的幻灯片的效果不满意还可以单击"重置"按钮，恢复该幻灯片新建时的默认状态。

图 5-8　幻灯片分节

步骤三：设置幻灯片中的文本和段落格式

文本是幻灯片重要的组成部分，与 Word 不同，在 PowerPoint 中文本必须在文本框中书写。文本框有时来源于创建幻灯片时的模板，模板中的文本框已经有了预定的文本格式，这些格式如果不符合用户的要求，也可以在此基础上进行调整。当然，用户也可以通过"插入"选项卡"文本"组中的"文本框"按钮进行横排或竖排文本框的插入，如图 5-9 所示，自己插入的文本框往往要进行格式的调整。

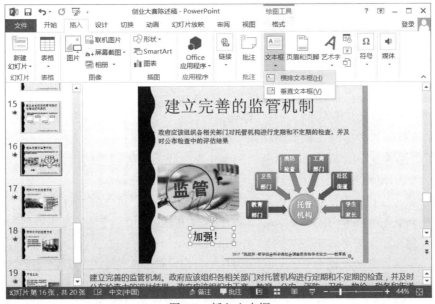

图 5-9　插入文本框

1. 文本框大小、方向、位置的调整

单击文本框，可以看到文本框四周显示的控制点和一个控制柄，将鼠标放在控制点上，鼠标会变为两端有方向的箭头，表示沿着该方向拖动调整控制点可以对文本框的大小进行调整，将鼠标放在控制柄上，鼠标会变为旋转的箭头，表示拖动控制柄，可以对文本框进行旋转。将

鼠标移动到文本框的边框线上，鼠标变为上下左右箭头的时候，拖动鼠标左键可以改变文本框的位置。

2. 在"开始"选项卡中调整"字体"与"段落"格式

单击文本框的边框选中文本框或者拖动鼠标左键选中文本框中的文字后，可以单击"开始"选项卡，利用"字体"和"段落"组中的按钮，如图5-10所示，对文本框中的文字进行字体和段落的排版，如果需要进一步设置，也可以单击组右下角的对话框启动器按钮，在弹出的对话框中进行详细的字体、段落设置，方法和 Word 中的相同，这里不再赘述。

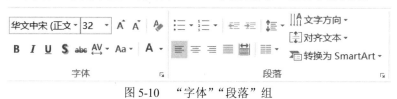

图 5-10　"字体""段落"组

如图 5-11 所示，为"绘图工具-格式"选项卡的"艺术字样式"组。利用该组的工具可以为文本框中的文字设置艺术字效果，比如分别改变文本的填充和轮廓，为文本增加阴影、映像、发光等特殊效果。可以使设计的文本更富于变化和感染力。

图 5-11　"绘图工具-格式"选项卡"艺术字样式"组

标题页幻灯片设计

- 切换到"创业大赛陈述稿.pptx"继续进行设计，第一页幻灯片是演示文稿的标题页，在该页有"主标题"和"副标题"两个文本框占位符。
- 在"主标题"文本框输入标题"关于小学生课后托管问题的调查研究"。
  - 演示文稿的主标题比较长，可以通过换行分成三段。
  - 第一行和第三行文字设置为"华文琥珀，48 号"，进入图5-11所示的"绘图工具-格式"选项卡"艺术字样式"组，设置文本轮廓为"白色"，文本填充为"金色 着色1"，文本效果为"阴影-外部阴影"。
  - 第二行文字设置为"华文琥珀，66 号"，设置文本轮廓为"金色 着色1 40%"，文本填充为"白色"或"黑色"，文本效果为"阴影-内部阴影 向右偏移"。
- 在"副标题"文本框中输入副标题"哲学社会科学类社会调查报告"。将文字设置为"华文中宋，20 号""居中对齐"，设置文本填充为"褐色 文字2"。
- 完成后的幻灯片如图 5-12 左图所示，按 Ctrl+S 组合键，保存演示文稿。

图 5-12 文字录入后的文稿

第二页幻灯片的设计

- 插入第二张幻灯片。打开"开始"选项卡的"新建幻灯片"命令列表,选择"两栏内容"版式。
- 在"单击此处添加标题"占位符中输入本页标题"背景"。
- 在两个"单击此处添加文本"占位符中输入研究背景的相关文字内容。
- 通过拖动文本框的边框,调整两栏内容的位置,以留出插入图片的空间。
- 完成后的幻灯片如图 5-12 右图所示,按 Ctrl+S 组合键,保存演示文稿。

步骤四:在幻灯片中综合运用多种对象

1. 表格对象的运用

1) 插入表格

单击"插入"选项卡"表格"组中的"表格"按钮,如图 5-13 所示,可以在幻灯片中的空白位置插入表格。插入表格的方法和 Word 中一样,可以通过鼠标拖动的方式选择最多 8 行 10 列的表格,也可以通过"插入表格"命令进入"插入表格"对话框,进行更多行列的设置,还可以手动绘制表格。使用该列表中的最后一个命令"Excel 电子表格"可将 Excel 中的工作表插入幻灯片中,并使幻灯片的编辑暂时进入 Excel 的编辑环境。

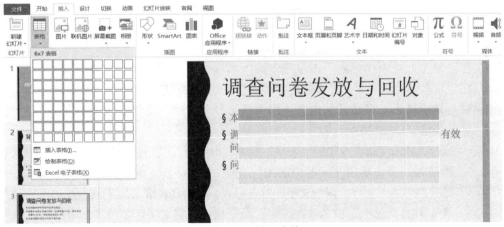

图 5-13 插入表格

2) 表格布局和样式的调整

在幻灯片中插入表格后，单击选中该表格，将显示"表格工具-设计"和"表格工具-布局"两个选项卡。如图 5-14 所示，在"表格工具-设计"选项卡中，可以通过"表格样式"组对表格的填充、边框以及阴影、凹凸等效果进行设置。如果配合"表格样式选项"组中的 6 个复选框就可以对表格中的标题行、镶边行、汇总行以及第一列、镶边列、最后一列有针对性地进行不同样式的设置，用于突显表格中不同部分的内容。通过"艺术字样式"组可以对表格中的文字样式进行设置。

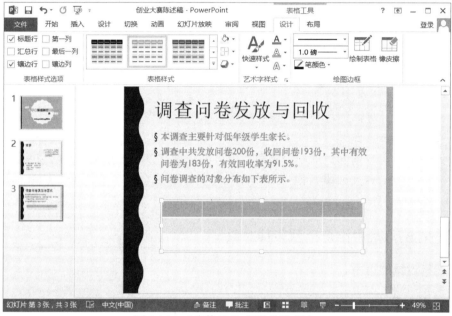

图 5-14　"表格工具-设计"选项卡

在"表格工具-布局"选项卡中可以对表格的构造进行调整，比如插入行或列，拆分或合并单元格，调整单元格中内容的对齐方式，调整表格的行间距、列间距等，其操作与 Word 2013 相同，这里就不进一步说明了。

在演示文稿中插入表格

- 切换到"创业大赛陈述稿.pptx"继续进行设计。
- 插入第三张幻灯片，版式选择"标题和内容"。
- 在"单击此处添加标题"占位符中输入本页标题"调查问卷发放与回收"。
- 在"单击此处添加文本"占位符中输入有关问卷调查的相关文字内容。注意为了展示得条理更清晰，将整段的文字利用项目符号分成点，这里分成了三点。
- 插入表格。
  - 执行"插入"选项卡中的"表格"命令，拖动插入"3 行、5 列"的表格。可以看到新插入的表格套用了主题中的配色方案。
  - 在表格中录入文字，调整文字的对齐方式。单击"表格工具-布局"选项卡"对齐方式"组的"水平"和"垂直居中"命令按钮，将文字居中对齐。调整标题字体。

- 调整表格样式。在原有主题样式的基础上，切换到"表格工具-设计"选项卡修改部分单元格的底纹色彩。
- 完成后的幻灯片如图 5-15 所示，按 Ctrl+S 组合键，保存演示文稿。

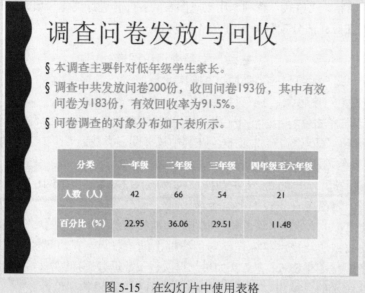

图 5-15　在幻灯片中使用表格

2. 图表对象的运用

1) 插入图表

在演示文稿的展示过程中，为了更形象地用数据说明问题，往往要进行图表的绘制，单击"插入"选项卡，选择"插图"组中的"图表"按钮可以在幻灯片中插入图表。首先要选择图表的类型，然后在弹出的 Excel 窗口中编辑数据，建立图表的数据表，如图 5-16 所示，图表会随着所编辑数据的变化而变化，数据编辑完成后可关闭 Excel 窗口。

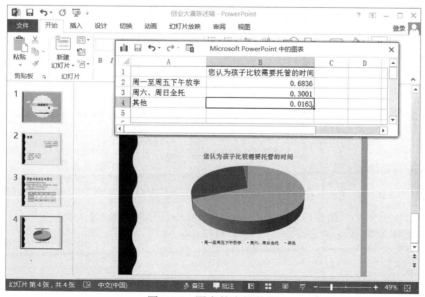

图 5-16　图表的支撑数据

2) 图表的编辑与调整

选中新建立的图表，可以看到"图表工具"选项卡组，其中有"设计""格式"两个选项卡，其中使用"设计"选项卡，可以在建立图表之后，对图表的类型、图表的支撑数据、图表的布局进行重新调整。"格式"选项卡用来对图表的各部分进行美化和填充。具体有关图表的设计，可以参见 Excel 部分项目 4 中任务 4 的内容。

在演示文稿中运用图表

- 新插入一张"标题和内容"版式的幻灯片。
- 在标题占位符中输入"调查结果分析"。
- 插入图表。单击内容占位符中的 📊 或者执行"插入"选项卡"插图"组中的"图表"命令，弹出"插入图表"对话框，在其中选择图表类型为"饼图"中的"三维饼图"。
- 录入图表数据源。
  - 插入图表后将出现图表支撑数据录入的 Excel 窗口，如图 5-16 所示，参照表格中的数据，修改完善图表的数据区域。
  - 注意 Excel 单元格区域的彩色框线，只有被彩色框线圈住的单元格区域才能成为图表的数据源。使用鼠标拖动彩色线框上的控制点，可以调整圈选的范围。
  - 调整完毕关闭 Excel 窗口。如果想再次进入数据源进行调整，右击图表，选择如图 5-17 所示的"编辑数据"|"在 Excel 2013 中编辑数据"命令。
- 调整图表布局，美化图表外观。
- 完成后的幻灯片如图 5-18 所示，按 Ctrl+S 组合键，保存演示文稿。

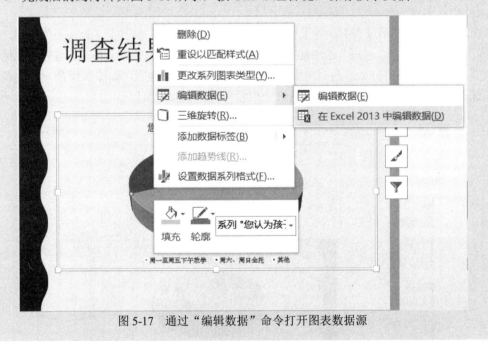

图 5-17　通过"编辑数据"命令打开图表数据源

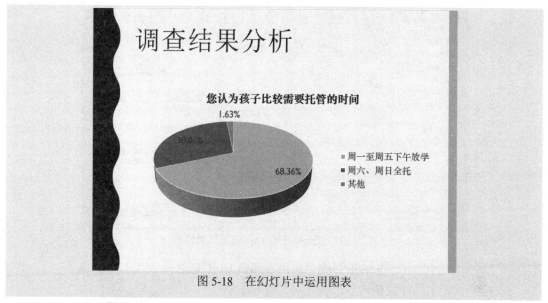

图 5-18　在幻灯片中运用图表

3. SmartArt 图形的运用

1）插入 SmartArt 图形

SmartArt 图形是信息和观点的视觉表示形式。用户可以从多种不同布局中进行选择来创建 SmartArt 图形，从而快速、轻松、有效地传达信息。特别是在演示文稿的设计过程中，需要简短有力、直观有效地说明问题时，经常使用 SmartArt 图形。PowerPoint 2013 中的 SmartArt 图形包括 8 种类型，分别介绍如下。

(1) 列表型：显示非有序信息或分组信息，主要用于强调信息的重要性。

(2) 流程型：表示任务流程的顺序或步骤。

(3) 循环型：表示阶段、任务或事件的连续序列，主要用于强调重复过程。

(4) 层次结构型：用于显示组织中的分层信息或上下级关系，广泛地应用于组织结构图。

(5) 关系型：用于表示两个或多个项目之间的关系，或者多个信息集合之间的关系。

(6) 矩阵型：用于以象限的方式显示部分与整体的关系。

(7) 棱锥图型：用于显示比例关系、互联关系或层次关系，最大的部分置于底部，向上渐窄。

(8) 图片型：主要应用于包含图片的信息列表。

在幻灯片中创建 SmartArt 图形，首先单击“插入”选项卡上的“插入 SmartArt 图形”按钮或者在幻灯片版式的“内容”占位符中单击“插入 SmartArt 图形”按钮，可以弹出“选择 SmartArt 图形”对话框；然后在该对话框中选择将要应用的 SmartArt 图形的类型，如图 5-19 所示，这里选择“流程”类别中的“交替流”，单击“确定”按钮。

在 SmartArt 图形上的文本输入位置中输入文字信息，如果生成的图形不满足需要，还可以在“SmartArt 工具-设计”选项卡中进行调整。每个 SmartArt 图形左侧的边框线上都有一个展开按钮 ⟨ ，单击该按钮，展开一个项目符号列表，在该列表中输入文本，调整列表的项目和列表项目的级别，右侧的 SmartArt 图形会跟随发生变化。使用多级列表调整 SmartArt 图形是一种比较方便的方法。

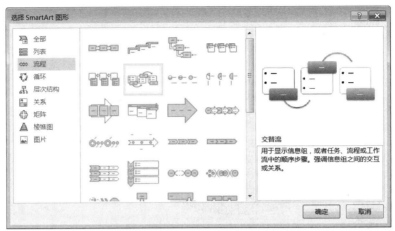

图 5-19 "选择 SmartArt 图形"对话框

在演示文稿中运用 SmartArt 图形之一

- 新插入一张"标题和内容"版式的幻灯片。
- 在标题占位符中输入"建议出台规范托管市场的法律法规和条例"。
- 在内容文本框中输入相应的"建议"文本内容。
- 插入 SmartArt 图形。执行"插入"选项卡"插图"组中的"SmartArt 图形"命令,插入如图 5-19 所示的"流程"组中的"交替流"图形。
- 在图形中"文本"占位符处输入文字。单击 SmartArt 图形左侧的展开按钮 ◁,可以看到如图 5-20 所示的项目符号列表,该列表有两个级别,多个列表项,删除多余的列表项,只保留四项最高级别的列表项。
- 注意,将光标置于列表项上,可以使用 Tab 键对列表项降级,使用 Shift+Tab 组合键对列表项升级。
- 使用"SmartArt 工具-设计"选项卡中的"更改颜色"命令对图形进行美化,完成后的幻灯片如图 5-21 左图所示,按 Ctrl+S 组合键保存演示文稿。

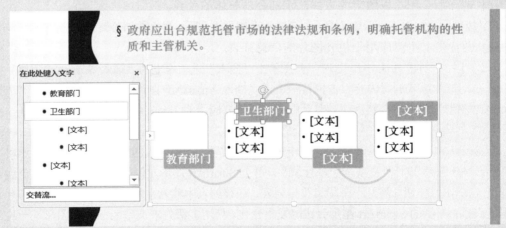

图 5-20 展开"SmartArt 图形"对应的多级列表

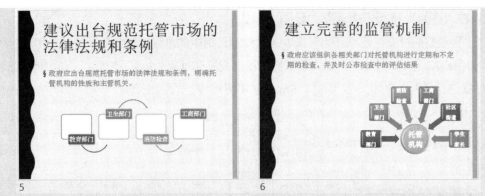

图 5-21　运用 SmartArt 图形的幻灯片

在演示文稿中运用 SmartArt 图形之二

- 新插入一张"标题和内容"版式的幻灯片。
- 在标题占位符中输入"建立完善的监管机制"。
- 在内容文本框中输入相应的"建议"文本内容。
- 插入 SmartArt 图形。执行"插入"选项卡"插图"组中的"SmartArt 图形"命令，插入"关系"组中的"聚合射线"图形。
- 在中间的圆形"文本"占位符处输入文字"托管机构"。
- 在方形的"文本"占位符中输入"教育部门""卫生部门"等 6 项。项目不够时，选择"SmartArt 工具-设计"选项卡"创建图形"组中的"添加形状"命令，可以在后面添加形状。直到形状数量够用为止。
- 在"SmartArt 工具-设计"选项卡中对图形进行颜色和样式的美化，完成后的幻灯片如图 5-21 右图所示，按 Ctrl+S 组合键保存演示文稿。

2) 将文本转换为 SmartArt 图形

在幻灯片中以"插入"的方式创建新 SmartArt 图形，在实际应用过程中并不方便，因为 SmartArt 图形样本中往往只给定 3 项内容的图形，这往往是不够的，因而先创建文字列表，再进行 SmartArt 图形转换更方便。首先，编辑项目列表，输入文字信息，然后将光标停留在文字信息所在的文本框内，执行"开始"选项卡"段落"组中的"转换为 SmartArt 图形"命令，在列表中选择适合的 SmartArt 图形类型，并进行效果的预览。

4. 插入图片、形状

为了丰富演示文稿的内容，在幻灯片中应用图形图像、剪贴画、音频、视频等媒体元素是必不可少的。下面将详细介绍如何在幻灯片中应用 PowerPoint 的这些功能。

1) 插入图片和形状

用户可以通过"插入"选项卡"图像"组中的相关命令按钮完成图片、屏幕截图、相册的插入，通过"插图"组的"形状"列表完成图形的插入，具体方法与 Word 2013 中相同，这里就不再赘述。

2) 在"开始"选项卡中调整"绘图"样式

选中要调整的对象，在"开始"选项卡"绘图"组中的"快速样式"下拉列表中选择一个样式，如图5-22所示，通过这个样式可以快速地改变所选对象的填充、轮廓以及其他显示效果，这些对象包括图片、形状、文本框、SmartaArt图形等。

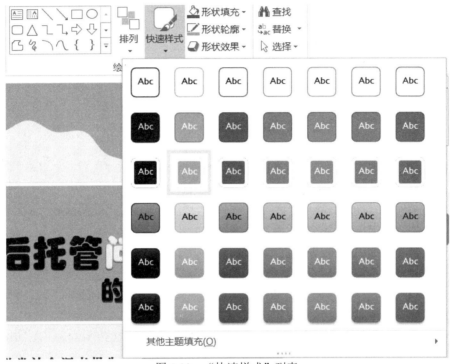

图 5-22   "快速样式"列表

如果"快速样式"中的效果不能满足设计需要，用户还可以通过"形状填充""形状轮廓""形状效果"三个下拉选项，对该三项内容进行新的设置。当然，如果用户对于(图片)形状格式分开编辑窗格不满意，还可以单击"绘图"组右下角的对话框启动器按钮，进入"设置(图片)形状格式"窗格进行统一的编辑调整。

3) 在"绘图工具-格式"选项卡中调整样式

选中任意文本框或形状对象，将出现"绘图工具-格式"选项卡，进入该选项卡，可以看到"形状样式"和"艺术字样式"组，其中"形状样式"组同"开始"选项卡中的"绘图"组拥有一样的选项。"艺术字样式"组可以对文本框中文字的样式进行调整。如图5-23所示，打开"艺术字样式"组的"快速样式"下拉列表，选择一个预设的文本样式，可以帮助用户快速实现文本样式的设置，如果对预设的样式不满意，用户同样可以从"文本填充""文本轮廓""文本效果"三方面进行文本样式的艺术化调整，当然也可以单击对话框启动器按钮，打开"设置形状格式"窗格，对文本效果进行更高级别的自定义调整。

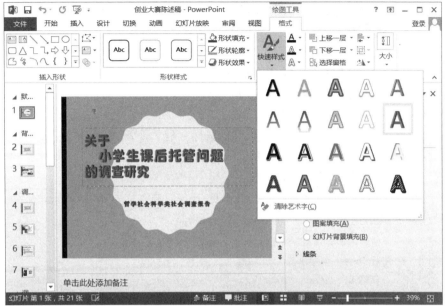

图 5-23　"艺术字样式"组的"快速样式"列表

在幻灯片中插入图片

- 切换到"创业大赛陈述稿.pptx"中的第二页幻灯片,完善设计,在其中插入图片使画面更丰满。
- 插入两张图片,单击"插入"选项卡"图像"组中的"图片"按钮,在"教程素材\ppt"文件夹中浏览图片并选择插入。
  - 调整图片的大小,将其拖动至合适的位置。
  - 通过"图片工具-格式"选项卡"图片样式"组的"图片效果"命令列表,为图片设置阴影效果。如图 5-24 所示为"设置图片格式"窗格中阴影效果的相关参数设置。

图 5-24　"设置图片格式"窗格

- 用同样的方法在其他幻灯片页中插入合适的图片。对部分图片套用样式，在"图片工具-格式"选项卡"图片样式"组的样式列表中进行图片样式的套用。
- 在第二页之前插入"空白"版式的新幻灯片，作为过渡页。当演讲的内容分成几个部分时，为了条理清晰，在每个部分间使用"过渡页"承上启下。
  · 在该幻灯片上插入形状。如图 5-25 所示，单击"插入"选项卡"形状"列表"线条"组中的"任意多边形"选项。
  · 在空白幻灯片页面上单击左键，移动鼠标，至下一个位置单击，最后首尾连接单击闭合。绘制两个叠合的四边形。
  · 对绘制的形状进行填充和装饰。
  · 插入文本框，拖动至叠合的四边形的上方，输入文本"背景"。
- 设计好的页面见本任务的"设计效果"部分。

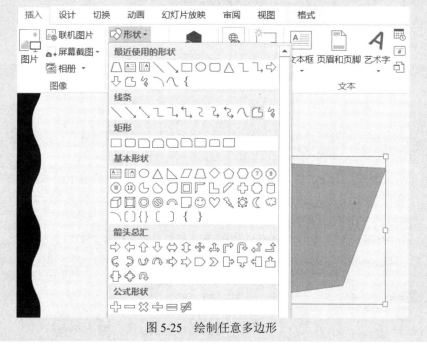

图 5-25　绘制任意多边形

5. 插入音频与视频

音频和视频也是演示文稿设计中不可缺少的元素，首先，在演示文稿中选中要插入视频或音频的幻灯片，对于视频来说，占用幻灯片的区域较大，往往需要插入一页新幻灯片。

1）插入音频

注意将事先准备好的音频转换成 PPT 认可的音频格式，比如 mp3、wav、wma、mid 等格式，然后再插入。音频插入后，在幻灯片页面上会出现喇叭图标。音频的设置也有"音频工具-格式"和"音频工具-播放"两个选项卡。"音频工具-格式"选项卡用来美化音频播放界面的外观。"音频工具-播放"选项卡用来控制音频的播放形式。比如，控制音频的裁剪，是否放映幻灯片的同时自动播放音频，音频是否跨页播放等。音频在作为背景音乐时，可以隐藏。

在幻灯片中插入音频

- 准备在"创业大赛陈述稿.pptx"首页幻灯片中插入背景音乐。
- 插入音频。单击"插入"选项卡"媒体"组中的"音频"命令按钮,在弹出的列表中选择"PC 上的音频"选项,在"ppt\任务一"文件夹中选择音频文件"夜的钢琴曲.MP3"后,单击"插入"按钮完成插入。
- 控制音频播放。如图 5-26 所示,在"音频工具-播放"选项卡的"音频选项"组中选中"跨幻灯片播放""循环播放,直到停止"和"播放时隐藏"复选框,设置开始方式为默认的"自动"。
- 按 Ctrl+S 组合键保存演示文稿。

图 5-26　调整"音频工具-播放"设置

2) 插入视频

一般情况下,要将自己录制或下载的视频存储到本地计算机,并转换为 PPT 认可的视频格式,比如 avi、mov、MP4、wmv 等格式。单击"插入"选项卡"媒体"组中的"视频"按钮,如图 5-27 所示,在展开的命令列表中选择"PC 上的视频"命令,打开"插入视频文件"对话框,经过文件夹浏览,找到要插入的视频文件,单击"插入"按钮,完成视频的插入。

图 5-27　"视频"命令列表

视频插入后,会出现"视频工具-格式"选项卡和"视频工具-播放"选项卡。"视频工具-格式"选项卡用来美化视频播放界面的外观。"视频工具-播放"选项卡用来控制视频的播放形式。比如,要在播放幻灯片页的同时播放视频,则可调整视频的开始方式为"自动";如需忽略视频原有的声音,则可调整视频音量为"静音"。如果只需要视频文件中的一部分,可以进行视频裁剪。

在幻灯片中插入视频

- 在"创业大赛陈述稿.pptx"的末尾插入"仅标题"版式的新幻灯片。
- 在标题占位符中输入标题"社区托管先行案例"。
- 插入视频。单击"插入"选项卡"媒体"组中的"视频"命令按钮,在展开的命令列表中选择"PC 上的视频"命令,在"ppt\任务一"文件夹中选择视频文件"社区托管新闻.avi"后,单击"插入"按钮完成插入。
- 调整视频窗口的大小,并将其拖动至合适的位置。
- 美化视频窗口外观。在"视频工具-格式"选项卡"视频样式"列表中选择视频样式"复杂框架",并在"视频边框"命令列表中调整边框颜色。
- 控制视频播放。如图 5-28 所示,在"视频工具-播放"选项卡的"视频选项"组中选中"全屏播放"复选框,设置开始方式为默认的"单击时"。按 Ctrl+S 组合键保存演示文稿。

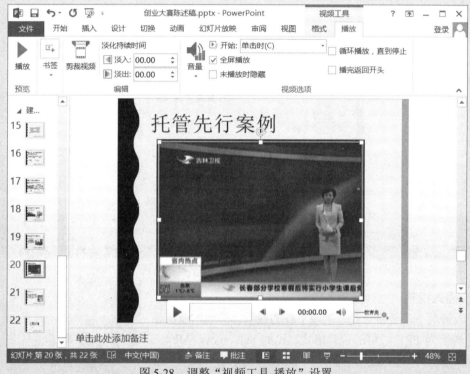

图 5-28　调整"视频工具-播放"设置

设计效果

本任务的设计效果如图 5-29 所示。

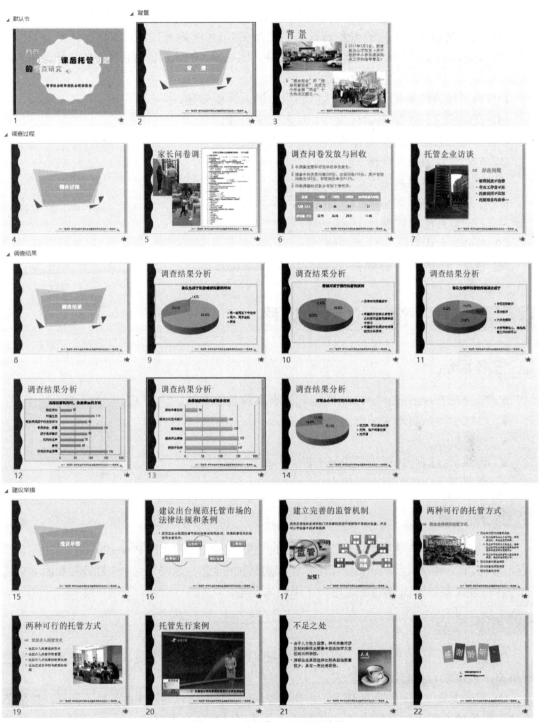

图 5-29 "任务一"设计效果

举一反三

上了大学之后，同学们有没有特别想念自己的家乡和亲人呢，校团委举办了一个"最美家乡"评选活动，请你设计一份展示家乡风貌的演示文稿，让别人也了解你最热爱的家乡。

(1) 创建演示文稿"我的家乡.pptx"，保存在"ppt/任务一"目录下。

(2) 构思演示文稿的内容，划分成几个部分，比如家乡的地理位置、家乡的风俗、家乡的美食等。

(3) 为了快速地美化幻灯片，可以利用主题或模板创建。

(4) 在演示文稿中插入幻灯片，并录入文字内容。

(5) 尽量综合运用多种对象来表达你的讲述内容。

① 在幻灯片中插入表格。

② 在幻灯片中插入图表。

③ 在幻灯片中插入 SmartArt 图形。

④ 在幻灯片中插入图片。

⑤ 在幻灯片中插入音频或视频。

(6) 注意结构页面：标题页、过渡页、结束页的设计。

任务 2　统一演示文稿的风格

💻 任务目标

- 掌握在 PowerPoint 2013 中为幻灯片更换背景的方法。
- 熟练掌握为演示文稿套用主题的方法。
- 理解母版的概念。
- 熟练掌握幻灯片母版的设计方法。
- 掌握演示文稿的页面设置方法。

🎬 任务描述

完成了创业大赛陈述稿的内容排版后，创业团队的成员觉得套用 PowerPoint 自带主题，没有创意，很容易和别人雷同。你能帮忙设计一款原创的全新主题吗？这个主题既要和演示文稿的内容符合又要适应比赛的正式场合，不能太花哨。

📖 知识要点

(1) 为幻灯片添加背景效果。幻灯片的背景可以使用纯色、渐变色、图片、图案、纹理进行填充，也可以直接套用背景样式。

(2) 演示文稿主题。前面的任务一中在创建演示文稿时可以通过主题创建，同样，如果在设计幻灯片的过程中发现原来的主题不适合，还可以重新套用主题。

(3) 幻灯片母版。幻灯片母版是存储有关应用的设计模板信息的幻灯片，包括字形、占位符大小和位置、背景设计和配色方案。在设计幻灯片时可通过在母版上放置各页幻灯片的公共元素来简化幻灯片的设计。

(4) 页面设置。根据投影屏幕的纵横比例，在设计幻灯片之前需要调整演示文稿的页面设置，包括幻灯片方向和大小的调整。

🖰 任务实施

步骤一：为演示文稿设计背景效果

1. 幻灯片的页面设置

在实际应用的过程中，因为放映幻灯片的投影屏幕纵横比例不同，所以在设计幻灯片之前需要调整演示文稿的页面设置，包括幻灯片的方向和幻灯片的大小调整。使用"设计"选项卡"自定义"组中的"幻灯片大小"命令按钮可以进行幻灯片页面设置的修改。单击"幻灯片大小"命令按钮，打开如图 5-30 所示的"幻灯片大小"对话框。

在"幻灯片大小"下拉列表中选择一种屏幕比例，通常"宽屏 16∶9"和"标准 4∶3"是比较常用的选项，PowerPoint 2013 默认的是"宽屏 16∶9"，这种比例给设计者发挥的空间比较大。

"宽度"和"高度"的具体数值可以方便地自定义幻灯片的页面大小，比如设置适合自己手机放映的演示文稿。

"方向"选项组。通过"纵向"或"横向"的选择可以调整幻灯片或备注的方向。

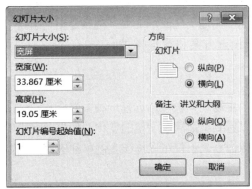

图 5-30　"幻灯片大小"对话框

2. 幻灯片背景填充

不但幻灯片中插入的图形、图表、表格等元素可以进行填充效果的设定，每一页幻灯片都可以单独地进行背景的填充。单击"设计"选项卡"自定义"组中的"设置背景格式"命令，打开如图 5-31 所示的"设置背景格式"窗格，在这里完成背景的填充。可以使用纯色填充、渐变填充、图片或纹理填充以及图案填充。如果演示文稿已经应用了主题，而演示文稿中的某个特殊幻灯片页不想应用主题提供的背景，可以选择"隐藏背景图形"复选框，屏蔽原主题的背景，只使用"设置背景格式"窗格中新设置的背景。

图 5-31 "设置背景样式"窗格

步骤二：为演示文稿应用主题

通过应用主题可以快速全面地美化演示文稿。主题是指一组统一的设计元素，主要包括颜色方案、字体方案、效果设置方案和背景样式。

1. 自动套用主题

在"设计"选项卡的"主题"列表中，选择一种主题样式，然后在"变体"列表中选择一种该主题的变体样式，可以看到整篇演示文稿的变化。如果在选中的主题样式上右击鼠标，在弹出的快捷菜单中选择相应命令，不仅可以将该主题单独应用到当前幻灯片，还可以将该主题设置为默认的主题。

2. 自定义主题

如图 5-32 所示，在"设计"选项卡的"变体"组中展开"颜色"级联列表，选择主题颜色。如果右击"主题颜色"列表中的选项，可以弹出快捷菜单，从而可以决定将该主题颜色应用于整篇文档还是当前幻灯片。如果用户对自己的色彩搭配有足够的自信，也可以通过"颜色"级联列表的最下方"自定义颜色"命令完成主题颜色的自定义。

在"设计"选项卡的"变体"组中单击"字体"命令按钮，从弹出的列表中选择主题字体，可以将所选的主题字体应用于整篇演示文稿。单击列表下方的"自定义字体"命令，弹出"新建主题字体"对话框，在该对话框中可以自定义设置主题字体，包括西文的标题字体、正文字体，中文的标题字体、正文字体四个部分，对话框的右侧可以对设定的字体效果进行预览，新建好的主题字体经过命名保存将会显示在"字体"列表中，以备下次使用。

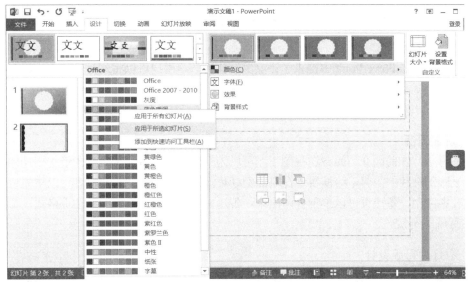

图 5-32　设置主题颜色

在"设计"选项卡的"变体"组中单击"效果"命令按钮，从弹出的列表中选择主题效果，可以将所选的主题效果应用于整篇演示文稿。主题效果是指应用于幻灯片中元素的视觉属性的集合，是一组线条和一组填充效果。当幻灯片中包含的对象为图形、图表、SmartArt 图形等时，通过使用主题效果库，可以快速更改幻灯片中这些对象的外观，使其看起来更加专业、美观。

在"设计"选项卡的"变体"组中单击"背景样式"命令按钮，从弹出的列表中选择主题背景样式，也可以打开"设置背景格式"窗格进行幻灯片背景的设置。

当用户自定义主题颜色、主题字体或主题效果后，若想将当前演示文稿中的主题用于其他文档，则可以将其另存为主题，方便日后使用。保存当前演示文稿主题的方法：直接从"主题"下拉列表中单击"保存当前主题"命令，即可弹出"保存当前主题"对话框，设置好保存名称即可进行保存。

步骤三：设计幻灯片母版

虽然用户可以进行主题字体、主题颜色、主题效果的自定义，但这对于主题的自定义来说还不够，为了使演示文稿具有统一的外观，就要考虑到每张幻灯片都要出现的文本或图形、文本的位置、项目编号的样式甚至动画效果等，这些预定格式的设置需要幻灯片母版来完成。

1. 母版的类型

在"视图"选项卡的"母版视图"组中可以看到母版的类型主要有三种，分别是幻灯片母版、讲义母版和备注母版。

1) 幻灯片母版

幻灯片母版是这三种母版中最常使用的母版，它存储了演示文稿中多张幻灯片的公共效果，这些效果包括文本和对象在幻灯片上的初始位置、文本和对象占位符的大小、文本样式、背景、颜色主题、效果和动画。在幻灯片母版中根据不同幻灯片版式的应用，一般包含多张母版页(至少两张），这些母版页可以保存成一个模板文件(.potx)，以备多次使用。

2) 讲义母版

讲义母版，在 PowerPoint 中提供了讲义的制作方式，用户可以将幻灯片的内容以多张幻灯片为一页的方式打印成听众文件，即讲义，直接发给听众使用。讲义模板用于控制讲义的格式，还可以在讲义母版的空白处加入图片、文字说明等内容。

3) 备注母版

备注母版，在前面介绍的备注视图下，可以为幻灯片书写备注，备注的最主要功能是进一步提示某张幻灯片的内容，给演讲者在对照幻灯片演讲时提供方便。演讲者可以事先将补充的内容放在备注中，备注页可以单独打印出来，备注母版就是预先设置的备注页格式，使打印出的备注有统一外观。

2. 幻灯片母版设计

如果说新建一个空白演示文稿，相当于在一个白纸本上开始设计，那么应用了主题后的空白演示文稿就相当于一个彩色的日记本。而幻灯片的母版设计就相当于用户自己设计一个彩色的日记本。设计这个日记本的过程可以参考已有的主题，在已有主题下修改，也可以从头到尾自行设计，给用户很大的空间去发挥自己的设计才能。

(1) 在原有主题的基础上设计母版。

幻灯片母版设计——修改主题

- 打开"任务一\创业大赛陈述稿.pptx"，然后选择"视图"选项卡"母版视图"组中的"幻灯片母版"命令，进入幻灯片母版视图。如图 5-33 所示。
- 幻灯片母版视图的左侧任务窗口列出了该母版视图下所有的母版版式页，最上面的一页是主要母版页，其他母版页面都继承了该页的内容。
- 单击左侧导航窗格中的"主要母版页"，对该母版页进行编辑。
  - 复制左侧的波浪形状，并将副本填充为该主题主体颜色"金色"，调整副本的宽度。
  - 在其标题占位符下方插入一个宽为"0.3 厘米"、长为"22 厘米"的细长矩形，并进行"褐色到金色"的渐变填充，渐变参数请在实例中自行查阅。
  - 在内容占位符中，设置第一级文本的项目符号为"§"，修改文本颜色为"褐色"。
  - 在"页脚"处插入文本框并输入"**大学 2017 创业大赛"，并调整字号"12"号。
- 单击左侧导航窗格中的"标题母版页"，对该母版页进行编辑。
  - 在其下方插入象征理想之路的"任意多边形"形状(使用 ⌐ 按钮绘制)。使用"绘图工具-格式"选项卡设置"形状轮廓"为"无轮廓"。进行"形状填充"，单击"形状填充"命令列表中的"取色器"命令，当鼠标变成"胶头滴管"形状时在处于"标题模板页"中央位置的"花盘"图案上单击，进行取色填充。使"花盘"和绘制的"任意多边形"两个形状完全融合，看不出接缝。
  - 在右上角插入表示梦想的"云朵形状"，并设置内部阴影效果。
- 设计好的母版视图如图 5-34 和图 5-35 所示。关闭母版视图，可以看到所有的幻灯片页都随着母版的变化发生了变化。

- 在"设计"选项卡的"主题"列表中，选择"保存当前主题"命令，将修改后的主题保存到"ppt\任务二"目录下，主题文件的扩展名为".thmx"。
- 使用该主题时，通过主题列表中的"浏览主题"命令将保存的主题"修改后的主题.thmx"调入，就可以利用其进行幻灯片的设计了。

图 5-33 幻灯片母版视图

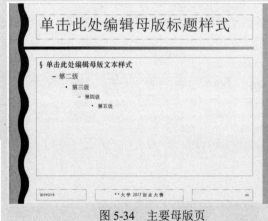
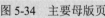

图 5-34 主要母版页

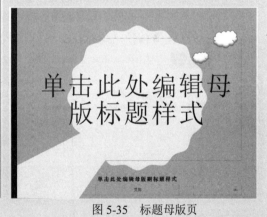

图 5-35 标题母版页

(2) DIY 幻灯片母版。

幻灯片母版设计——DIY

- 新建空白演示文稿文件，选择"视图"选项卡"母版视图"组中的"幻灯片母版"命令，进入幻灯片母版视图。
- 设计"主要母版页"。
  - 插入"教程素材\ppt\教室.jpg"图片，在"图片工具-格式"的"大小"组精确设置图片大小为符合幻灯片背景的大小(幻灯片尺寸：长为 25.4 厘米，高为 19.05 厘米)。使用"图片工具-格式""排列"组的"对齐"命令设置图片与母版页对齐。
  - 插入一个直角矩形，设置其大小与图片相同或稍稍大一些；在"绘图工具-格式"

选项卡中对该矩形进行透明度渐变填充，具体参数见实例，使透过该矩形能看到下面的教室图片。

- 将图片和矩形同时选中，右击鼠标，在弹出的快捷菜单中选择"组合"命令，组合为一个图形，设置其与母版页对齐。
- 继续插入一个长为 25.4 厘米，高为 2.35 厘米的矩形，并进行"橙色 着色 2"纯色填充。将其顶端靠左对齐。
- 设置"母版标题样式"为"微软雅黑 白色 30 号"。
- 在内容占位符中，设置第一级文本的项目符号为"§"，修改文本颜色为"橙色 着色 2 深色 25%"。
- 在"页脚"处插入文本框并输入"**大学 2017 创业大赛"，调整字号为"12"号。
- 设计"标题母版页"。
  - 如图 5-36 所示，在"幻灯片母版"选项卡上选择"隐藏背景图形"复选框，屏蔽掉主要母版带来的影响。
  - 复制主要母版页中刚创建的"教室和矩形"的组合图形到标题母版页上，并进行对齐。调整上层矩形的渐变填充参数。具体参数见实例。
  - 插入"标题"和"副标题"占位符的背景矩形。该矩形由两个大小相近的矩形叠加而成，下面矩形稍大，填充为"白色"，并设置阴影效果。上面矩形稍小，填充为"橙色 着色 2"。
  - 调整"标题"和"副标题"占位符的位置和大小，设置文本样式。
- 如图 5-37 和图 5-38 所示为 DIY 母版设计效果。单击"幻灯片母版"选项卡中的"关闭母版视图"按钮，退出幻灯片母版视图。

图 5-36 "隐藏背景图形"设置

图 5-37 DIY 主要母版页

图 5-38 DIY 标题母版页

设计效果

本任务的设计效果如图 5-39 和图 5-40 所示。

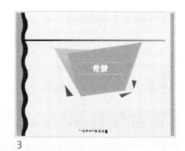

图 5-39　修改母版效果

图 5-40　自定义母版效果

举一反三

旅游专业的同学要参加一个导游讲解大赛，需要进行 10 分钟左右的 PPT 演讲，请你帮忙设计一款演示文稿主题，他准备介绍的景点是"赫图阿拉古城"，请你根据他给你的演示文稿初稿内容，设计一个古典气质的演示文稿母版。

(1) 素材收集。查找一些传统文化、建筑相关的装饰图片并做适当的处理。

(2) 新建演示文稿并切换到幻灯片母版视图。

(3) 设计幻灯片主要母版，其他母版视图继承自该视图。

(4) 设计幻灯片标题母版。在母版设计过程中运用图形、图片、艺术字等元素。

(5) 保存所设计的母版。

(6) 套用设计的母版。

任务 3　具有动态效果的演示文稿

任务目标

- 熟练掌握幻灯片切换效果的设置。
- 熟练掌握简单的自定义动画的设计方法。
- 掌握超链接和动作按钮的使用方法。

- 掌握幻灯片的放映方法。
- 了解演示文稿的打包方法。

📝 任务描述

任务一中的"创业大赛陈述稿"演示文稿设计完成后，指导老师觉得不够生动，演示起来也不够方便，请你为它添加切换和动画效果，并在适当的地方添加超链接和动作按钮，使其在播放过程中连贯、切换方便。

📖 知识要点

(1) 幻灯片的切换。幻灯片放映时，从一页切换至另一页的过渡效果，包括切换的触发、切换时出现的动画和声音，以及切换过程所持续的时间等设置。

(2) 自定义动画。手动为幻灯片中的对象进行动画的设置，如果说幻灯片是个舞台，幻灯片中的每个对象都是演员，那么作为设计者的你就是导演，你要安排你的"演员们"何时上场、如何互动、何时退场。

(3) 幻灯片的放映。播放展示幻灯片的方法及其控制播放的设置。包括设置放映幻灯片的范围、排演计时等。

(4) 超链接。PowerPoint 中的超链接是指从幻灯片中的一个对象到一个目标的链接关系，这个目标可以是另一个幻灯片页，也可以是一个电子邮件地址、一个文件。超链接可以帮助幻灯片之间、幻灯片和文件之间完成跳转。

(5) 动作按钮。以图形按钮的形式进行了一些超链接预设，帮助完成幻灯片之间、幻灯片和其他文件之间的跳转。

(6) 演示文稿的打包。将演示文稿及其链接的文件收集在一起存放，防止因某些文件的分散存放或丢失影响幻灯片的播放效果。

🖱 任务实施

步骤一：为幻灯片添加切换动画

幻灯片的切换动画又称幻灯片间动画，即翻页动画，是指幻灯片在放映过程中，更换幻灯片时的动画效果。幻灯片切换动画的设计在如图 5-41 所示的"切换"选项卡中完成。

图 5-41 "切换"选项卡

幻灯片切换动画的设计方法如下：

(1) 在幻灯片浏览视图或普通视图下，选定要应用切换效果的幻灯片。

(2) 单击"切换"选项卡的"切换到此幻灯片"组，在出现的幻灯片切换效果列表框中选择需要的切换效果，如图 5-41 所示，选择了"立方体"切换效果。在选择切换效果后，会实时启动该动画效果的预览，播放一次动画效果，这样将有助于选出满意的动画。

(3) 选择好一种切换效果后，可以设置"效果选项"，以改变切换效果的方向、形式等，比如"立方体"切换效果的选项根据翻转方向不同，设定了 4 种效果选项，如图 5-42 所示，分别为：自右侧、自底部、自左侧和自顶部。

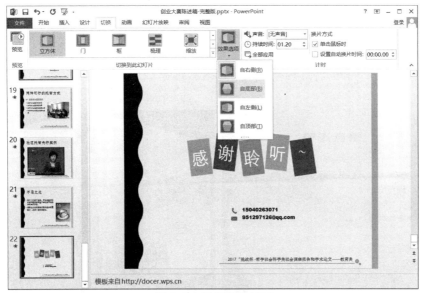

图 5-42　设置切换动画

(4) 如果想将某些比较特殊的幻灯片设置为另外的动画效果，可以选中要设置的幻灯片，按照同样的设置方式选择其他的动画样式即可。

(5) 选择完动画效果之后，还可以在"切换到此幻灯片"组中的"持续时间"数值框中设定切换的时间，该时间以"秒"为单位；在"声音"下拉列表中选择一种切换幻灯片时伴随的声音效果。例如，我们在文档的封面幻灯片中设置"鼓掌"声音效果，为导航页设置"风铃"声音效果，为过渡页幻灯片设置"箭头"声音效果。

(6) 在"换片方式"下有两种可供选择的复选框："单击鼠标时"表示讲解完某一张幻灯片时只有单击鼠标，才会切换到下一张幻灯片，如果不单击，则该幻灯片一直保留在屏幕中，不切换到下一张幻灯片。"设置自动换片时间"复选框表示在所设置的时间过后(时间单位为秒)，就会自动切换到下一张幻灯片。这里的两个复选框并不冲突，可同时设置，表示如果换片时间未到可单击鼠标手动切换。

(7) 设置完毕，单击"全部应用"按钮，则演示文稿中所有幻灯片之间的切换过渡都将用刚才所设定的效果。这样就一次性地设置了所有幻灯片的效果。

为幻灯片添加切换动画

- 打开"ppt\任务一"中的"创业大赛陈述稿.pptx"。
- 添加切换动画。选中任意一页幻灯片，在"切换"选项卡中进行如图 5-41 所示的设置。
- 切换效果：翻转。
- 切换声音：无声音。因为设置了演示文稿的背景音乐，为了避免互相干扰，不设置切换声音。

- 持续时间：1.2 秒。
- 换片方式：单击鼠标时。
- 单击"全部应用"命令按钮，在所有幻灯片页应用所设置的切换效果。
- 如图 5-42 所示，在幻灯片窗格按住 Ctrl 键，选择编号为"2、6、10…"相隔为 4 的幻灯片，调整效果选项为"自底部"。调整编号为"3、7、11…"幻灯片的效果选项为"自左侧"。调整编号为"4、8、12…"幻灯片的效果选项为"自顶部"。使幻灯片在切换的过程中有立方体翻滚的效果变化。
- 设置好切换动画的幻灯片播放效果如图 5-43 所示。

图 5-43　　"立方体"切换动画播放效果

步骤二：为幻灯片添加自定义动画

自定义动画也称幻灯片内动画，是指幻灯片内部各个对象的动画。关于自定义动画的设置可以在如图 5-44 所示的"动画"选项卡中完成。

图 5-44　　"动画"选项卡

1. 为对象添加动画效果

选择要添加动画效果的对象，单击"动画"选项卡的"动画"组，在动画效果列表中选择一种合适的动画效果，如图 5-45 所示，对象的动画效果包括"进入""强调""退出"和"动作路径"四个方面。关于这四个方面的说明如下：

(1) 进入：用于定义对象以何种方式出现。即定义对象进入屏幕时的动画效果。

(2) 强调：定义已出现在屏幕上的对象的动画效果，引起观众注意。

(3) 退出：定义已出现在屏幕上的对象如何消失。即对象退出屏幕时的动画效果。

(4) 动作路径：使对象沿着指定的路径运动。

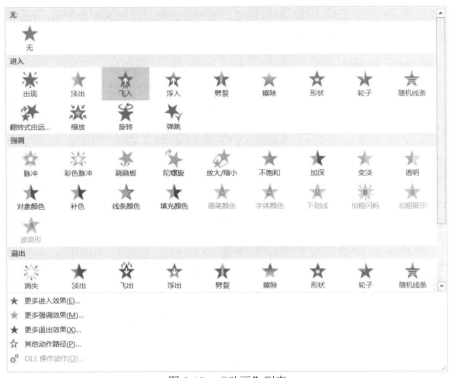

图 5-45　"动画"列表

单击该列表下方的"更多进入效果""更多强调效果""更多退出效果"或"其他动作路径"命令可查看更多的动画效果。当为对象设置好动画效果后，对象的左上方将显示一个数字，该数字是动画出现的先后顺序。

如果需要进一步控制动画的播放，用户可以在"动画"选项卡上对添加的动画进行相关的设置。如动画的开始方式、速度和变化方向等属性。

1）效果选项

动画的效果选项可以控制动画的方向、形状、序列等。为对象添加一种动画效果后，可立即设置该动画的效果选项，单击"动画"选项卡"动画"组中的"效果选项"命令按钮，在弹出的下拉列表中选择需要的效果选项即可。

2）设置动画何时开始播放

单击"动画"选项卡的"计时"组，在"开始"下拉列表中选择动画的开始方式，主要包括：

(1) 单击时：表示鼠标在幻灯片上单击时开始播放动画。

(2) 与上一动画同时：表示上一对象的动画效果开始播放的同时自动播放该对象的动画效果。

(3) 上一动画之后：表示上一对象的动画效果播放结束后自动播放该对象的动画效果。

3）设置动画的持续时间

动画的持续时间决定了动画的播放速度，每种动画都有它的默认播放速度。"持续时间"

后面的数值框显示的就是以秒为单位的时间值,增加该时间,动画速度会变慢;反之,动画速度会变快。

4) 设置动画延迟播放

对于给对象添加的动画,如果希望经过触发后不立即播放,则可以设置其延迟时间,令其推迟播放。用户可以在"动画"选项卡"计时"组"延迟"后面的数值框输入延迟的具体时间值,以秒为单位。

5) 动画窗格

"动画窗格"是当前幻灯片所设置的所有动画的列表。对于幻灯片页上动画比较多、应用动画的对象也比较多,情况比较复杂的情况下,"动画窗格"为调整动画关系提供了方便。用户可以在"动画"选项卡"高级动画"组中单击"动画窗格"命令按钮,打开动画窗格,如图5-46所示,在动画窗格上可以看到刚刚添加的动画。

图 5-46　动画窗格

6) 显示高级日程表

在"动画窗格"的动画列表上右击鼠标,在弹出的菜单中选择"显示高级日程表"命令,可以看到用淡绿色矩形条展示的"动画列表"中各项的开始时间、持续时间和终止时间,该时间值可以参照显示在"动画窗格"下方的时间轴来确定。

2. 为所有幻灯片页添加相同的动画

在幻灯片动画的设置过程中,可以通过在幻灯片母版上添加动画,使相同版式的幻灯片统一动起来,这种添加动画的方法既方便,又使演示文稿的整体风格统一。

为幻灯片母版添加动画

● 打开"ppt\任务一"中的"创业大赛陈述稿.pptx",单击"视图"选项卡"母版视图"

组中的"幻灯片母版"命令按钮，切换到幻灯片母版视图。
- 在左侧的窗格上选择"主要母版页"，并且选中该幻灯片的标题占位符文本框。
  - 如图 5-47 所示，切换到"动画"选项卡，在"动画"列表中选择"进入效果"中的"擦除"效果。
  - 更改该动画的"开始"方式为"上一动画之后"。
- 选中内容占位符文本框。
  - 在"动画"列表中选择"更多进入效果"命令，在弹出的"更改进入效果"对话框中选择"细微型"中的"展开"效果。
- 单击"关闭母版视图"按钮。回到幻灯片编辑状态，按 F5 键放映幻灯片，可以看到每页幻灯片都部分或全部继承了母版中设置的动画效果。

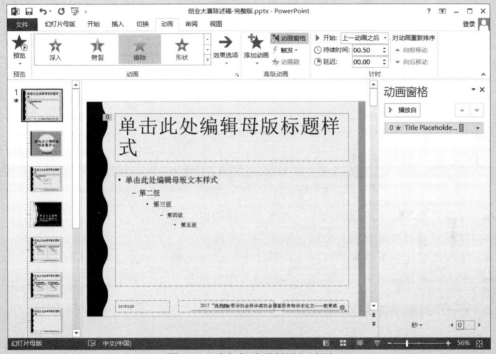

图 5-47　为幻灯片母版添加动画

为图片对象添加动作路径

- 选中第二页幻灯片中的三角形，将其依次拖动到幻灯片外部。
- 为"三角形"对象添加路径动画。
  - 选中该对象，在"动画"选项卡中单击"动画"列表，选择"动作路径"动画效果中的"直线"效果。
  - 可以看到"三角形"上出现了一条端点带箭头的直线路径，箭头绿色的一端表示动作的开始位置，红色的一端表示动作的终止位置。
  - 拖动红色的端点到动画播放后"三角形"在幻灯片中的终止位置。
  - 调整该动画的持续时间为"0.5"秒。

- 如图 5-48 所示，设置另外两个三角形的路径动画。

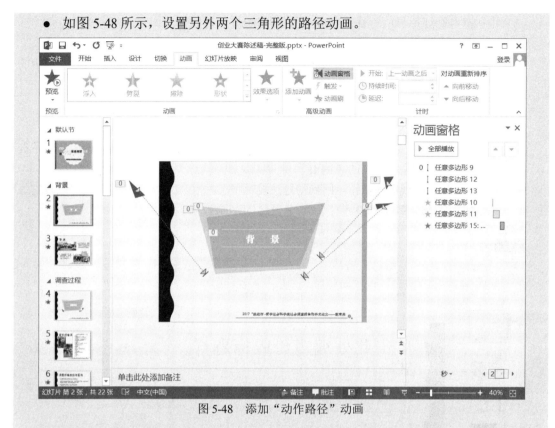

图 5-48　添加"动作路径"动画

- 设置两个多边形的强调动画，效果为"跷跷板"。
- 设置中间表格框的进入动画，效果为"展开"。
- 依次调整这五个动画的开始方式为"上一动画之后"，适当地加入延迟。
- 单击动画窗格上的"全部播放"按钮，观看预览效果，按照自己的想法进行调整。

3. 为一个对象添加多种动画效果

对于每一个对象都可以添加多种动画效果，比如对一个对象添加了"进入"动画、"强调"动画和"退出"动画，对于该对象来说，它以某种动作"进入"幻灯片，在幻灯片内完成了"强调"动作，然后"退出"幻灯片。对于设计者来说要安排好多个动画之间的衔接关系。

为图片对象添加多个动画

- 切换到演示文稿最后一页幻灯片，为"感谢聆听~"几个字所在的形状添加动画效果。
  - 圈选五个矩形形状，在"动画"选项卡中为它们添加进入动画。选择"弹跳"效果。"开始"方式为"与上一动画同时"，"持续时间"调整为"1.25"秒，如图 5-49 所示，分别调整"延时"在"0.25~1"秒之间，使弹跳效果错落有致。
  - 再次圈选五个矩形形状，在"动画"选项卡中为它们添加强调动画，因为是每个对象的第二个动画，因此一定要从"添加动画"列表中选择动画效果。选择"强调"效果中的"补色"。"开始"方式先统一为"与上一动画同时"，然后将第一个形状的开始方式改为"上一动画之后"，"持续时间"调整为"0.75"秒。

- 第三次圈选五个矩形形状，在"动画"选项卡"添加动画"列表中选择"退出"效果中的"飞出"。"开始"方式先统一为"与上一动画同时"，然后将第一个形状的开始方式改为"上一动画之后"，"持续时间"调整为"0.3"秒。分别调整五个矩形的"飞出"效果选项，使它们向不同方向快速飞出。

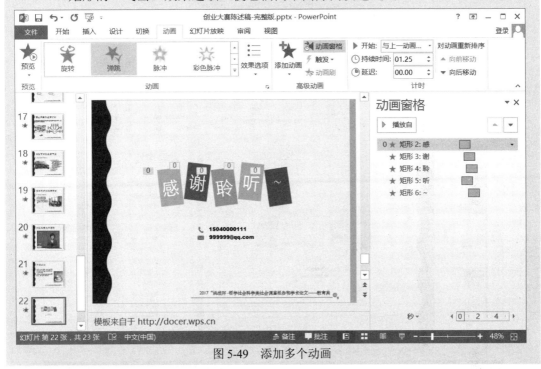

图 5-49　添加多个动画

4. 调整动画的播放顺序

为幻灯片上的各个对象添加动画效果后，默认添加动画的顺序即是播放动画的顺序，通过对象左上角的数字也可以看出动画播放的先后顺序。

调整动画的播放顺序：

方法一：单击对象左上角的数字，再单击"动画"选项卡"计时"组"向前移动"或"向后移动"命令按钮，每单击一次该动画排位向前或向后移动一位，不断单击，直到对象左上角的数字变到期望的数字为止。

方法二：单击"动画"选项卡"高级动画"组中的"动画窗格"按钮，在弹出的动画窗格中选中一个动画项，单击"播放自"右侧的"上移"按钮 或"下移"按钮 来调整动画顺序。

调整动画的播放顺序

- 仍然在最后一页幻灯片。将电话号码、邮件地址以及它们的图标共四个对象选中，右击鼠标，用"组合"命令将它们组合成一个对象。
- 选中该组合对象，在"动画"选项卡中为它添加进入动画。选择"缩放"效果。如图 5-50 所示，"开始"方式为"与上一动画同时"，"持续时间"调整为"0.5"秒，"延迟"为"0.25"秒。单击"播放自"后面的 向前调整该条动画的播放顺序。

- 从"添加动画"下拉列表中选择"动作路径"中的"直线"。拖动调整直线的方向为向上,将该组合对象向幻灯片中间移动。"开始"方式为"上一动画之后","持续时间"调整为"0.75"秒。
- 继续给该组合对象添加强调动画,选择"强调"效果中的"缩放"。"开始"方式为"上一动画之后","持续时间"调整为"2"秒。双击该动画,打开如图 5-51 所示的"放大/缩小"对话框。在"尺寸"中选择"200%"。
- 保存演示文稿,预览动画效果。

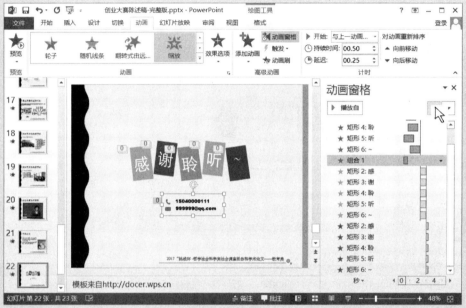

图 5-50   调整动画顺序

图 5-51   "放大/缩小"对话框

5. 删除动画效果

删除动画的方法是：单击对象左上角的数字，直接按下键盘上的 Delete 键，也可以在"动画窗格"中选中要删除的动画项，再按下键盘上的 Delete 键。

步骤三：为幻灯片添加超链接与动作按钮

PowerPoint 提供了功能强大的超链接功能，使用它可以在幻灯片与幻灯片之间、幻灯片与其他外界文件或程序之间以及幻灯片与网络之间自由地跳转。在 PowerPoint 中我们可以使用以下三种方法来创建超链接。

1. 利用快捷菜单中的"超链接"命令创建超链接

选中用于创建超链接的对象，右击鼠标，在弹出的快捷菜单中选择"超链接"命令，系统将弹出"插入超链接"对话框，并在其中设置超链接要跳转到的位置，单击"确定"按钮即可。如图 5-52 所示，超链接的位置包括：

(1) 现有文件或网页：链接到当前文件之外的文件或网站等，可以通过查找范围后面的"浏览网站"或"浏览文件"按钮进行链接文件的定位。

(2) 本文档中的位置：将当前演示文稿的幻灯片页作为链接目标进行定位。

(3) 新建文档：链接的同时创建链接目标文件，并确定该文件所创建的位置。

(4) 电子邮件地址：以电子邮件地址作为链接的目标，触发该链接后将打开带有收件人地址的电子邮件客户端。

2. 利用"插入"选项卡"链接"组中的"超链接"按钮创建超链接

选中用于创建超链接的对象，执行"插入"选项卡"链接"组中的"超链接"命令，同样弹出"插入超链接"对话框，在其中设置超链接要跳转到的位置，单击"确定"按钮即可。

3. 利用"插入"选项卡"链接"组中的"动作"按钮创建超链接

PowerPoint 还提供了一种单纯为实现各种跳转而设置的"动作"按钮，这些按钮也可以完成超链接的功能。对动作按钮应用超链接的方法如下：

(1) "插入"选项卡"插图"组的"形状"列表中的最后一组是"动作按钮"。选择一种动作按钮，在幻灯片恰当的地方绘制。

(2) 绘制好之后松开鼠标，则相应的动作按钮出现在所选的位置上，同时系统弹出"动作设置"对话框。

(3) 在对话框中有"单击鼠标"与"鼠标悬停"两个选项卡，默认打开"单击鼠标"选项卡，单击"超链接到"选项，打开超链接选项下拉菜单，根据实际情况进行选择，然后单击"确定"按钮即可。若要将超链接的范围扩大到其他演示文稿或 PowerPoint 以外的文件中，则只需要在选项中选择"其他 PowerPoint 演示文稿..."或"其他文件..."选项即可。

设置超级链接

- 切换到"创业大赛陈述稿.pptx"的标题页,在其后面插入一个版式为"标题和内容"版式的新幻灯片。
- 修改该幻灯片的标题为"内容要点",在内容占位符中单击插入"SmartArt 图形"按钮,插入"流程"类的"连续块状流程",并在文本占位符中输入文字内容"调查背景、调查过程、调查结果、建议举措"。
- 创建超级链接。
  - 选中该 SmartArt 图形的第一项,执行"插入"选项卡"链接"组中的"超链接"命令,弹出"插入超链接"对话框。
  - 如图 5-52 所示,设置超链接要跳转到的位置为"本文档中的位置",在列表中选择要跳转到的幻灯片,单击"确定"按钮完成设置。
  - 用同样的方法将其他三项进行设置。在 SmartArt 图形上进行选择时要注意,不是选择文字,也不是选择整个 SmartArt 图形,而是选择图形中的一个形状。

图 5-52 "插入超链接"对话框

设置动作按钮

- 单击"幻灯片母版"命令按钮进入"幻灯片母版视图",切换到"主要母版页",执行"插入"选项卡"插图"组中的"形状"命令,在展开的列表中的"动作按钮"类别中分别选择前四个图标。
- 在"主要母版页"的左下角绘制出四个按钮,并进行如图 5-53 所示的设置,在弹出的"操作设置"对话框中分别选择"上一张幻灯片""下一张幻灯片""第一张幻灯片"和"最后一张幻灯片"选项。
- 保存演示文稿,关闭"幻灯片母版"视图。
- 播放幻灯片,可以看到每页幻灯片都有了刚刚设置的动作按钮,单击动作按钮,可以按照预定的模式进行翻页。
- 不过 PowerPoint2013 版本中已经为每个创建的演示文稿默认都加入了一系列透明的动作按钮,这些动作按钮在放映时显示,设计者不用手动自行设置了。

图 5-53　动作按钮的绘制与设置

4. 取消超链接

在创建了超链接的对象上右击鼠标，弹出快捷菜单，可以看到一组有关超链接的命令，有"编辑超链接""打开超链接""复制超链接"和"取消超链接"。选择其中的"取消超链接"命令即可去掉该对象上原来添加的超链接。"编辑超链接"命令用来修改超链接的目标位置。

步骤四：演示文稿的放映

幻灯片设计好之后就可以进行演示文稿的放映了，在放映之前，可根据使用者的具体要求，设置演示文稿的放映方式，关于放映的设置在如图 5-54 所示的"幻灯片放映"选项卡中进行。

图 5-54　"幻灯片放映"选项卡

1. 设置放映方式

操作方法为：单击"幻灯片放映"选项卡"设置"组中的"设置幻灯片放映"按钮，打开"设置放映方式"对话框，如图 5-55 所示。

图 5-55 "设置放映方式"对话框

(1) 设置放映类型。包括演讲者放映(全屏幕)、观众自行浏览(窗口)、在展台浏览(全屏幕)三个可选项,其中默认为演讲者放映(全屏幕)方式。

(2) 指定放映范围。默认为"全部",即所有未被隐藏的幻灯片都参与播放。用户也可以选择其中的连续页进行播放,或者自定义播放哪些页。自定义的设置在"开始放映幻灯片"组的"自定义幻灯片放映"命令中进行。

(3) 设置放映选项。有 4 个复选框,可以决定在放映时是否禁用硬件图形加速、是否加动画或录制的旁白,还可以设定是否循环播放。

(4) 指定换片方式。"手动"表示采用单击鼠标或按空格键等人工方式进行幻灯片的切换;"如果存在排练时间,则使用它"表示按照预先设定好的时间自动换片。要预先设置幻灯片的自动换片时间,可以事先进行排练计时或直接在"切换"选项卡"计时"组中设置自动换片时间。

1) 排练计时

为了采用"在展台浏览(全屏幕)"放映模式,使演示文稿自动放映,应事先设置幻灯片的自动换片时间或使用排练计时。

进行排练计时的操作步骤如下:

(1) 单击"幻灯片放映"选项卡"设置"组中的"排练计时"按钮,进入放映模式,并弹出"录制"工具栏,可以看到上面的计时信息。

(2) 单击鼠标或按键盘上的空格键等,控制对象动画播放进度及幻灯片的切换。

(3) 当用户控制所有幻灯片播放完毕后,系统会自动弹出一个对话框,提示播放演示文稿所需的总时间,用户可以根据情况选择"是"或者"否"按钮。

2) 幻灯片的放映方法

单击窗口右下角的"幻灯片放映"按钮可从当前幻灯片开始放映。

单击"幻灯片放映"选项卡"开始放映幻灯片"组中 4 种放映方式的一种。

按 Shift+F5 组合键:从当前幻灯片开始播放。

按 F5 键:从第 1 张幻灯片开始播放。

3) 控制放映

在系统默认的放映方式下，即 "演讲者放映(全屏幕)" 放映方式下，除了可以使用滚轮向上、向下滚动鼠标外，放映控制方法如下：

(1) 到下一个画面：单击鼠标左键、空格键、回车键、N 键、PgDn 键、↓ 键或→键。

(2) 到上一个画面：P 键、PgUp 键、↑ 键或←键。

(3) 取消放映：Esc 键。

5. 演示文稿的打包

打包指的是将一个或多个演示文稿，包括它们所链接的音频、视频和其他文件等组合在一起，形成一个文件夹，放置在磁盘上。具体操作方法如下：

单击 "文件" 选项卡，选择 "导出" 命令，在 "导出" 界面上单击 "将演示文稿打包成 CD" 命令，并在右侧单击 "打包成 CD" 按钮，弹出 "打包成 CD" 对话框。

(1) "添加" 按钮：单击该按钮可添加其他一同打包的 PowerPoint 演示文稿或 Word 文档、文本文件等。

(2) "删除" 按钮：单击该按钮可将 "要复制的文件" 列表框中选中的文件删除。

(3) "选项" 按钮：单击该按钮打开 "选项" 对话框。在该对话框中可以指定打包时是否包含 "链接的文件" 和 "嵌入的 TrueType" 字体。链接的文件主要包括以链接方式插入演示文稿中的音频文件、视频文件、Microsoft Office Excel 工作表、Microsoft Office Excel 图表、Microsoft Office Word 文档等，以及某些超链接的目标文件。值得注意的是，选中 "链接的文件" 后，链接文件是不会显示在 "要复制的文件" 列表框中的。

设计效果

本任务的设计效果如图 5-56 和图 5-57 所示。

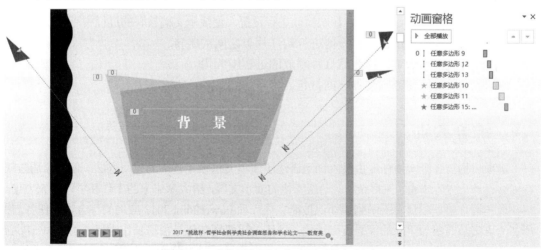

图 5-56　"背景" 页定义动画后的幻灯片

图 5-57 "感谢"页定义动画后的幻灯片

举一反三

前面为了参加"最美家乡"评选活动而准备的"我的家乡.pptx"演示文稿的素材已经准备好了，幻灯片也编辑得差不多了，文件存放在"ppt\任务一"下，请你根据所学的内容为其加入切换动画和自定义动画。

(1) 自行设计或者选用一套主题。

(2) 字体、字号要统一，对同一级别的标题或内容文字要设置统一的风格。

(3) 素材的分辨率和大小调整，对于插入的图片不能随便修改其纵横比。给幻灯片设置切换动画。

(4) 给幻灯片页中的图片加自定义动画，注意调整其播放次序、开始方式、持续时间和延迟时间。

(5) 给幻灯片配音频，并对音频的播放进行设置，使演示文稿放映的过程中有背景音乐。

(6) 给幻灯片加动作按钮，方便进行幻灯片页之间的跳转。

(7) 设定其排练计时，并在幻灯片播放的过程中应用。

(8) 将演示文稿和音频文件一同打包。

综合实训

本项目通过 3 个实训任务由浅入深地讲述了演示文稿设计软件的应用方法，使大家通过演练能够设计出内容丰富、风格统一、动感变化的演示文稿，给大家未来的工作和学习带来方便。

现在请你根据项目中所学到的知识技能完成一项 PowerPoint 2013 应用的综合训练任务。你所在的班集体要参加学院的优秀班级评比，评比的重要环节就是由班长作为代表用 PowerPoint 进行班级取得的成绩和集体精神风貌的展示。作为班级活跃的一分子，请你帮助班长完成这份重要的演示文稿设计。

(1) 收集班级的图片资料素材，整理相关的成果资料。

(2) 设计突出班级个性风格的幻灯片母版。

(3) 根据评比给定的时间限制，规划幻灯片的内容。

(4) 设计幻灯片页。运用图形、图片、音频、视频等多种元素充分展示班级风貌。

(5) 设定幻灯片切换动画。

(6) 有针对性地设置自定义动画。

(7) 与演讲者一同进行排练计时，规划幻灯片的播放。

(8) 给演示文稿打包，并复制到其他计算机进行播放测试。

项目6

Photoshop CC图像处理软件的应用

Photoshop 是 Adobe 公司开发的图像处理软件，主要进行位图的处理。应用领域涉及平面设计、广告摄影、网页设计、后期修饰、界面设计等。Photoshop 具有十分广泛的用户群，已风靡全球。自 1990 年推出 Photoshop 1.0 版本以来，已推出十多个版本，后续版本较前一版本均有功能扩充。2013 年 7 月 Adobe 推出 Photoshop CC(Creative Cloud)，本章主要涉及该版本。

教学目标

- 了解图像处理基础知识。
- 了解 Photoshop CC 的工作界面。
- 掌握图层混合模式、图层样式的简单应用。
- 掌握图层蒙版、文字的简单应用。
- 掌握调整图层的简单应用。
- 掌握修饰图像的简单方法。
- 掌握路径、滤镜的简单应用。
- 了解通道的含义及其简单应用。

项目实施

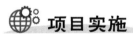 任务1 制作简单的名片

任务目标

- 了解图像处理基础知识。
- 了解 Photoshop CC 的工作界面。
- 掌握 Photoshop CC 文件的新建、存储等基本操作。

- 掌握 Photoshop CC 图层的相关操作。
- 掌握 Photoshop CC 选区的相关操作。
- 掌握 Photoshop CC 文字工具的简单使用。

☞ 任务描述

大学生活中有一些兼职的机会，假定最近你应聘到某公司做技术兼职。领导让你自己设计名片，请你用 Photoshop CC 制作完成。

📖 知识要点

(1) 图像处理基础知识。包括位图、矢量图、RGB 颜色模式和图像格式等。

(2) 图像文件的创建。在 Photoshop CC 工作界面的"文件"菜单中选择"新建"命令。文件的宽度、高度、分辨率和颜色模式等的确定。

(3) 图像文件的存储。文件格式、名称和位置的确定。

(4) 图层的相关操作。图层的创建、复制、隐藏、删除、移动和变换等。

(5) 选区的相关操作。选区的创建、羽化、变换、运算和取消等。

(6) 文字工具的使用。文字字体、大小和颜色等参数的设定，文字图层的应用。

🖱 任务实施

步骤一：图像处理基础知识

1. 位图与矢量图

位图由像素构成，数码相机输出的照片就是典型的位图。当我们把位图放大到一定程度就出现一个个小方块，这些方块就是像素，如图 6-1 所示。所以位图是不可以无限放大的，放大后的显示和打印效果都不理想，会出现模糊和锯齿。Adobe Photoshop 主要处理位图。

矢量图与位图不同，是使用图形元素(点、线、矩形、多边形、圆和弧线等)来描述图形的，是根据计算生成的图。可以无限放大，而且不会模糊或出现锯齿。Adobe Illustrator 主要处理矢量图。

2. RGB 颜色模式

颜色模式是将某种颜色表现为数字形式的模型，或者说是一种记录图像颜色的方式。Photoshop 中最常用的颜色模式是 RGB 颜色模式。

RGB 颜色模式中 R 代表 Red(红色)，G 代表 Green(绿色)，B 代表 Blue(蓝色)。这三种颜色被称为光的三原色，RGB 颜色模式中的其他颜色均由这三种色光混合产生。每种颜色被分成 256 个亮度级别，在计算机中用 0 至 255 表示。那么 RGB 颜色模式可以表示的颜色一共有 256^3 种。在图 6-2 所示的 RGB 颜色模式中，颜色与其 RGB 值的对应关系见表 6-1 所示。

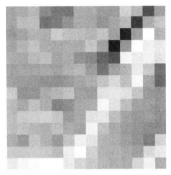

图 6-1　位图放大见"像素"

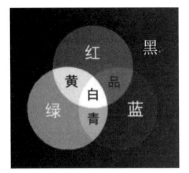

图 6-2　RGB 颜色模式

表 6-1　颜色对应 RGB 值

颜色	RGB 值	颜色	RGB 值
红	(255, 0, 0)	青	(0, 255, 255)
绿	(0, 255, 0)	品	(255, 0, 255)
蓝	(0, 0, 255)	白	(255, 255, 255)
黄	(255, 255, 0)	黑	(0, 0, 0)

3. 位图的分辨率

分辨率是表示影像清晰度的概念。分辨率越高影像的清晰度越高。位图由像素构成，它的分辨率是指构成图像的像素密度。分辨率越高图像越细腻，反之越粗糙。Photoshop 中图像的分辨率通常用"像素/英寸"或"像素/厘米"表示。

4. 位图文件的格式

图像文件的格式是指计算机存储图像数据的一种格式。位图文件的像素按不同的方式组织和存储在文件中，得到不同格式的位图文件。常见的位图文件格式如下。

1) BMP 格式

全称 Bitmap，是 Windows 操作系统中的标准格式。图像的深度可选，分为 1 位、4 位、8 位和 24 位位图。由于没有压缩，所以图像一般存储空间较大，但显示速度快。几乎所有 Windows 操作系统下的图像处理软件均支持该格式。BMP 格式文件的扩展名为.bmp。

2) RAW 格式

也被称为"电子底片"，是没有经过压缩的原始图像数据。单反数码相机中可以设置该格式。由于是没有压缩的、由相机感光元件生成的原始图像信息，所以占用存储空间非常大，处理速度也较慢。来自不同数码相机的 RAW 格式文件的扩展名各不相同，如 Nikon 中 RAW 格式文件的扩展名为.nef。

3) JPEG 格式

一种常见的压缩图像格式。图像一旦存储为 JPEG 格式即意味着有信息的损失。这种损失比较细微，但专业人士还是可以察觉。比如图像的颜色失真、细节失真等。该格式的优点是节省图像的存储空间，可以按照不同的需求灵活地采用不同的压缩比，尽量将图像的损失控制在允许范围内。JPEG 格式文件的扩展名为.jpg。

4) PSD 格式

Photoshop 自带的文件格式。可以实现对图像的分层存储，并保留图像中的路径、通道、蒙版和参考线等信息，便于后续对图像的编辑修改。由于保留的信息较多，文件占用的存储空间也较大。但是在文件还没有定稿前使用这种图像格式是很好的选择。PSD 格式文件的扩展名为.psd。

步骤二：初识 Photoshop CC

1. Photoshop CC 的启动与退出

1) 启动 Photoshop CC

启动 Photoshop CC 的方法有很多种，常用的启动方法主要有以下三种。

(1) 菜单方式。单击"开始"按钮下的"所有程序"展开程序列表，选中 Adobe Photoshop CC 命令，即可启动 Photoshop CC。

(2) 快捷方式。双击建立在 Windows 桌面上的 Photoshop CC 快捷方式图标或快速启动栏中的图标，即可快速启动 Photoshop CC。

(3) 双击任意已经创建好的 Photoshop CC 文件，在打开该文件的同时，启动 Photoshop CC 应用程序。

2) 退出 Photoshop CC

常用的退出 Photoshop CC 的方法有以下三种。

(1) 单击 Photoshop CC 窗口右上角的"关闭"按钮。

(2) 选择"文件"列表中的"退出"命令。

(3) 双击 Photoshop CC 窗口左上角的图标或单击该图标，选择"关闭"命令。

2. 认识 Photoshop CC 的工作界面

Photoshop CC 工作界面主要由菜单栏、工具选项栏、工具箱、工作区和各种面板等组成，如图 6-3 所示。

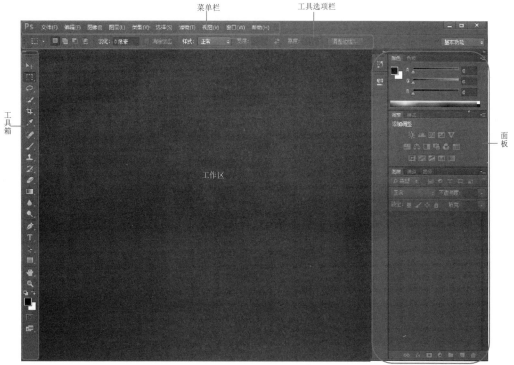

图 6-3　Photoshop CC 工作界面

1) 菜单栏

菜单栏包括了可以执行的各类命令，单击菜单栏中的某命令可打开下一级命令列表(也叫下一级子菜单)。

2) 工具选项栏

选择某工具后，在工具选项栏中可以设置该工具的各种参数。

3) 工具箱

工具箱包含了 Photoshop CC 中用来绘制和编辑图像的工具。将鼠标停留在工具箱中某工具的图标上，会出现该工具的名称和对应快捷键。在图标上单击右键会出现该工具包含的所有同类工具。双击工具箱最上方的双箭头可以分两排显示工具箱。各个工具如图 6-4 所示。

4) 面板

Photoshop CC 提供了多种面板，包含导航器、颜色、调整、图层、路径和通道等。常用面板的信息会出现在这个区域，在面板中可以进行相关参数和属性的设置和修改。

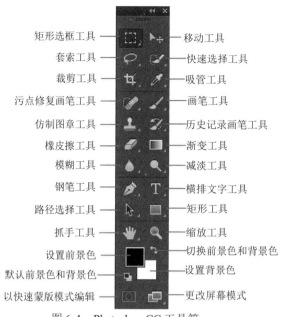

矩形选框工具 —— 移动工具
套索工具 —— 快速选择工具
裁剪工具 —— 吸管工具
污点修复画笔工具 —— 画笔工具
仿制图章工具 —— 历史记录画笔工具
橡皮擦工具 —— 渐变工具
模糊工具 —— 减淡工具
钢笔工具 —— 横排文字工具
路径选择工具 —— 矩形工具
抓手工具 —— 缩放工具
设置前景色 —— 切换前景色和背景色
默认前景色和背景色 —— 设置背景色
以快速蒙版模式编辑 —— 更改屏幕模式

图 6-4　Photoshop CC 工具箱

步骤三：创建名片文件

1. 新建图像文件

1) 创建新的图像文件

启动 Photoshop CC 后，选择"文件"菜单中的"新建"命令，或按 Ctrl+N 组合键，出现如图 6-5 所示的"新建"对话框，按需求对各参数进行设定。

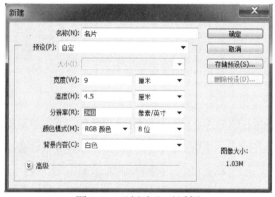

图 6-5　"新建"对话框

2) 打开已有图像文件

当用户需要对已经存在的图像文件进行编辑、修改等操作时，必须先打开该文件。选择"文件"菜单中的"打开"命令，或按 Ctrl+O 组合键，打开"打开"对话框。为了快速找到目标文件，可以在"打开"对话框的"文件类型"列表中选择目标文件的格式。

2. 图像文件的存储

新建的图像文件或正在处理的图像文件只是暂时存放在计算机的内存中，若未存储就关闭 Photoshop CC 程序，所处理的内容就会丢失，所以必须将文件存储到磁盘上，才能达到永久保存的目的。在 Photoshop CC 中，有多种存储文件的方法，这些方法分别如下：

1) 存储新文件

首次存储文件时，必须指定文件名称和文件存放的位置(磁盘和文件夹)以及文件的类型。具体的操作方法是选择"文件"菜单中的"存储为"命令，或按 Shift+Ctrl+S 组合键，打开"另存为"对话框，如图 6-6 所示。选择存储位置和保存类型。默认保存类型为"Photoshop (*.PSD;*.PDD)"，扩展名为.psd。文件名"."之前的部分为创建文件时设定的名称，也可根据个性需求修改。

图 6-6　"另存为"对话框

2) 存储已有文件

新建文件经过一次存储，或以前存储的文件重新修改后，可直接选择"文件"菜单中的"存储"命令或按 Ctrl+S 组合键，存储修改后的文件。

3) 另存文件

如果要将文件存储为其他名称，或其他格式，或存储到其他文件夹中，均可通过"存储为"命令实现。选择"文件"菜单中的"存储为"命令，按初次存储的方法重新进行设置。

创建名片文件
- 单击桌面上的 Photoshop CC 图标，打开 Photoshop CC 应用程序。
- 选择"文件"菜单中的"新建"命令，打开如图 6-5 所示的"新建"对话框，进行参数设置，即可新建一个名称为"名片"的图像文件。
- 选择"文件"菜单中的"存储为"命令，打开如图 6-6 所示的"另存为"对话框，文件名默认为"名片.psd"，将文件存储到磁盘"Photoshop 练习"文件夹下。

步骤四：名片总体设计

1. 图层

在 Photoshop CC 中，图层就像是一层透明的硫酸纸，把不同的设计元素分别放在不同的图层中，叠放在一起，就是最终显示效果。如果要修改某一元素，只涉及它所在的图层，而不影响其他图层。图像文件新建后默认有一个背景层，在文件中每加入一个新元素，都可以把它放在新的图层中。Photoshop 中的许多应用，如图层样式、图层混合模式、图层蒙版和滤镜等都是在图层上进行的。图层的像素显示在工作区，添加透明图层工作区没有明显变化；图层的具体设置在图层面板中进行，如图 6-7 所示。

图 6-7　图层面板

1) 创建新图层

新创建的文件，默认只有一个背景层。它的颜色是在创建文件时设定的。创建新图层有多种方式。可以通过单击图层面板中的"创建新图层"按钮实现。默认创建的图层是透明的，在图层面板中用棋盘格表示。

2) 图层的显示与隐藏

在图层面板中，图层前面的眼睛图标可以用来控制图层的显示或隐藏。默认图层处于显示状态，单击眼睛图标，隐藏图标的同时图层也被隐藏。

3) 图层的选中

在图层面板中单击某图层图标，例如，即可选中该图层。在多个图层中，带有底纹的图层是当前被选中的图层，后续的操作是针对该图层的，如图 6-7 中的图层 2。

4) 图层的复制

选中图层，按 Ctrl+J 组合键，或将图层拖动至"创建新图层"按钮上，都可以实现图层的复制。

5) 调整图层叠放顺序

图层面板中图层是按一定顺序叠放的。最下面的是背景层，上面是依次建立的图层。可以在图层面板中，通过鼠标拖动图层的图标来更改叠放顺序，将其直接拖动至目标位置即可。

6) 图层重命名

背景层上新建的第一个图层默认名为"图层1",可以双击图层面板中的图层名文字区域,进行重命名。

7) 修改图层的不透明度

图层创建时默认不透明度是 100%,即完全显示,可以通过图层面板中不透明度右侧的下三角按钮来修改图层的不透明度。

8) 删除图层

选中某图层,单击图层面板上的"删除图层"按钮🗑,即可删除该图层。

2. 选区

在 Photoshop CC 中可以选取图像的部分进行处理,被选取的部分,通常用蚂蚁线来界定,就是选区。Photoshop CC 有多种建立选区的工具和方法。其中,工具箱中的选框工具组最为常用,如图 6-8 所示。包括矩形选框工具、椭圆选框工具、单行选框工具和单列选框工具。下面以矩形选框工具为例,其他选框工具与其类似。

图 6-8 选框工具组

1) 创建选区

选中某一图层,单击选框工具组中的矩形选框工具,或按 Shift+M 组合键切换到矩形选框工具,其工具选项栏如图 6-9 所示。可在 Photoshop CC 工作区绘制出矩形选区。

图 6-9 矩形选框工具选项栏

2) 羽化选区

创建选区之前,可在工具选项栏中设置选区的羽化参数,或者在创建完选区后,按Shift+F6组合键在弹出的对话框中设定羽化参数。

3) 变换选区

创建选区后,选择"选择"菜单中的"变换选区"命令,或按 Ctrl+T 组合键,出现变换选区控制点,可以调整选区大小。单击右键,出现如图 6-10 所示的快捷菜单,可以进一步变换选区。按 Enter 键后变换选区生效,按 Esc 键放弃变换选区。

4) 选区的运算

在工具选项栏中可以设定选区的运算,四个选项分别是:新选区■、添加到选区■、从选区中减去■、与选区交叉■。后三项均是在已创建了前一选区后再选定,实现的是要创建的新选区与创建完的前一选区的运算。默认设置是"新选区",创建完选区后会自动设置成"添加到选区"。

图 6-10 "变换选区"快捷菜单

5) 选区的取消

选择"选择"菜单中的"取消选择"命令，或按 Ctrl+D 组合键。

3. 设置前景或背景色及其填充

1) 设置前景色

单击工具箱中的"设置前景色"按钮■，打开"拾色器(前景色)"对话框，如图 6-11 所示。设置前景色有三种方式：

图 6-11　"拾色器(前景色)"对话框

(1) 在对话框右侧，设置不同颜色模式下的颜色值，例如 RGB 模式颜色值(0，0，0)。

(2) 在对话框中间色彩条上单击选取某颜色，对话框左侧会出现所选颜色的细腻变化，在其中拾取某个具体颜色作为前景色。

(3) 用吸管工具吸取已经打开的其他文件中的颜色。

单击工具箱中的"设置背景色"按钮(■白色部分)，设置背景色，设置方法与前景色类似。

2) 用前景色或背景色填充

选中某一图层，没有选区时是填充整个图层，有选区只填充该图层选区部分。按 Alt+Delete 组合键用前景色填充，按 Ctrl+Delete 组合键用背景色填充。

Photoshop CC 中撤销前一步的组合键是 Ctrl+Alt+Z。默认可以向前撤销 20 步。

进行名片整体设计，在"名片.psd"中继续进行以下操作

- 新建图层，重命名为"深色"，选中该图层，参考设计效果图 6-16，利用矩形选框工具创建矩形选区。
- 将前景色设置为 RGB(125，99，6)，填充选区，取消选区。
- 新建图层，重命名为"浅色"，选中该图层，参考设计效果图，利用矩形选框工具创建矩形选区。
- 将前景色设置为 RGB(200，154，17)，填充选区，取消选区。
- 将"浅色"图层叠放至"深色"图层下方。
- 按 Ctrl+S 组合键存储文件。

步骤五：名片其他元素设计

1. 图层的移动与变换

1) 图层的移动

选中某图层，单击工具箱中的移动工具，或按 V 快捷键，在工作区拖动图层至任意位置，松开鼠标，可将图层移动到当前位置。如果同时打开了多个文件，可以实现不同文件间图层的移动复制。在原文件中拖动图层跨越文件界限，至目标文件中，松开鼠标，即可将原文件中的图层复制到目标文件中。

2) 图层的变换

选中非透明图层，按 Ctrl+T 组合键，出现变换图层大小的控制点，可变换图层大小，按住 Shift 键调整控制点，可等比例变换图层大小(变换时长宽比保持不变)。单击右键，出现如图 6-12 所示的快捷菜单，选择其中命令可以进一步变换图层。按 Enter 键变换图层生效，按 Esc 键放弃变换图层。

2. 打开、排列多个文件

Photoshop CC 可以同时打开多个文件。通过选择"文件"菜单中的"打开"命令或按 Ctrl+O 组合键，打开"打开"对话框。文件依次打开后，在工作区一般默认显示的是最近打开的文件，之前打开的文件都叠放在该文件之后(不被显示)，通过选择"窗口"菜单中的"排列"命令，如图 6-13 所示，设置"使所有内容在窗口中浮动"可显示打开的所有文件。也可设置为其他显示效果，如"层叠"等。

图 6-12　"变换图层"快捷菜单　　　　图 6-13　窗口排列

3. 图像文件的关闭

选择"文件"菜单中的"关闭"命令或按 Ctrl+W 组合键关闭文件。选择"文件"菜单中的"关闭全部"命令或按 Alt+Ctrl+W 组合键关闭打开的所有文件。关闭过程中，修改过的文件会提示保存，选择"否"不保存文件直接关闭，选择"是"保存后关闭文件，选择"取消"则取消关闭操作。

4. 文字工具

1) 横排文字工具

单击工具箱中的横排文字工具 **T**，或按 T 快捷键切换到横排文字工具，工具选项栏如图 6-14 所示。

图 6-14　横排文字工具选项栏

在工具选项栏中可以设定文字相关参数，包括字体、大小、颜色和方向等。更细节的设置可以单击"切换字符和段落面板"按钮 ，进入图 6-15 所示的字符和段落面板中设置。

设置好文字参数后，单击工作区的图像部分，在单击处出现插入点，即可录入文字内容，按 Ctrl+Enter 键结束录入。文字录入后，在图层面板会出现一个带有 图标的文字图层，名字默认为录入的文字。双击图标 可以重新进入录入状态或修改文字的参数。

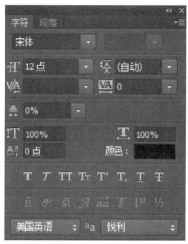

图 6-15   字符和段落面板

文字图层与普通图层属性不同，它是矢量图层，可以栅格化为普通图层。文字图层也可以像普通图层一样显示、隐藏、复制、删除、移动和自由变换等。

2) 直排文字工具

选择横排文字工具后，按 Shift+T 组合键可切换到直排文字工具 。直排文字工具录入的文字显示效果是纵向的，其用法与横排文字工具类似。

在名片中添加微信码和文字，在"名片.psd"中继续进行以下操作

- 在 Photoshop CC 中打开另一文件："教程素材\Photoshop\任务一\微信码.jpg"。使所有内容在窗口中浮动。
- 将"微信码.jpg"中的背景层复制到"名片.psd"中。重命名该图层为"微信码"。参考设计效果图，调整微信码图层的大小和位置。
- 关闭文件"微信码.jpg"。
- 参考设计效果图，利用文字工具添加名片中的所有文字内容。
- 参考设计效果图，在所有图层上方新建图层，重命名为"公司下画线"，在公司名下面用矩形选框工具创建一个粗线形状的选区，用黑色填充。
- 按 Ctrl+S 组合键存储文件并关闭文件。

⚑ 设计效果

本任务的设计效果如图 6-16 所示。

图 6-16　"任务一"设计效果

✂ 举一反三

利用本任务所学内容为你的一位家人或朋友设计名片。具体要求如下：

(1) 图像采用分层原则，每个元素放在一个独立图层。

(2) 整个名片除黑、白外，至少用到两种颜色。

(3) 设计中必须用到文字工具。

(4) 设计中用到矩形选框工具或椭圆选框工具。

(5) 名片中包含微信码，可自己获取素材，也可使用"教程素材\Photoshop\任务一/微信码.jpg"。

(6) 将设计完的名片文件以.psd 和.jpg 两种格式存储到磁盘"Photoshop 练习"文件夹下。

任务 2　制作景区宣传海报

💻 任务目标

- 掌握 Photoshop CC 调整命令，理解曲线的原理。
- 掌握 Photoshop CC 调整图层的应用。
- 掌握 Photoshop CC 图层混合模式的简单应用。
- 熟练掌握 Photoshop CC 图层蒙版的应用。
- 掌握 Photoshop CC 渐变工具的使用。
- 了解 Photoshop CC 矩形工具的使用和路径的应用。
- 掌握 Photoshop CC 画笔工具的使用。

🎬 任务描述

同学小王家乡的关山湖风景区要组织一次艺术文化节，他手头仅有一张光线不太好时拍摄的风景区照片，他委托你设计一幅海报。

📖 知识要点

(1) 调整命令。亮度/对比度、曲线、自然饱和度和色相/饱和度等命令。曲线提供了最灵活的调整方式。

(2) 调整图层。一种特殊图层，属于非破坏性编辑方式之一。调整图层的添加、修改、复制和删除等。调整面板参数的设置。

(3) 图层混合模式的应用。当前图层与其下方图层之间像素的混合方式。图层混合模式的设置。

(4) 应用图层蒙版。图层蒙版的原理和应用方法。

(5) 渐变工具的使用。线性渐变、径向渐变、角度渐变、对称渐变和菱形渐变。渐变编辑器的使用。

(6) 矩形工具的使用。路径的填充、描边和转换为选区。

(7) 画笔工具的使用。"画笔预设"选取器、画笔面板的设置。

🖰 任务实施

步骤一：创建海报文件及基本调色

1. 调整命令

调整命令包含亮度/对比度、曲线、自然饱和度、色相/饱和度等命令。选择"图像"菜单中的"调整"命令，如图 6-17 所示，可以执行其中的命令进行图像调整。

1) 亮度/对比度

执行该命令可对图像的亮度和对比度进行修改。

2) 曲线

曲线是 Photoshop CC 中最具特色的调整命令之一。

(1) "曲线"对话框。

执行曲线命令，出现如图 6-18 所示的"曲线"对话框。

- 通道：在此选择要调整的通道。
- 预设：包含 Photoshop CC 提供的各种预设调整文件。

图 6-17 调整命令

- 通过添加点来调整曲线 ⌇：该按钮默认为按下状态，此时单击曲线可以添加新控制点，拖动控制点可以调整曲线形状。
- 使用铅笔绘制曲线 ✎：可自由绘制曲线形状。
- 输入色阶：调整前像素的亮度值。
- 输出色阶：调整后像素的亮度值。
- 设置黑场 ✎：用该工具在图像中单击，可将单击点设置为黑色。比该点暗的其他点均变为黑色。
- 设置灰点 ✎：用该工具在图像中单击，可调整中间色调的平均亮度。
- 设置白场 ✎：用该工具在图像中单击，可将单击点设置为白色。比该点亮的其他点均变为白色。

(2) 曲线原理。

如图 6-19 所示是增加图像对比度的"曲线"对话框。输入色阶表示调整前像素的亮度值，输出色阶表示调整后像素的亮度值。由图 6-19 可见，矩形框内输入色阶对应像素的输出亮度值均比原来(虚线所示)变小，所以这部分像素比以前更暗。反之，矩形框外输入色阶对应像素的输出亮度值均比原来(虚线所示)变大，所以这部分的像素比以前更亮。总体的图像效果即对比度增强。其他曲线调整效果以此类推。

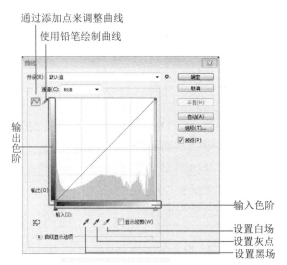

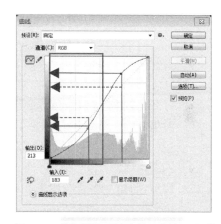

图 6-18 "曲线"对话框　　　　　图 6-19 增加图像对比度的"曲线"对话框

3) 色相/饱和度命令

可对色彩的色相、饱和度(纯度)、明度进行调整。它的特点是可以实现对图像中"红、黄、绿、青、蓝、洋红"中的单个颜色进行色相、饱和度和明度的修改。

4) 自然饱和度命令

用于调整色彩饱和度，同时防止色彩过于饱和而产生溢出。

调整命令的使用会改变图像本身的像素值，是一种破坏性的编辑方式。

2. 调整图层

调整图层是一种特殊的图层，它可以将调整命令的效果应用于图像，但不会改变图像本身的像素值，因此不会对图像产生实质的破坏。

调整图层的添加如图 6-20 所示，在图层面板中单击"创建新的填充或调整图层"按钮，在弹出的命令列表中选择"曲线"命令，出现曲线的调整面板，如图 6-21 所示，设置方法与调整命令中的曲线对话框类似。添加完曲线调整图层后，图层面板如图 6-22 所示。调整图层对叠放在其下方的图层起作用，属性与普通图层类似，也可以隐藏、复制、删除、改变叠放顺序等。选中调整图层后，可以在调整面板中随时修改之前设置的参数。删除调整图层只删除调整效果，不会对图像有任何破坏。所以调整图层是 Photoshop CC 中非常典型的非破坏性编辑方式之一。

图 6-20　添加调整图层　　　图 6-21　曲线的调整面板　　　图 6-22　图层面板中的调整图层

创建景区宣传海报文件并初步调色

- 新建文件，并命名为"关山湖海报"，尺寸为 19 厘米×25 厘米，分辨率为 300 像素/英寸(如果计算机内存较小，可以适当降低分辨率)，8 位 RGB 颜色模式，背景默认白色。
- 打开"教程素材\Photoshop\任务二\风景素材.jpg"，将背景层复制到新建文件"关山湖海报"中。重命名该图层为"关山湖风景"。参考设计效果图 6-35，调整"关山湖风景"图层的大小和位置。关闭文件"风景素材.jpg"。
- 为图像添加"自然饱和度"调整图层，参考设计效果图设置参数(自然饱和度：100，饱和度：10)，提高图像饱和度。
- 将文件存储到磁盘"Photoshop 练习"文件夹下，保存类型设为".psd"，文件名为"关山湖海报.psd"。

步骤二：进一步调色

1. 图层混合模式

图层混合模式是指当前图层与其下方图层之间像素的混合方式。图层混合模式的设置在图层面板中进行，如图 6-23 所示，默认是 "正常"，单击下三角按钮会出现其他混合模式。

1) 图层混合模式组

图层混合模式根据其效果通常分成 6 组，如图 6-24 所示。其中，加深模式组通常可以使图像变暗，减淡模式组通常可以使图像变亮，对比模式组通常可以增强图像的对比度。

2) 几种常见的图层混合模式

- 正常：图层默认的混合模式，图层不透明度为 100%时，当前图层完全遮盖下面图层。
- 正片叠底：可以屏蔽掉当前图层中的白色(白色像素变透明)，有压暗图像的效果。
- 滤色：可以屏蔽掉当前图层中的黑色(黑色像素变透明)，有提亮图像的效果。
- 柔光：可以屏蔽掉当前图层中的 50%灰(50%灰像素变透明，50%灰的 R、G、B 值均为 128)，当前图层中比 50%灰亮的像素会变亮，比 50%灰暗的像素会变暗。
- 强光：当前图层中比 50%灰亮的像素会变亮，比 50%灰暗的像素会变暗，类似有耀眼聚光灯照在图像上的效果。

图层混合模式的效果可以通过不透明度来控制，不透明度越高，效果越明显。在调色时，随着调色的进行，需要应用图层混合模式时，可以先盖印图层再混合。盖印图层相当于将当前图像效果抓拍一个快照,生成一个新图层叠放在选中的非透明图层上(如果选中的是透明图层则盖印后的图层替换当前透明图层),其他图层保持不变。比如调色的一个中间状态,通常要盖印后生成一个新图层,再应用图层混合模式,以产生新的调色效果。盖印图层的组合键为Ctrl+Alt+Shift+E。

图 6-23　图层面板

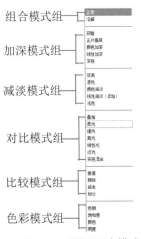

图 6-24　图层混合模式组

2. 图层蒙版

图层蒙版可以实现图层像素的显示控制。蒙版上白色的区域,图层对应的像素将完全显示;蒙版上黑色的区域,图层对应的像素将完全不显示(透明);蒙版上灰色的区域,图层对应的像素将按灰度的不同显示为不同程度的半透明状。

所以,通过在蒙版上涂抹黑、白和灰,就能控制图层像素的完全显示、完全不显示和半透明状显示。蒙版上涂抹黑、白、灰最常用的是画笔工具,也可以用渐变工具中的黑白渐变,甚至也可以用创建选区后填充的方法。但是无论使用哪种方法,蒙版上是不可能涂上彩色的,只能涂黑、白、灰。

图层蒙版可以手动创建,在图层面板中选中某图层,单击"添加图层蒙版" 按钮■,即可为图层添加图层

图 6-25　图层蒙版

蒙版。如图 6-25 所示,图层 1 被添加了图层蒙版(圆角矩形框内)。图层蒙版也可能自动被创建,比如创建调整图层时,会自动创建出它的蒙版。

3. 渐变工具

单击工具箱中的渐变工具■或按 G 快捷键,切换到渐变工具,默认是从前景色到背景色的线性渐变,工具选项栏如图 6-26 所示。

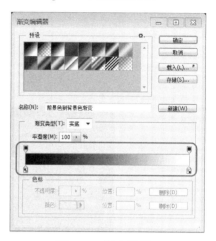

图 6-26　渐变工具选项栏

在工具栏上可以编辑渐变，设置渐变的类型等。在 Photoshop CC 中渐变分为：

- 线性渐变：按下线性渐变按钮■，可以创建从起点开始以直线方式向外扩展的渐变。
- 径向渐变：按下径向渐变按钮■，可以创建从起点开始的以圆方式向外扩展的渐变。
- 角度渐变：按下角度渐变按钮■，可以创建从起点开始的以 360° 旋转方式扩展的角度渐变。
- 对称渐变：按下对称渐变按钮■，可以创建从起点开始向两侧扩展的对称型的渐变。
- 菱形渐变：按下菱形渐变按钮■，可以创建从起点开始的以菱形方式向外扩展的渐变。

单击"点按可编辑渐变"按钮■■■，出现如图 6-27 所示的"渐变编辑器"对话框，可见圆角矩形框内的渐变条。选定一种预设渐变可在渐变条上进行修改。

图 6-27　渐变编辑器

单击渐变条下方的色标■可以修改渐变条此处的颜色参数；单击渐变条上方的色标■可以修改渐变条此处的不透明度参数。单击圆角矩形渐变条上方和下方区域，可以添加新的色标。

进一步调色

- 选中"自然饱和度"调整图层，盖印图层(组合键为 Ctrl+Alt+Shift+E)，重命名盖印生成的图层为"风景 1"，应用图层混合模式"强光"，不透明度降为 28%。在一定程度上提高了图像的对比度，图像灰突突的感觉得以改善，但图像绿树部分过暗。
- 盖印图层，重命名为"风景 2"，应用图层混合模式"滤色"。图像整体提亮，但天空部分的层次丢失。
- 为风景 2 添加图层蒙版，在图层蒙版上从上至下(天空部分)添加由黑到白的垂直渐变，恢复天空的层次。
- 按 Ctrl+S 组合键存储文件。

步骤三：添加边框、文字

1. 矩形工具

矩形工具属于 Photoshop CC 中的矢量工具。单击工具箱中形状工具组中的矩形工具按钮■或按 U 快捷键，切换到矩形工具，工具选项栏如图 6-28 所示。

图 6-28　矩形工具选项栏

在工具选项栏中可以选择矩形工具的模式，如图 6-29 所示，分别是形状模式、路径模式和像素模式。

图 6-29　矩形工具的模式

1) 形状模式

使用该模式绘制矩形，矩形区域内会用像素填充，并且会保留绘制的路径信息。选中形状模式后，在工作区当前图层上用鼠标绘制出矩形后，会出现如图 6-30 所示的"属性"面板，可对相关参数进一步修改。"属性"面板中的参数由"实时形状属性"和"蒙版"两部分组成，可通过按钮和在两种属性设置之间切换。另外，在图层面板和路径面板中均出现相关变化，图层面板中出现形状图层"矩形 1"，路径面板出现对应路径"矩形 1 形状路径"，如图 6-31 所示。

2) 路径模式

路径在 Photoshop CC 中相当于辅助设计用的轮廓线，并不包含实际的像素，可以通过 Ctrl+H 组合键来显示或隐藏。按下路径模式绘制矩形，仅绘制出路径，也会出现如图 6-30 所示的"属性"面板，可对相关参数修改。图层面板不会有变化，路径面板会出现对应的路径信息，默认为"工作路径"。

图 6-30　形状模式的"属性"面板

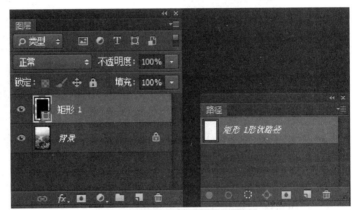

图 6-31　形状图层及其对应路径

路径面板可以通过选择"窗口"菜单中的"路径"命令显示或隐藏。在路径面板中选中路径，单击"将路径作为选区载入"按钮，可以将路径转换为选区。在图层面板中选中某普通图层(非背景层等)，再在路径面板中选中路径，单击"用画笔描边路径"按钮，可用当前设置的画笔描边路径；单击"用前景色填充路径"按钮，可用前景色填充路径。路径复制和删除的方法与图层类似。

3) 像素模式

在该模式下绘制矩形，仅会在当前图层上绘制出用前景色填充的矩形，不会有路径生成，也不会出现"属性"面板。

2. 画笔工具

单击工具箱中的画笔工具按钮或按 B 快捷键，切换到画笔工具，工具选项栏如图 6-32 所示。

图 6-32　画笔工具选项栏

在工具选项栏中，单击下三角按钮可打开"画笔预设"选取器，进行画笔大小和硬度的设置，单击"大小"右侧的按钮，可以打开菜单载入预设画笔，如图 6-33 所示。在工具选项栏中还可设置画笔的混合模式(与图层混合模式类似)，画笔的不透明度和流量等。

在工具选项栏中单击"切换画笔面板"按钮，或按 F5 快捷键，打开如图 6-34 所示的画笔面板。在画笔面板中可以对选定的笔尖进行各种参数的设置，包括形状动态、散布、纹理、双重画笔和颜色动态等。在下方圆角矩形框内可见画笔描边的预览效果。

画笔笔尖

画笔描边预览

图 6-33　"画笔预设"选取器和预设画笔菜单 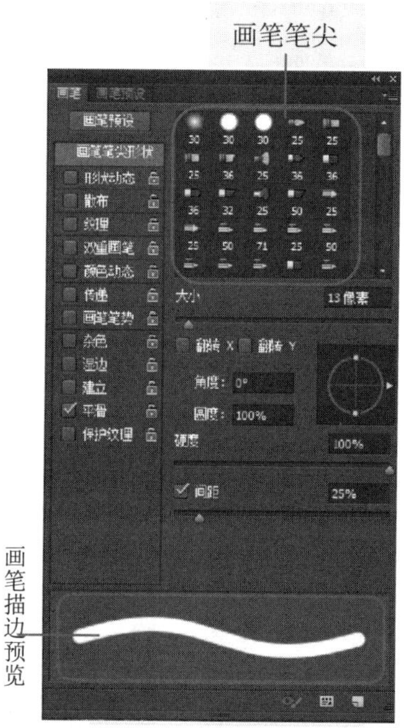　　　　图 6-34　画笔面板

画笔绘制的颜色默认为前景色。柔角画笔通常指硬度低的画笔，即笔触边缘有柔和的过渡效果，类似选区的羽化效果。在蒙版上通常用黑色的柔角画笔起遮盖作用。

在用画笔描边路径之前，应该先设置好画笔的参数再描边。

为海报添加边框和文字

- 新建图层，命名为"边框"，选中该图层。
- 参考设计效果图用矩形工具的路径模式绘制边框路径。
- 切换到画笔工具，设置笔尖为"硬边圆"，大小 13 像素，硬度 100%，前景色设为黑色。
- 切换到路径面板，用画笔描边矩形工具创建的路径。
- 将"边框"图层的不透明度设置为 20%。
- 为电话、地址的文字部分添加半透明的白色背景，使文字看起来更清楚。
  - 新建图层，命名为"文字背景"，用矩形选框工具选择该图层的下 1/3 部分，用白色填充选区，不要取消选区。

- 在有选区的状态下单击"添加图层蒙版" 按钮 ，为刚刚填充白色的选区部分添加图层蒙版，之后选区会自动取消。
    - 设置该图层的不透明度为 43%。在刚添加的蒙版上应用垂直方向的黑白渐变，使该图层中白色半透明区域的上边缘产生均匀的过渡效果。
- 参考设计效果图添加文字内容。
- 将"边框"图层移动至最上面。
- 存储文件并关闭。

☞ 设计效果

本任务的设计效果如图 6-35 所示。

图 6-35 "任务二"设计效果

✄ 举一反三

利用本任务所学内容，为你学校所在的城市某景区设计制作一幅宣传海报。具体要求如下：

(1) 景区风景照可以利用网络素材，也可以自行拍摄。但注意网络素材通常分辨率低，一般打印海报需要 300 像素/英寸以上的分辨率。素材文件可以使用多张。

(2) 海报的尺寸根据实际需要，可以设置为 13 厘米×18 厘米、19 厘米×25 厘米或 30 厘米×42 厘米。尺寸大要求计算机内存足够大，内存过低处理过程会出现卡顿的现象。

(3) 设计中尝试用调整图层和图层混合模式进行调色。

(4) 设计中尝试使用图层蒙版，在蒙版上应用画笔工具或渐变工具。

(5) 设计中尝试使用形状工具的路径模式，并用画笔描边路径。

(6) 将设计完的海报文件以.psd 和.jpg 两种格式存储到磁盘"Photoshop 练习"文件夹下。

任务3 合成艺术效果图片

任务目标

- 熟练掌握 Photoshop CC 快速选择工具的使用。
- 理解通道的含义，了解颜色通道的简单应用。
- 熟练掌握 Photoshop CC 仿制图章工具的使用。
- 掌握 Photoshop CC 滤镜的简单应用。
- 掌握 Photoshop CC 图层样式的简单应用。

任务描述

同学小李有如图 6-36 所示的骑马照片，照片中她旁边还有一个牵着马的人。她对此照片不满意，想将其换一个背景和风格，变成单人的骑马照片，并添加一些艺术气息。请你用 Photoshop CC 帮她完成。

图 6-36　骑马人物素材

知识要点

(1) 利用快速选择工具抠图。快速选择工具可根据像素颜色快速创建选区，用于抠取目标。

(2) 通道的含义。通道分为颜色通道、Alpha 通道和专色通道。颜色通道存储的是图像的颜色信息，默认有红、绿、蓝三个原色通道，以灰度图的方式显示。

(3) 仿制图章工具的使用。按 Alt 键点选图像，获得采样部分像素，替换后续选取的部分像素。采样区域大小等属性通过工具选项栏设置。

(4) 裁剪工具的具体应用。设置裁剪区域的长、宽比例。

5. 滤镜的使用。滤镜可以通过改变像素的位置或颜色信息实现各种特殊效果。应用"滤镜库"设置和预览部分滤镜。

6. 图层样式的应用。图层样式是在图层上应用的一种或多种效果。图层样式的添加、修改、隐藏和删除等。

任务实施

步骤一：抠取目标

1. 快速选择工具

快速选择工具可以快速地建立选区。用快速选择工具在图像中单击某点进行拖动，会自动选择与这点颜色信息接近且与其他区域颜色信息相差较大的交接区域作为选区。

在工具箱中单击快速选择工具按钮 ，或按 W 快捷键 ，可切换到快速选择工具，其选项栏如图 6-37 所示。

图 6-37　快速选择工具选项栏

快速选择工具有三个选区运算按钮，按下新选区按钮 ，可以创建一个新选区；按下添加到选区按钮 ，可在原选区上添加要绘制的选区(在使用新选区按钮后，会自动跳转到添加到选区按钮)；按下从选区减去按钮 ，可在原选区中减去当前要绘制的选区。

单击下三角按钮 ，可打开"画笔"选取器，对笔尖的大小和硬度进行设置。

2. 通道

通道分为颜色通道、Alpha 通道和专色通道。颜色通道存储的是图像的颜色信息。Alpha 通道存储的是选区，白色是选择区域，黑色是非选择区域，灰色部分是部分被选择区域(羽化的选区)。专色通道用来存储印刷专色。

对于不同颜色模式的图像，颜色通道是不同的。RGB 颜色模式的图像通道面板中包含红、绿、蓝三个原色的颜色通道。选择"窗口"菜单中的"通道"命令，出现如图 6-38 所示的通道面板。

图 6-38　通道面板

通道面板与图层面板类似，也可以对通道显示或隐藏、创建、删除等，但原色通道不可以创建或删除。原色通道用灰度图显示。原色通道上像素的灰度值就是图像中这点像素在该原色上的亮度值。打个比方，比如图像上有一点 RGB 值为(145，26，75)，那么在红、绿、蓝三个通道上这点的灰度值就分别为 145、26 和 75。

　　利用原色通道，可以将图像中像素的颜色信息分开，在三种不同的颜色通道上处理。比如，图像上的皮肤有一些粗糙的部分，可以用模糊操作来美化，但如果在图像上直接处理，皮肤的纹理就消失了，所以可以针对粗糙严重的通道单独处理，这样即减少了皮肤的粗糙感，又可以保留其他通道中皮肤的纹理。再比如抠图，目标与背景的色差不明显，直接利用快速选择工具建立的选区不是很理想，就可以选择在目标和背景色差明显的通道上应用快速选择工具建立选区。

在素材文件中抠取目标

- 在 Photoshop CC 中打开文件"教程素材\Photoshop\任务三\骑马素材.jpg"。切换到通道面板，单个显示每个通道，观察在哪个通道上人物与背景反差最大，这里选择绿色通道，其他通道隐藏。
- 在工作区根据绿色通道显示，用快速选择工具选取人物和马，创建选区。快速选择工具笔尖设为 30 像素。注意牵马的人和栏杆部分可以不精准，后面还要用图层蒙版遮盖、以及用仿制图章处理。也可以直接在图像背景层上用快速选择工具选取人物和马。
- 创建完选区后，将所有通道显示，选中背景层，按 Ctrl+J 组合键从选区生成新图层，重命名新图层为"目标"。隐藏背景层。
- 将当前文件存储到磁盘"Photoshop 练习"文件夹下，保存类型设为".psd"，文件名为"抠出目标文件.psd"(不关闭)。

步骤二：修整目标和裁剪新背景

1. 仿制图章工具

　　仿制图章工具用采样的部分像素代替选取的部分像素。可以起到修饰图像的效果。

　　在工具箱中单击仿制图章工具按钮，或按 S 快捷键，可切换到仿制图章工具，工具选项栏如图 6-39 所示。

图 6-39　仿制图章工具选项栏

　　仿制图章工具的用法是按住 Alt 键获取采样部分像素，然后选取要被替换的部分像素，即用采样像素替换选取像素。仿制图章工具选项栏与画笔工具选项栏类似，也可以进行笔尖、混合模式、不透明度、流量等设置。采样部分像素的属性由选项栏中的参数决定。比如采样部分像素区域大小由笔尖大小决定，采样部分像素的轮廓硬度由笔尖的硬度决定等。

2. 裁剪工具

　　在工具箱中单击裁剪工具按钮，或按 C 快捷键，可切换到裁剪工具，工具选项栏如图 6-40 所示。可以在裁剪工具选项栏中设定要裁剪区域的比例等，也可以用鼠标在工作区图像上拖动的方式，自己绘制出裁剪区域。设置好裁剪区域后，按 Enter 键实现对图像的裁剪。

图 6-40　裁剪工具选项栏

用图层蒙版和仿制图章工具进一步修整抠出目标；用裁剪工具裁剪新背景

- 给"目标"图层添加图层蒙版，将"目标"图层放大，用黑色柔角画笔在蒙版上涂抹，进一步修整目标边缘。放大图层的组合键是 Ctrl++，设置画笔硬度为 45%，大小为 88 像素。注意对牵马人的腿、栏杆在目标轮廓以外的部分进行遮盖，在目标轮廓以内的部分，后续还需用仿制图章工具处理。可用快捷键"["或"]"调整笔尖大小。人物的手和露出绿色背景的部分，包括马尾巴部分需进行重点处理。
- 复制"目标"图层，重命名为"去掉栏杆"。选中"去掉栏杆"图层，切换至仿制图章工具，按 Alt 键在栏杆附近的像素上采样，将栏杆涂抹掉。比如，人物的牛仔裤被栏杆遮住的部分就采样上方牛仔裤像素；马被栏杆遮住的部分就采样附近马的像素。可以调整仿制图章工具的参数控制涂抹边缘的硬度。
- 存储"抠出目标文件.psd"(不关闭)。
- 在 Photoshop CC 中打开另一文件"教程素材\Photoshop\任务三\新背景.jpg"。使所有内容在窗口中浮动。
- 参照设计效果图，用裁剪工具将"新背景.jpg"文件进行裁剪，去掉一部分天空，按 Ctrl+S 组合键存储文件。

步骤三：合成新图片

1. 滤镜

滤镜可以通过改变像素的位置或颜色信息实现各种特殊效果。滤镜分为内置滤镜和外挂滤镜。内置滤镜是 Photoshop CC 中自带的滤镜；外挂滤镜是其他厂家开发的，需要安装到 Photoshop CC 中才能使用。

选中某个图层后，单击菜单栏中的"滤镜"，出现如图 6-41 所示的滤镜菜单。选择"滤镜库"命令，出现如图 6-42 所示的"滤镜库"对话框。"滤镜库"对话框左侧可以预览应用滤镜的效果；对话框左下角可以设置显示的比例；对话框右侧可以设置应用的滤镜和对应的参数。

图 6-41　滤镜菜单

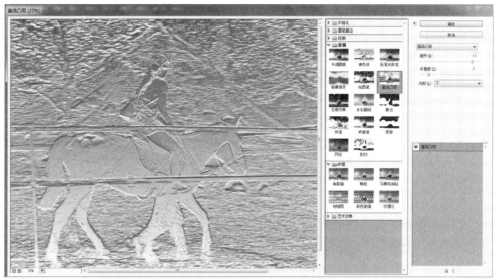

图 6-42   "滤镜库"对话框

2. 图层样式

图层样式是在图层上应用的一种或多种效果。这些效果是 Photoshop 预设的样式。包括多种，比如立体投影、特殊质感以及光影效果等。图层样式可以随时添加、修改、隐藏或删除，也是 Photoshop 非破坏性编辑方式之一。

在图层面板中双击选中的图层(非图层名文字部分)即可进入"图层样式"对话框，如图 6-43 所示，可以添加图层的各种样式，设置各种样式的相关参数。应用图层样式后会在图层面板有所显示，如图 6-44 中的图层 0(双击背景层可得到图层 0)即应用了描边、内阴影和内发光几个图层样式效果。单击前面的眼睛图标，可隐藏图层样式效果；双击其中的某个图层样式即可重新进入"图层样式"对话框修改设置；将图层样式拖动到图层面板下方的删除图层按钮上，即可删除应用的图层样式。

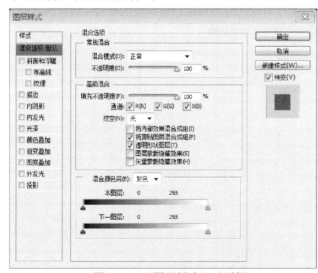

图 6-43   "图层样式"对话框

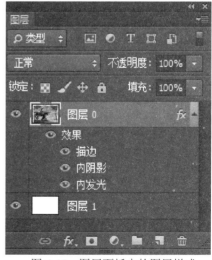

图 6-44   图层面板中的图层样式

在新文件中合成目标，并添加滤镜和图层样式

- 将"去掉栏杆"图层由"抠出目标文件.psd"文件复制至"新背景.jpg"文件中。关闭"抠出目标文件.psd"文件。
- 继续编辑"新背景.jpg"，适当调整"去掉栏杆"图层的大小和位置，按 Ctrl+T 组合键后将其进行水平翻转，使人物骑马的方向向左。盖印图层，重命名为"基本完成"。隐藏"去掉栏杆"图层。
- 将原背景图层用白色填充，选中"基本完成"图层，变换图层，留出外边白色边框位置。进入"滤镜库"，给"基本完成"图层应用扭曲滤镜组中的"扩散亮光"。参数为：粒度 6，发光量 10，清除数量 15。可参考设计效果图 6-45。
- 在"基本完成"图层上双击，添加"图层样式"对话框中的投影效果。投影参数：角度 140 度，距离 60 像素，扩展 0%，大小 40 像素。
- 将文件存储到磁盘"Photoshop 练习"文件夹下，保存类型设为.psd，文件名为"骑马合成新背景效果图.psd"。

设计效果

本任务的设计效果如图 6-45 所示。

图 6-45　"任务三"设计效果

举一反三

利用本任务所学内容合成一个艺术效果的图片。背景采用教程素材 Photoshop"任务三"中的"举一反三素材.jpg"。包含人物的前景目标图片可以自行拍摄或从网上下载。具体要求如下：

(1) 使用仿制图章工具去掉背景图片中的人物和路灯。

(2) 使用快速选择工具抠取前景中的目标，尝试使用通道。

(3) 尝试使用图层蒙版修整抠取目标。

(4) 使用裁剪工具将图片裁剪成合适比例。

(5) 为图片添加一种滤镜增添艺术效果。

(6) 使用图层样式为图片添加外边框的投影效果。

(7) 将完成的图片以.psd 和.jpg 两种格式存储到磁盘"Photoshop 练习"文件夹下。

综合实训

　　用本章所学的 Photoshop CC 内容，设计图书销售网页(电脑版)中"商品详情"部分。可参考当当、淘宝等网站。自行选择一本或一套书，通过相机或手机获取相关图片素材。"商品详情"主要内容包括：图书基本信息(如开本、书号、封皮、目录和主要内容等)和图书的特色等，不必包括评论部分。主要目的是展示图书、激发买家的购买欲。

　　具体要求：

　　(1) 图像创建参数：颜色模式为 RGB 颜色、分辨率为 72 像素/英寸、背景色任选、宽度为750 像素、高度不限。创建文件时可任意设定高度值，随着设计的进行，高度不够，可选择"图像"菜单中的"画布大小"命令，增加高度(注意设置"定位"部分参数，向下增加高度)，设计最后高度多出部分可裁剪掉。

　　(2) 图像采用分层原则。

　　(3) 图像布局合理、色彩搭配协调，尽量体现视觉美感。

　　(4) 设计过程中要求用到文字工具、选框工具、调整图层、图层蒙版、图层样式和裁剪工具；尝试使用图层混合模式、渐变工具、画笔工具、路径、滤镜等。

　　(5) 将完成的"商品详情"以.psd 和.jpg 两种格式存储到磁盘"Photoshop 练习"文件夹下。

项目 7

Internet与病毒防御

　　随着信息时代的来临，互联网以惊人的速度发展着，21 世纪的大学生无时无刻不享受着网络所带来的快捷迅速的生活。漫步网络，这里有着丰富的免费资源、有着随时随地可以了解的全球资讯。网络拉近了人与人之间的距离。人们也越来越离不开网络。本项目将会通过 3 个任务来介绍畅游 Internet 的相关问题，即如何接入 Internet，如何利用 Internet 进行信息检索以及如何进行病毒防御。

教学目标

- 了解常见的网络设备。
- 掌握计算机接入 Internet 的方法。
- 掌握网络信息检索的方法。
- 了解计算机病毒的本质。
- 计算机病毒的分类。
- 掌握计算机病毒的防护方法。

项目实施

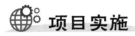

任务 1　接入互联网

任务目标

- 掌握计算机网络的相关概念。
- 了解 Internet 的功能。
- 了解常用的计算机联网方式。
- 了解常见的计算机网络设备。
- 掌握接入 Internet 的方法。

🖅 任务描述

在互联网时代，很多同学一进大学首先想到的不是"我的宿舍在哪里？"而是"我的网络在哪里？"那么在学校该怎样方便地接入 Internet 呢？ 本次任务就是了解 Internet 的基本知识和接入 Internet 的方法。

📖 知识要点

(1) 计算机网络的相关概念。计算机网络就是一些相互连接的、以共享资源为目的的、自治的计算机的集合。

(2) Internet 的功能。Internet 即国际互联网，它的主要功能有信息和资源的获取与发布、电子商务、网上办公、云端服务等。

(3) 网络通信的介质。分为有线介质和无线介质两大类。有线介质包括双绞线、同轴电缆和光纤。无线通信的形式有无线电波、微波、蓝牙、红外线和激光等。

(4) 网络硬件设备。和完成本次任务相关的主要有网卡、集线器、交换机、路由器。

(5) 接入 Internet 的相关概念。TCP/IP 协议、IP 地址、子网掩码、域名。

(6) 接入 Internet 的方式。主要包括有线方式和无线方式两种。有线方式有 ADSL 接入、光纤接入和通过局域网接入等。无线方式主要有无线局域网、无线个人局域网、移动宽带或无线广域网等。

🖰 任务实施

步骤一：理解网络的相关概念与常识

1. 网络的定义与功能

1) 计算机网络的定义

所谓计算机网络，是指将地理位置不同且具有独立功能的多台计算机系统，通过通信设备和线路相互连接起来，并配以功能完善的网络软件以及网络协议，实现网络上资源共享与通信的系统。简单点说，计算机网络就是一些相互连接的、以共享资源为目的的、自治的计算机的集合。

2) 计算机网络的分类

(1) 按照网络的规模和覆盖范围划分

按照网络的规模和覆盖范围不同,计算机网络可以分为:局域网(Local Area Network,LAN),一般限定在较小的区域内，小于10km的范围，通常采用有线的方式连接起来；城域网(Metropolitan Area Network，MAN)，规模局限在一座城市的范围内，10~100km的区域；广域网(Wide Area Network，WAN)，网络跨越国界、洲界，甚至全球范围，Internet就是最大的广域网。

(2) 按照传输介质划分

按照传输介质的不同,计算机网络可以分为有线网和无线网。有线网的传输介质采用的是双绞线、同轴电缆和光纤等有线传输媒体；无线网的传输介质采用的是卫星、无线电、红外线、激光以及微波等无线传输介质。

3) Internet 定义

Internet，即互联网，又称因特网，是网络与网络之间所串联成的庞大网络，这些网络以一组通用的协定相连，形成逻辑上的单一巨大网络。在这基础上发展出覆盖全世界的全球性互联网络称"互联网"，即"互相连接在一起的网络"。

4) Internet 功能

(1) 信息和资源的获取与发布。图书馆、期刊、报纸，政府、公司、学校信息和各种不同的社会信息。

(2) 通信。即时通信、电邮、微信等。

(3) 网上交际。聊天、交友、网络游戏、微博、空间、博客、论坛等。

(4) 电子商务。网上购物、网上商品销售、网上拍卖、网上支付等。

(5) 网络电话。IP 电话服务、视频电话等。

(6) 网上事务处理。办公自动化、视频会议。

(7) Internet 的其他应用。远程教育、远程医疗、远程主机登录、远程文件传输等。

(8) 云端化服务。网盘、笔记、资源、计算等。

2. 联网传输介质

1) 有线介质

(1) 双绞线：如图 7-1 所示，其特点是比较经济、安装方便、但易受干扰，传输效率较低，传输距离比同轴电缆要短，应用于局域网中。

(2) 同轴电缆：俗称细缆，如图 7-2 所示，同轴电缆网络经济实用，但是由于传输效率和抗干扰能力一般，传输距离较短，扩展性不好等局限性，现在已逐渐淘汰。

图 7-1 双绞线   图 7-2 同轴电缆

(3) 光纤电缆：如图 7-3 所示，光纤电缆的特点是传输距离长、传输效率高、抗干扰性强，是高安全性网络的理想选择。

图 7-3 光纤电缆

2) 无线介质

无线通信的形式有无线电波、微波、蓝牙、红外线和激光等。

无线电波是指在自由空间(包括空气和真空)传播的射频频段的电磁波，其频率一般为300MHz 以下，波长大于 1m。

微波是指频率为 300MHz~300GHz 的电磁波，波长在 1 毫米~1 米之间，是无线电波中一个有限频带的简称。微波通信具有良好的抗灾性能，对于水灾、风灾以及地震等自然灾害，微波通信一般都不受影响。但微波经空中传送，易受干扰，在同一微波电路上不能使用相同频率于同一方向，因此微波电路必须在无线电管理部门的严格管理之下进行建设。

蓝牙(Bluetooth)是一种无线技术标准，使用 2.4~2.485GHz 的 ISM 波段的 UHF 无线电波，可实现固定设备、移动设备和楼宇个人域网之间的短距离数据交换。

红外线(Infrared)是波长介于微波与可见光之间的电磁波，波长在 760 纳米(nm)至 1 毫米(mm)之间，比红光长的非可见光。红外线用于传输的优点是不容易被人发现和截获，保密性强；几乎不会受到电气、天电、人为干扰，抗干扰性强。缺点是它必须在直视距离内通信，且传播受天气的影响。

激光是一种新型光源，具有亮度高、方向性强、单色性好、相干性好等特征。激光通信的优点是通信容量大，保密性强，设备结构轻便、经济。缺点是通信距离限于视距(数公里至数十公里范围)，易受气候影响，瞄准困难。

3. 联网常见硬件

1) 网卡

计算机与外界局域网的连接是通过主机箱内插入一块网络接口板。网络接口板又称为通信适配器或网络适配器或网络接口卡，简称网卡。网卡的外观如图 7-4 所示。

2) 集线器

集线器(Hub)的主要功能是对接收到的信号进行再生整形放大，以扩大网络的传输距离，同时把所有节点集中在以它为中心的节点上。集线器独占全部带宽。集线器的外观如图 7-5 所示。

3) 交换机

交换机是多端口设备。交换机能够对任意两个端口进行临时连接。交换机仅将信息帧从一个端口传送到目标节点所在的其他端口，而不会向所有其他的端口广播。交换机的外观如图 7-6 所示。

集线器和交换机的外观相似，它们都是数据传输的枢纽。但不同点是，集线器上的所有端口争用一个共享信道的带宽，因此随着网络节点数量的增加，数据传输量的增大，每节点的可用带宽将随之减少。交换机上的所有端口均有独享的信道带宽，以保证每个端口上数据的快速有效传输。集线器采用广播的形式传输数据，即向所有端口传送数据。交换机为用户提供的是独占的、点对点的连接，数据包只被发送到目的端口，而不会向所有端口发送。

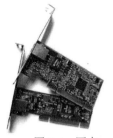
图 7-4　网卡

图 7-5　集线器

图 7-6　交换机

4) 路由器

路由器是互联网络的枢纽，用于连接多个逻辑上分开的网络，所谓逻辑网络是代表一个单独的网络或者一个子网。当数据从一个子网传输到另一个子网时，可通过路由器的路由功能来完成。路由器的外观如图 7-7 所示。

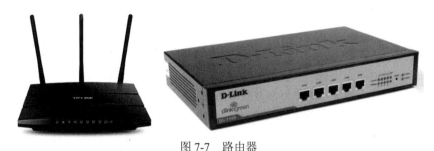
图 7-7　路由器

4. TCP/IP 协议

TCP/IP 协议(Transmission Control Protocol/Internet Protocol，传输控制协议/互联网络协议)是 Internet 最基本的协议。在 Internet 没有形成之前，世界各地已经建立了很多小型网络，但这些网络存在不同的网络结构和数据传输规则，要将它们连接起来互相通信，就好比要让使用不同语言的人们交流一样，需要建立一种大家都听得懂的语言，而 TCP/IP 就能实现这个功能，它就好比 Internet 上的"世界语"。

5. IP 地址

IP 地址就是给每个连接在 Internet 上的主机分配的一个 32bit 地址(根据互联网协议的第四版 IPv4)。每个 IP 地址长 32bit，就是 4 个字节。IP 地址经常被写成十进制的形式，每字节对应一个 0~255 的十进制整数，中间使用符号"."分开不同的字节，这种表示法叫作"点分十进制表示法"。因此通常 IP 地址格式为 XXX.XXX.XXX.XXX。一个网络中的主机 IP 地址是唯一的。

6. 子网掩码

子网掩码又叫网络掩码、地址掩码等，它是一种用来指明一个 IP 地址的哪些位标识的是主机所在的子网。子网掩码将某个 IP 地址划分成网络地址和主机地址两部分。子网掩码由 1 和 0 组成，且 1 和 0 分别连续。子网掩码的长度也是 32 位，左边是网络位，用二进制数字"1"表示，1 的数目等于网络位的长度；右边是主机位，用二进制数字"0"表示，0 的数目等于主机位的长度。

7. 域名

域名(Domain Name)的实质就是用一组由字符组成的名字代替 IP 地址。域名与标识计算机的 IP 地址一一对应，故域名在互联网上是唯一的，域名的一般形式为：主机名.网络名.机构名(二级域名).地理域名(一级域名)。如：沈阳大学的域名是：www.syu.edu.cn。其地理域名是 cn，表示这台主机在中国这个域；edu 表示该主机为教育领域的；syu 是沈阳大学的网名；www，表示该主机是 Web 服务器。

步骤二：接入 Internet

1. 接入 Internet 的方式

1) 有线

(1) ADSL

ADSL (Asymmetric Digital Subscriber Line，非对称数字用户环路)是一种数据传输方式。它因为上行和下行带宽不对称，因此称为非对称数字用户环路。用户需要使用一个 ADSL 终端来连接电话线路，这个终端因为和传统的调制解调器(Modem)类似，所以也被称为"猫"。由于 ADSL 使用高频信号，所以在两端还都要使用 ADSL 信号分离器将 ADSL 数据信号和普通音频电话信号分离出来，避免打电话的时候出现噪音干扰。

通常的 ADSL 终端有一个电话 Line-In，一个以太网口，有些终端集成了 ADSL 信号分离器，还提供一个连接电话的 Phone 接口，其硬件连接如图 7-8 所示。

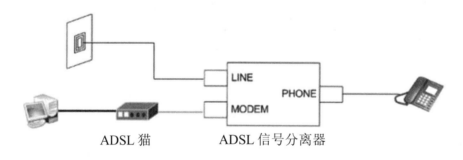

ADSL 猫　　　　　　ADSL 信号分离器

图 7-8　ADSL 硬件连接图

(2) 光纤接入

光纤接入是指局端与用户之间完全以光纤作为传输媒体。光纤接入可以分为有源光接入和无源光接入。光纤用户网的主要技术是光波传输技术。因此根据光纤深入用户的程度，可将光纤接入网分为 FTTC(光纤到路边)、FTTZ(光纤到小区)、FTTB(光纤到大楼)、FTTO(光纤到办公室)和 FTTH(光纤到户)，它们统称为 FTTx。FTTx 不是具体的接入技术，而是光纤在接入网中的推进程度或使用策略。

（3）LAN 接入方式

LAN 方式接入是利用以太网技术，采用"光缆+双绞线"的方式对社区进行综合布线。具体实施方案是：从社区机房敷设光缆至住户单元楼，楼内布线采用双绞线敷设至用户家里，双绞线总长度一般不超过 100 米，用户家里的计算机通过网线接入墙上的五类模块就可以实现上网。社区机房的出口是通过光缆或其他介质接入城域网。

2）无线

（1）无线局域网(WLAN)

无线局域网络英文全名：Wireless Local Area Networks，简写为 WLAN。它是相当便利的数据传输系统，它利用射频的技术，使用电磁波，取代旧式的双绞铜线所构成的局域网络，在空中进行通信连接，使得无线局域网络拥有简单的存取架构。从家庭到企业再到 Internet 接入热点，WLAN 的应用广泛。人们常说的 Wi-Fi 实际上是无线局域网技术的一种传输协议，因为目前该协议在 WLAN 应用比较广泛，因而常被误认为 WLAN 等同于 Wi-Fi，但实际上无线局域网技术还有另一种传输协议 WAPI，它是由中国提出的。

（2）无线个人局域网(WPAN)

无线个人局域网英文全名：Wireless Personal Area Network Communication Technologies，简写为 WPAN。它是一种主要基于蓝牙(Bluetooth)技术的个人局域网，是为了实现活动半径小、业务类型丰富、面向特定群体、无线无缝的连接而提出的新兴无线通信网络技术。通常用于与距中心位置较近的兼容设备互联。WPAN 的范围一般是 10 米。

蓝牙技术是一个开放性的、短距离无线通信技术标准，是 WPAN 联网标准。该技术面向的是移动设备间的小范围连接，因而本质上说它是一种代替线缆的技术。蓝牙的无线覆盖范围视干扰、传输障碍(如墙体和建筑材料)及其他因素而定。某些设备具有内置蓝牙兼容性。

（3）移动宽带或无线广域网(WWAN)

无线广域网英文全名：Wireless Wide Area Network，简写为 WWAN。需使用移动电话信号，移动宽带网络的提供和维护一般依靠特定移动电话(蜂窝)服务提供商。用户即使远离其他网络接入形式也能保持连接。只要可以获得服务提供商蜂窝电话服务的地方，就能获得该提供商提供的无线广域网连接信号。

2. 接入 Internet 的方法

1）校园网有线接入

一般在学校里面，同学们要连接到 Internet 网络有两种方式：通过校园网(正式名称应是教育网，一般称为内网)或者通过联通网络 ADSL(通常称为外网)方式接入。这两种网络有不同的连接方式，下面分别进行说明。

（1）通过校园网接入 Internet

计算机要联网必须先连接好网线，宿舍中已经预埋设好了网线接口。一般墙上有四个接口，以及一个联通进线接口。这四个接口就是接入校园网的接口，可以通过这些接口接入学校的网络再连接到教育网。可以直接将计算机和这个端口用网线连接来上网。可是小周寝室有 6 位同学，怎么使所有的同学都能上网呢？这时候就需要选购一台交换机了。一台普通的五口交换机就够用了。对于使用者来说，这五个接口是一样的，如果有一个接口比较特别，标明是 Uplink

的话，请把这个接口和墙上的接口用网线连接。其他四个接口，可以用网线连接到各台计算机上。

到此为止硬件的连接就完成了。通过一卡通缴费，获取用户名和密码，然后使用校园网客户端(如"锐捷")进行认证登录，就可以正常通过校园网登录 Internet 了。

(2) 通过外网接入 Internet

这一部分同家里 ADSL 安装宽带的设置相同，联通会提供 ADSL MODEM(猫)，缴费后的用户名和口令，并帮助完成硬件的连接。如果要和寝室的其他人共享带宽，分担费用，就需要购买一台路由器，最好直接买无线路由器，路由器和交换机的外观差不多，但两者是不同的网络设备。

注意路由器的背面，它提供四个一样的接口(标注有 1~4，是路由的 LAN 口)和一个特别的接口(WAN 口)；那个特别的接口就连接到 ADSL MODEM(猫)的 LAN 口上；那墙上的联通接入孔自然是用一根网线连接到猫的 LINE 口(联通工作人员已经接好，不用动)。

接下来是路由器的设置，在此我们以较常见的 TP-Link 系列路由器为例说明。

① 接通路由器的电源，打开浏览器，根据路由器说明书的提示，输入 192.168.1.1 或 192.168.0.1。

② 输入路由器用户名、密码，一般是 admin。

③ 如图 7-9 所示，进入控制页面的 web 设置，输入联通缴费后提供的宽带账号和密码，拨号方式设置为：自动，以后打开电源，路由器就会自动拨号。

④ 选择 DHCP 服务器。开启 DHCP 服务，并在参数里将 ADSL 宽带的 DNS 服务器地址也添加上以——确认。

⑤ 最后设置自动获取 IP。打开"控制面板\网络和 Internet\网络和共享中心"，单击"本地连接"，打开其属性，进入其中的 TCP/IP 属性设置，选择自动获取 IP 和自动获取 DNS 服务器地址。

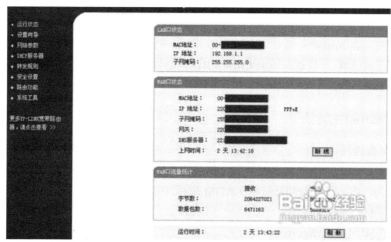

图 7-9　路由设置

2) 校园网无线设置

上面的路由器如果是无线路由器，就可以进行无线上网了。当然，最好设置无线密码，在左侧选择"安全设置"下的"无线安全设置"，在右侧选择最下面的"WPA-PSK/WPA2-PSK"选项，设置密码(可以只改密码，其他均设为默认)。

另外，如果不使用无线路由器，在计算机已经连上网的情况下，也可下载并使用 360 免费 Wi-Fi 或猎豹 Wi-Fi 等功能软件构建无线网络，进行无线网络连接。但要注意的是，这种构建需要一个前提，那就是计算机必须要有无线网卡。自 Windows 7 系统以来，Windows 系统内部隐藏了虚拟 Wi-Fi 热点功能，通过简单的设置，带有无线网卡的笔记本就可以提供 Wi-Fi 热点，为手机、平板等其他移动设备提供无线网络信号。具体方法请自行网上查阅。

校内上网方案

- 有线接入校园网。
  - 硬件准备：网线、交换机。
  - 软件准备：一卡通购买，通过锐捷校园网客户端登录(每个学校的购买方式可能略有不同)。
  - 使用 360 免费 Wi-Fi，获取网络热点。
- 无线接入校园网。通过覆盖校园的无线网络信号，使用学校设定的用户名和密码登录。
- 无线接入外网。通过手机开放的热点可以使自己的笔记本电脑接入互联网。

举一反三

走读生小李的家里早就安装了联通宽带，但最近因为小区网络改造，已经由 ADSL 接入方式改为光纤接入，硬件设备也更换为"光/电转换设备(俗称光猫)"，工作人员帮助小李完成了线路的连接，小李需要重新进行"宽带连接"的设置吗？小李购买了无线路由器，但不知道如何进行硬件连接和网络设置，你能给他提供一些建议吗？

1) 家庭无线网硬件连接图
家庭无线网硬件连接可以参考图 7-10 所示。

图 7-10　光纤入户接入无线网络连接

2) 家庭无线网路由设置
(1) 根据所购买的无线路由器说明书进行设置，这里以 TP-LINK 的 TL-WR885N 为例，打开浏览器，在地址栏中输入"192.168.1.1"或者"http://tplogin.cn/"进入路由器设置页面。
(2) 第一次登录时需要输入给定的用户名和密码(在路由器的底部标示，一般为admin)。登录后单击左侧的"设置向导"，可以看到如图7-11所示的界面，单击"下一步"按钮。

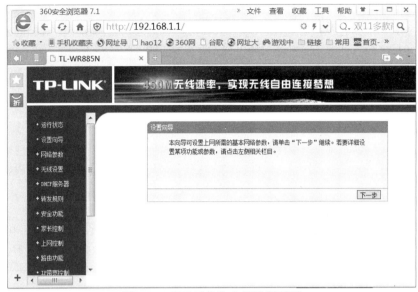

图7-11　登录无线路由器设置页面

(3) 如图7-12所示，路由器会自动检测上网方式，单击"下一步"按钮。

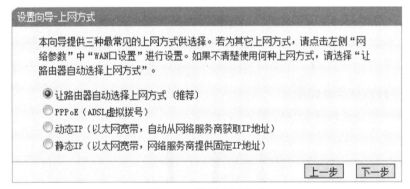

图7-12　设置上网方式

(4) 如图7-13所示，填写账号密码，输入运营商提供的宽带账号和密码，单击"下一步"按钮。

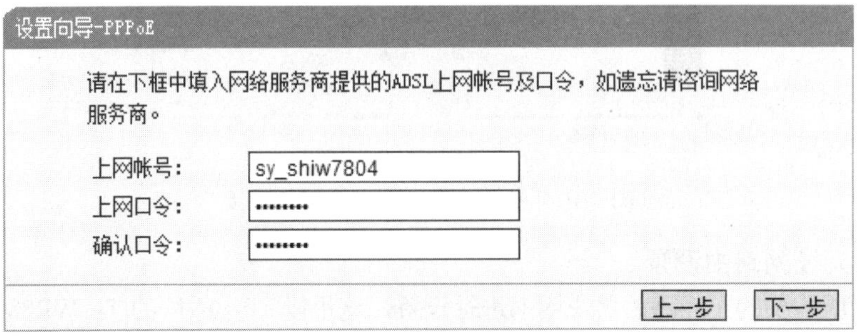

图7-13　填写账号和密码

(5) 如图 7-14 所示，设置无线信息。在无线名称中设置信号名称(Wi-Fi 名称)，并设置不小于 8 位的无线密码，单击"下一步"按钮。

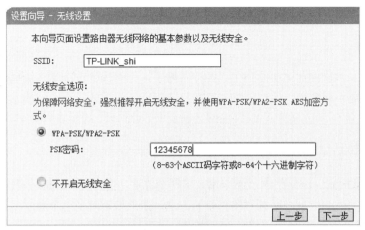

图 7-14　无线用户名密码设置

(6) 最后单击"完成"按钮，结束设置。

(7) 查看主机状态，如图 7-15 所示。

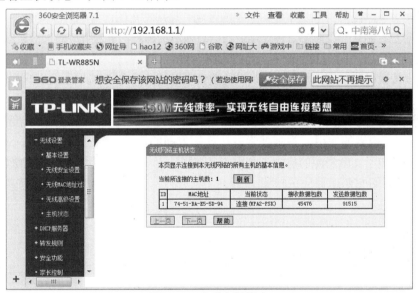

图 7-15　查看主机状态

任务 2　网上信息检索

💻 任务目标

● 了解网络信息检索的概念。

● 了解浏览器的概念和常见浏览器的类型。

- 了解搜索引擎的概念和常用搜索引擎。
- 掌握百度搜索引擎的使用方法。
- 掌握大学图书馆的文献检索方法。

任务描述

在上一章中，参加创业比赛的PPT已经准备好了，但有关创业前期市场调查报告的分析，团队的成员觉得还不够透彻，希望能够借助网络收集一下相关的资料，但检索的结果总是让人不太满意，这次的任务就是学习如何在网上进行信息检索，从而获得有参考价值的资料。

知识要点

(1) 网络信息检索。网络资源虽然丰富，但是分布在大量的不同的服务器上，想要快速准确地查找到自己关注的信息，必须利用科学的方法，信息检索就是这个科学的查找过程。通常我们利用网络接口软件来实现网络信息的检索。

(2) 浏览器。安装在本地计算机上的一种软件，它帮助计算机用户实现对网络上页面文件的解释和显示。使用用户能够阅读网上的图文信息。常见的浏览器有 IE、360 浏览器、火狐、猎豹、遨游等。

(3) 搜索引擎。搜索引擎是指根据一定的策略、运用特定的计算机程序搜集互联网上的信息，在对信息进行组织和处理后，将处理后的信息显示给用户，是为用户提供检索服务的系统。搜索引擎包括全文索引、目录索引、元搜索引擎等。

(4) 百度搜索引擎。是一种全文索引类的搜索引擎，在国内 80%以上的用户都使用百度搜索引擎。

(5) 百度搜索引擎的搜索技巧。包括检索词的选用方法，精确匹配检索，百度搜索工具的使用，百度特色搜索的使用，强制搜索表达式等方面的内容。

(6) 图书馆电子文献资源的检索。利用图书馆网站提供的基本检索工具和高级检索工具，进行关键词之间的布尔运算完成检索。

任务实施

步骤一：理解网络信息检索的相关概念

1. 网络信息检索

网络信息检索一般是指因特网检索，是通过网络接口软件实现信息检索，如百度和谷歌等。用户可以在一个终端查询各地上传到网络的信息资源。这一类网络检索系统都是基于互联网的分布式特点开发和应用的，即数据是分布式存储的，大量的数据可以分散存储在不同的服务器上；用户是分布式检索的，任何地方的终端用户都可以访问存储数据。

2. 浏览器

浏览器是指可以显示网页服务器或者文件系统的 HTML 文件(标准通用标记语言的一个应用)内容，并让用户与这些文件交互的一种软件。它用来显示在万维网或局域网等内的文字、图像及其他信息。

国内网民计算机上常见的网页浏览器有：IE、Firefox 火狐、QQ 浏览器、Google Chrome、百度浏览器、搜狗浏览器、猎豹浏览器、360 浏览器、UC 浏览器、傲游浏览器、世界之窗浏览器等，浏览器是最经常使用到的客户端程序。

3. 搜索引擎

搜索引擎是一种网络信息资源检索工具，是以各种网络信息资源为检索对象的查询系统。它像一本书的目录，Internet 各个站点的网址就像是页码，可以通过关键词或主题分类的方式来查找感兴趣的信息所在的 Web 页面。国内常用的搜索引擎有百度、搜狗、360 好搜、一搜、中国搜索、搜狐搜索、新浪网搜索引擎以及网易搜索引擎等。国外的有 Google、微软的必应 Bing、雅虎搜索 Yahoo! Search、美国在线旗下的 Aol Search 等。

步骤二：使用百度搜索引擎

1. 百度搜索引擎

百度是全球最大的中文搜索引擎。2000 年 1 月创立于北京中关村。百度搜索引擎具有高准确性、高查全率、更新快以及服务稳定的特点，深受网民的喜爱。如图 7-16 所示是百度主界面。

图 7-16　百度主界面

2. Baidu 的常用搜索技巧

1) 检索词最好不用过于通俗简单的词语

检索词，也称为关键词，是搜索时写在搜索框中的词语。不要使用过于通俗简单的词语作为检索关键词。网上相关信息的数量是巨大的，如果使用过于通俗简单的词语，就会返回过多的搜索结果，因而就很难查到有用的信息。比如"电话""汽车"这样的词，最好与其他关键词一起使用。

2) 检索词最好不要用一些没有实际意义的词

比如连词、副词之类，一旦用来搜索的话，会返回大量无用的结果，甚至导致搜索错误。比如"的""是什么""和"等。

3) 避免使用多义词为检索词

使用多义词可能会得到与搜索意图不同的结果，遇到这样的词最好换一个近义词或者附加别的词一同搜索。比如，检索关键词"东西"，到底你想要搜"方位"呢，还是某件东西呢？

4) 避免使用"白话文"为检索词

在搜索栏中输入"明天回沈阳的火车最早几点"这样的"白话"是十分错误的。把搜索引擎当成"人"了，其实搜索引擎是"机械人"，当你用关键词搜索的时候，它只会把含有这个关键词的网页找出来，根本不管网页上的内容是什么。因而你要输入的是关键"词"而不是完整的一句话。

5) 精确匹配

如果需要精确匹配，检索关键词应加引号(如"不畏浮云遮望眼，只缘身在最高层")，这一方法在查找名言警句、古诗词、专有名词和确切资料时格外有用。

6) 使用搜索工具

单击搜索页面上的"搜索工具"，可以展开三个筛选列表，关于时间的筛选、关于文件格式的筛选以及对被搜索站点的指定，如图7-17所示。对于百度不同的产品，如百度贴吧、百度知道、百度图片等，其提供的搜索工具是不同的。比如百度图片，如图7-18所示，可以进行"尺寸"和"颜色"和版权等的筛选；对于百度贴吧可以进行高级搜索。

图 7-17　百度"网页"搜索的工具

图 7-18　百度图片的搜索

3. Baidu 的特色搜索

1) 百度快照

如果无法打开某个搜索结果，或者打开速度特别慢，该怎么办？"百度快照"能帮您解决问题，如图7-19所示。每个被收录的网页，在百度上都存有一个纯文本的备份，称为"百度快照"。百度速度较快，用户可以通过"快照"快速浏览页面内容。不过，百度只保留文本内容，所以，那些图片、音乐等非文本信息，快照页面还是需要从原网页调用。如果您无法连接原网页，那么快照上的图片等非文本内容，会无法显示。

图 7-19 百度快照

2) 百度地图

如图 7-20 所示,百度地图是百度提供的一项网络地图搜索服务,覆盖了国内近 400 个城市、数千个区县。在百度地图里,用户可以查询街道、商场、楼盘的地理位置,也可以找到离您最近的所有餐馆、学校、银行、公园等。2010 年新增加了三维地图按钮。

图 7-20 百度地图

3) 百度图片

百度图片是世界上最大的中文图片搜索引擎,百度从 8 亿中文网页中提取各类图片,建立了世界第一的中文图片库。用户可以根据关键字进行图片的搜索。

4) 百度文库

2009 年推出的百度文库是百度发布的供网友在线分享文档的平台。百度文库的文档由百度用户上传,需要经过百度的审核才能发布,百度自身不编辑或修改用户上传的文档内容。网友可以在线阅读和下载这些文档。百度用户上传文档可以得到一定的积分，下载有标价的文档则需要消耗积分。

在百度文库进行文件检索

- 在浏览器地址栏中输入 wenku.baidu.com 进入百度文库。
- 在搜索框中输入"学前儿童英语学习"并用英文的双引号引起来，表示"精确匹配"。
- 在百度文库的检索工具中，进行检索范围"全库"或"精品"，文件类别"doc""ppt""pdf"等的筛选。
- 设置好检索工具后单击"百度一下"按钮，可以看到检索结果如图 7-21 所示。
- 直接单击结果列表中的文件，在百度文库中预览。
- 单击下方的"立即下载"按钮，可以进行文件的下载，前提是成为有积分的百度用户。如图 7-22 所示，可以选择免费的文件下载。

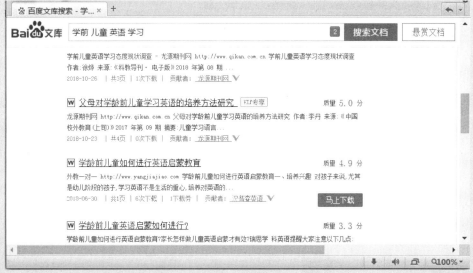

图 7-21　百度文库

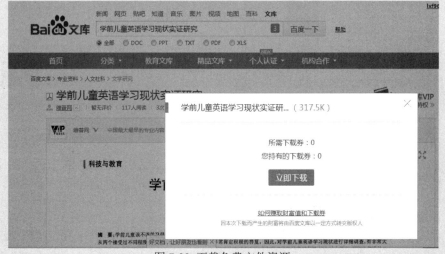

图 7-22　下载免费文件资源

5) 更多百度特色引擎

单击"更多"链接，进入百度"产品大全"页面，在这里可以看到百度现有的所有搜索引擎产品列表。主要有新上线、搜索服务、导航服务、社区服务、游戏娱乐、移动服务、软件工具等分类，每种产品提供一种特色的搜索服务。

步骤三：应用图书馆资源

1. 图书馆电子资源使用

大学的图书馆不但藏书丰富，还提供了海量的电子资源供学校的师生学习、参考、研究，以沈阳大学图书馆为例，沈阳大学图书馆网址首页如图 7-23 所示。在这里可以获取图书，报刊，博士、硕士论文，考试相关资源以及一些免费资源和试用资源等。广大师生可以在线浏览或下载阅读。

图 7-23　沈阳大学图书馆主页

在图书馆网站进行信息的检索和在搜索引擎上检索类似。如单击图 7-23 中的链接"报刊资源"列表中的"同方知网学术期刊"进入相应的页面。在这里可以进行学术期刊的检索。

(1) 简单的检索方式

在简单的检索方式下，首先要确定检索的关键词，这里最多可以使用两个关键词，它们之间的关系可以是"并含""或含""不含"三种逻辑运算。检索形式默认是"精确"，经过切换也可以进行"模糊"查询。还可以从发表时间和所属数据库对检索的范围进行限定。

另外，虽然是简单的检索方式，通过单击"输入检索条件"下面的 ⊕ 和 ⊖ 按钮，也可以增加或删除查询条件，进行更多的逻辑运算。

(2) 高级检索

如图 7-24 所示，高级检索可以方便地进行更多的逻辑运算，并且添加了对词语频度的限制。除此以外，还可以使用"专业检索""作者发文检索""科研基金检索""句子检索"以及"来源期刊检索"的形式完成检索过程，用户可以根据自己的情况而定。

在图书馆网站检索资源

- 在校园网环境下，打开浏览器，在浏览器的地址栏中输入沈阳大学图书馆网址：lib.syu.edu.cn，登录到沈阳大学图书馆。
- 在左侧的网站首页导航目录上单击"报刊资源"列表中的"同方知网学术期刊"进入学术期刊检索页面。
- 如图 7-25 所示，在"检索"选项卡的关键字文本框中输入"学前儿童英语学习"的检索词，并将检索方式修改为"模糊"，发表时间为从"2014"到"不限"年。
- 单击"检索"按钮后，在所有数据库中搜索 2014 年以后发表的"主题"关于"学前儿童英语学习"方面的论文，检索形式为"模糊"，因而，关于"学前儿童英语教育"之类的论文也在检索结果中。
- 根据检索到的文献内容，进一步调整关键词、检索年限、来源类型、检索形式等，可尽快检索到符合要求的文献。

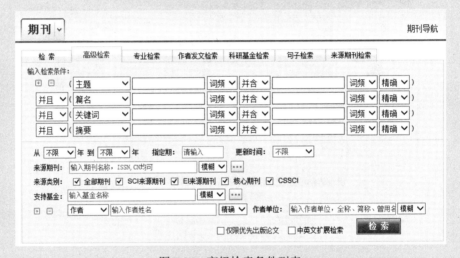

图 7-24　高级检索条件列表

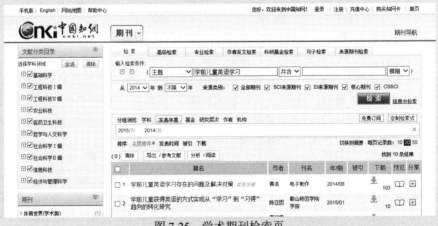

图 7-25　学术期刊检索页

(3) 下载检索论文

检索到的论文以列表的形式展示出来，在列表中有"下载"列和"预览"列，单击"下载"列中的"下载"按钮可以完成论文的下载工作，"下载"按钮旁显示了该文献的下载次数。"预览"列帮助用户在下载前更进一步地了解该文献的内容，用户可根据预览后的效果来决定是否下载。

下载后的论文一般为"pdf"格式或"caj"格式的文件，这两个格式的文件一般我们使用 Adobe Reader 和 CAJViewer 软件打开阅读，如图 7-26 和图 7-27 所示。用户需要安装这两个软件。图书馆的网站上一般都提供了这两个软件的免费下载，用户也可以到其他软件下载网站下载更新的版本。

图 7-26　Adobe Reader 软件　　　图 7-27　CAJViewer 软件

举一反三

在学生会认识的工业设计专业的小吕同学毕业论文快开题了，开题报告和文献综述报告很让他头疼，他想做的课题是"满族民俗文化产品创新设计"方面的，你能帮助他进行学术资料和目前研究现状的资料搜集吗？

(1) 到网页中搜集相关信息。

(2) 到百度文库进行搜索。

(3) 到图书馆进行期刊论文检索。

任务 3　计算机病毒的防御

任务目标

- 了解计算机病毒的定义和分类。
- 了解计算机病毒的特点。
- 了解计算机中毒后的表现。
- 掌握计算机病毒防御的方法。
- 掌握一种杀毒软件的应用。

任务描述

小刘因为要交课程设计报告，带着 U 盘到复印社去打印，结果回来后发现 U 盘的文件都不见了，但是查看 U 盘的容量后发现，U 盘的使用空间和可用空间基本没发生变化，说明原有文件还占据着存储空间，应该还在，可能是中了某种病毒，小刘该怎么办呢？

📖 知识要点

(1) 计算机病毒的定义。分为广义定义和狭义定义两种。人们常说的计算机病毒是广义上的定义。包括除了传统计算机病毒、木马程序、蠕虫等一切恶意程序。

(2) 传统计算机病毒的分类。按照寄生方式、链接方式、算法及破坏程度进行划分。

(3) 计算机病毒的特点。计算机病毒具有破坏性、潜伏性、传染性、可触发性的特点。

(4) 计算机染毒后的表现。可根据计算机的反常表现来判断所使用的计算机是否感染了计算机病毒。

(5) 计算机病毒的命名规则。反病毒公司把所有的恶意程序都归结为计算机病毒，为了方便管理和识别，会将计算机病毒按其特性命名管理。

(6) 病毒的防御。计算机中毒之后的杀毒处理是比较复杂的，即使能彻底清除病毒，也不一定挽回其所带来的危害。因而，对于计算机病毒，主要采取以"防"为主，以"治"为辅的方法。

(7) 杀毒软件。反病毒公司出品的，用于防御和消除计算机病毒、木马、恶意程序入侵计算机的软件。

(8) 常用杀毒软件。360杀毒、瑞星、诺顿、卡巴斯基等。

🖱 任务实施

步骤一：了解计算机病毒

1. 计算机病毒的狭义定义

在1994年2月18日公布的《中华人民共和国计算机信息系统安全保护条例》中，计算机病毒被定义为："计算机病毒是指编制或在计算机程序中插入的破坏计算机功能或毁坏数据，影响计算机使用，并能自我复制的一组计算机指令或程序代码。"这一定义具有一定的法律性和权威性，但通常是计算机病毒的狭义定义。

2. 计算机病毒的分类

目前计算机病毒的种类很多计算机病毒，其破坏性的表现方式也很多。

(1) 按寄生方式和传染途径计算机病毒可分为：引导型病毒、文件型病毒、混合型病毒。

引导型病毒：在系统启动、引导或运行的过程中，病毒利用系统扇区及相关功能的疏漏，直接或间接地修改扇区，实现直接或间接地传染、侵害或驻留等功能。

文件型病毒：这种病毒感染应用程序文件使用户无法正常使用该文件，或直接破坏系统和数据。所有通过操作系统的文件系统进行感染的病毒都称作文件病毒，所以这是一类数目非常巨大的病毒。

混合型病毒：指具有引导型病毒和文件型病毒寄生方式的计算机病毒，所以它的破坏性更大，传染的机会也更多，杀灭也更困难。这种病毒扩大了病毒程序的传染途径，它既感染磁盘的引导记录，又感染可执行文件。当染有此种病毒的磁盘用于引导系统或调用执行染毒文件时，病毒都会被激活。

文件型病毒根据算法划分为伴随型病毒、"蠕虫"型病毒、寄生型病毒。

伴随型病毒：这类病毒并不改变文件本身，它们根据算法产生 EXE 文件的伴随体，具有同样的名字和不同的扩展名(COM)，例如：XCOPY.EXE 的伴随体是 XCOPY-COM。病毒把自身写入 COM 文件并不改变 EXE 文件，当 DOS 加载文件时，伴随体优先被执行，再由伴随体加载执行原来的 EXE 文件。

"蠕虫"型病毒：通过计算机网络传播，不改变文件和资料信息，利用网络从一台机器的内存传播到其他机器的内存，计算机将自身的病毒通过网络发送。有时它们在系统存在，一般除了内存不占用其他资源。

寄生型病毒：除了伴随型和"蠕虫"型，其他病毒均可称为寄生型病毒，它们依附在系统的引导扇区或文件中，通过系统的功能进行传播。

寄生型病毒按链接方式可分为：操作系统型病毒、外壳型病毒、入侵型病毒、源码型病毒。

操作系统型病毒：这是最常见、危害最大的病毒。这类病毒把自身贴附到一个或多个操作系统模块、系统设备驱动程序以及一些高级的编译程序中，保持主动监视系统的运行。用户一旦调用这些系统软件时，即实施感染和破坏。

外壳型病毒：此病毒把自己隐藏在主程序的周围，一般情况下不对原程序进行修改。计算机中许多病毒都采取这种外围方式进行传播。

入侵型病毒：将自身插入感染的目标程序中，使病毒程序和目标程序成为一体。这类病毒的数量不多，但破坏力极大，而且很难检测，有时即使查出病毒并将其杀除，但被感染的程序已被破坏，无法使用。

源码型病毒：该病毒在源程序被编译之前，隐藏在用高级语言编写的源程序中，随源程序一起被编译成目标代码。

(2) 按破坏情况计算机病毒可分为：良性病毒、恶性病毒。

良性病毒：该病毒的发作方式往往是显示信息、奏乐、发出声响。对计算机系统的影响不大，破坏较小，但干扰计算机正常工作。

恶性病毒：此类病毒干扰计算机运行，使系统变慢、死机、无法打印等。极恶性病毒会导致系统崩溃、无法启动，其采用的手段通常是删除系统文件、破坏系统配置等。毁灭性病毒对用户来说是最可怕的，它通过破坏硬盘分区表、FAT 区、引导记录、删除数据文件等行为使用户的数据受损，如果没有做好备份则会造成较大的损失。

3. 计算机病毒的特点

破坏性：计算机病毒的破坏性主要取决于计算机病毒的设计者，一般来说，凡是由软件手段触及计算机资源的地方，都有可能受到计算机病毒的破坏。事实上，所有计算机病毒都存在着共同的危害，即占用 CPU 的时间和内存的空间，从而降低计算机系统的工作效率。严重时，病毒能够破坏数据或文件，使系统丧失正常运行功能。

潜伏性：计算机病毒的潜伏性是指其依附于其他媒体而寄生的能力。病毒程序大多混杂在正常程序中，有些病毒可以潜伏几周或几个月甚至更长时间而不被察觉和发现。计算机病毒的潜伏性越好，在系统中存在的时间就越长。

传染性：对于绝大多数计算机病毒来讲，传染是它的一个重要特征。在系统运行时，病毒通过病毒载体进入系统内存，在内存中监视系统的运行并寻找可攻击目标，一旦发现攻击目标并满足条件，便通过修改或对自身进行复制链接到被攻击目标的程序中，达到传染的目的。计算机病毒的传染是以带毒程序运行及读写磁盘为基础的，计算机病毒通常可通过 U 盘、硬盘、网络等渠道进行传播。

可触发性：计算机病毒程序一般包括两个部分：传染部分和行动部分。传染部分的基本功能是传染，行动部分则是计算机病毒的危害主体。计算机病毒侵入后，一般不立即活动，需要等待一段时间，在触发条件成熟时才作用。在满足一定的传染条件时，病毒的传染机制使之进行传染，或在一定条件下激活计算机病毒的行动部分使之干扰计算机的正常运行。计算机病毒的触发条件是多样化的，可以是内部时钟、系统日期，也可是用户标识符等。

4. 计算机中病毒后的表现

(1) 计算机变得迟钝，反应缓慢，出现蓝屏甚至死机。

(2) 程序载入的时间变长。有些病毒能控制程序或系统的启动程序，当系统刚开始启动或是一个应用程序被载入时，这些病毒将执行它们的动作，因此要花更多的时间来载入程序。

(3) 可执行程序文件的大小改变了。正常情况下，这些程序应该维持固定的大小，但有些病毒会增加程序文件的大小。

(4) 对同样一个简单的工作，计算机却花了要长得多的时间才能完成。例如，原本储存一页的文字只需一秒，但感染病毒后可能会花更多的时间来寻找未感染的文件。

(5) 没有存取磁盘，但磁盘指示灯却一直在亮。硬盘的指示灯无缘无故一直在亮着，意味着计算机可能受到病毒感染了。

(6) 开机后出现陌生的声音、画面或提示信息，以及不寻常的错误信息或乱码。尤其是当这种信息频繁出现时，表明你的系统可能已经中毒了。

(7) 系统内存或硬盘的容量突然大幅减少。有些病毒会消耗可观的内存或硬盘容量，曾经执行过的程序，再次执行时，突然告诉你没有足够的内存可以利用，或者硬盘空间意外变小。

(8) 文件名称、扩展名、日期、属性等被更改过。

(9) 文件的内容改变或被加上一些奇怪的资料。

(10) 文件离奇消失。

(11) 磁盘驱动器以及其他设备无缘无故地变成无效设备等现象。

(12) 磁盘标号被自动改写、出现异常文件、出现固定的坏扇区、可用磁盘空间变小、文件无故变大、文件失踪或被改乱、可执行文件(exe)变得无法运行等。

(13) 打印异常、打印速度明显降低、不能打印、不能打印汉字与图形或打印时出现乱码等。

(14) 收到来历不明的电子邮件、自动链接到陌生的网站、自动发送电子邮件等。

5. 通过计算机病毒名了解病毒特性

世界上那么多的病毒，反病毒公司为了方便管理，他们会按照病毒的特性，将病毒进行分类命名。虽然每个反病毒公司的命名规则都不太一样，但大体都是采用一个统一的命名方法来命名的。一般格式为：<病毒前缀>.<病毒名>.<病毒后缀>。

病毒前缀是指一个病毒的种类，他是用来区别病毒的种族分类的。不同种类的病毒，其前缀也是不同的。比如我们常见的木马病毒的前缀是 Trojan ，蠕虫病毒的前缀是 Worm 等。

病毒名是指一个病毒的家族特征，是用来区别和标识病毒家族的，如以前著名的 CIH 病毒的家族名都是统一的 CIH，还有振荡波蠕虫病毒的家族名是 Sasser 等。

病毒后缀是指一个病毒的变种特征,是用来区别具体某个家族病毒的某个变种的。一般都采用英文中的 26 个字母来表示,如 Worm.Sasser.b 就是指振荡波蠕虫病毒的变种 B,因此一般称为"振荡波 B 变种"或者"振荡波变种 B"。如果该病毒变种非常多,可以采用数字与字母混合表示变种标识。

1) 系统病毒

系统病毒的前缀为:Win32、PE、Win95、W32、W95 等。这些病毒的公有特性是可以感染 Windows 操作系统的*.exe 和*.dll 文件,并通过这些文件进行传播,如 CIH 病毒。

2) 蠕虫病毒

蠕虫病毒的前缀是 Worm。这种病毒的公有特性是通过网络或者系统漏洞进行传播,很大部分的蠕虫病毒都有向外发送带毒邮件,阻塞网络的特性。比如冲击波(阻塞网络)、小邮差(发带毒邮件)等。

3) 木马病毒、黑客病毒

木马病毒其前缀是 Trojan,黑客病毒前缀名一般为 Hack 。木马病毒的公有特性是通过网络或者系统漏洞进入用户的系统并隐藏,然后向外界泄露用户的信息,而黑客病毒则有一个可视的界面,能对用户的计算机进行远程控制。木马、黑客病毒往往是成对出现的,即木马病毒负责侵入用户的计算机,而黑客病毒则会通过该木马病毒来进行控制。现在这两种类型都越来越趋向于整合了。一般的木马病毒如 QQ 消息尾巴木马 Trojan.QQ3344,还有大家可能遇见比较多的针对网络游戏的木马病毒如 Trojan.LMir.PSW.60 。这里补充一点,病毒名中有 PSW 或者 PWD 之类的一般都表示这个病毒有盗取密码的功能(这些字母一般都为"密码"的英文 password 的缩写),如网络枭雄(Hack.Nether.Client)等。

4) 脚本病毒

脚本病毒的前缀是:Script。脚本病毒的公有特性是使用脚本语言编写,通过网页进行传播,如红色代码(Script.Redlof)。脚本病毒还会有如下前缀:VBS、JS(表明是何种脚本编写的),如欢乐时光(VBS.Happytime)、十四日(Js.Fortnight.c.s)等。

步骤二:病毒的防御与杀毒

1. 病毒的防御

对于计算机病毒,主要采取以"防"为主,以"治"为辅的方法。阻止病毒的侵入比病毒侵入后再去发现和排除它重要得多。预防堵塞病毒传播途径主要有以下措施:

(1) 应该谨慎使用公共和共享的软件,因为这种软件使用的人多而杂,所以它们携带病毒的可能性大。

(2) 应谨慎使用办公室外来的 U 盘等移动存储设备,特别是在公用计算机上使用过的外存储介质。

(3) 密切关注有关媒体发布的反病毒信息,特别是某些定期发作的病毒,在这个时间可以不启动计算机。

(4) 写保护所有系统盘和文件。硬盘中的重要文件要备份，操作系统要用克隆软件(Ghost)制作镜像文件，一旦操作系统有问题便于进行恢复。

(5) 提高病毒防范意识，使用软件时，应使用正版软件，不使用盗版软件和来历不明的软件。

(6) 除非是原始盘，绝不用 U 盘引导硬盘。

(7) 不要随意复制、使用不明来源的 U 盘和光盘。对外来盘要查、杀毒，确认无毒后再使用。自己的 U 盘、移动硬盘不要拿到别的计算机上使用。

(8) 对重要的数据、资料、CMOS 以及分区表要进行备份，创建一张无毒的启动 U 盘，用于重新启动或安装系统。

(9) 在计算机系统中安装正版杀毒软件，定期用正版杀毒软件对引导系统进行查毒、杀毒，建议配套杀毒软件，因为每种杀毒软件都有自己的特点和查、杀病毒的盲区，用杀毒软件进行交叉杀毒可以确保杀毒的效果，对杀毒软件要及时进行升级。

(10) 使用病毒防火墙，病毒防火墙具有实时监控的功能，能抵抗大部分的病毒入侵。很多杀毒软件都带有防火墙功能。但是计算机的各种异常现象，即使安装了"防火墙"系统，也不要掉以轻心，因为杀毒软件对于病毒库中未知的病毒也是无可奈何的。

(11) 对新搬到本办公室的计算机"消毒"后再使用。绝不把用户数据或程序写到系统盘上，绝不执行不知来源的程序。

(12) 如果不能防止病毒侵入，至少应该尽早发现它的侵入。显然，发现病毒越早越好，如果能够在病毒产生危害之前发现和排除它，可以使系统免受危害；如果能在病毒广泛传播之前发现它，可以使系统中修复的任务较轻和较容易。总之，病毒在系统内存在的时间越长，产生的危害也就相对越大。

(13) 对执行重要工作的计算机要专机专用，专盘专用。

2. 杀毒软件

杀毒软件也称反病毒软件或防毒软件，是用于消除计算机病毒、特洛伊木马和恶意软件等计算机威胁的一类软件。

杀毒软件通常集成监控识别、病毒扫描、清除和自动升级等功能，有的杀毒软件还带有数据恢复等功能，是计算机防御系统(包含杀毒软件、防火墙、特洛伊木马和其他恶意软件的查杀程序、入侵检测系统等)的重要组成部分。

1) 金山毒霸

金山毒霸(Kingsoft Antivirus)是中国著名的反病毒软件，金山毒霸融合了启发式搜索、代码分析、虚拟机查毒等经业界证明成熟可靠的反病毒技术，使其在查杀病毒种类、查杀病毒速度、未知病毒防治等多方面达到世界先进水平，同时金山毒霸具有病毒防火墙实时监控、压缩文件查毒、查杀电子邮件病毒等多项先进的功能。如图 7-28 所示是金山毒霸 11。

图 7-28 金山毒霸

2) 腾讯电脑管家

腾讯电脑管家(Tencent PC Manager/原名 QQ 电脑管家)是腾讯公司推出的免费安全软件。拥有云查杀木马、系统加速、漏洞修复、实时防护、网速保护、桌面整理、文档保护等功能。如图 7-29 所示是腾讯电脑管家 V13。

图 7-29 腾讯电脑管家

3) 360 安全卫士和 360 杀毒软件

(1) 360 安全卫士

360 安全卫士是一款由奇虎 360 公司推出的功能强、效果好、受用户欢迎的安全杀毒软件。360 安全卫士拥有查杀木马、清理插件、修复漏洞、电脑体检、电脑救援、保护隐私、清理垃圾、清理痕迹多种功能。如图 7-30 所示是 360 安全卫士 11。

图 7-30　360 安全卫士

(2) 360 杀毒

　　360 杀毒是中国用户量最大的杀毒软件之一，同为奇虎 360 公司出品。360 杀毒是完全免费的杀毒软件，它创新性地整合了五大领先防杀引擎，包括国际知名的 BitDefender 病毒查杀引擎、小红伞病毒查杀引擎、360 云查杀引擎、360 主动防御引擎、360QVM 人工智能引擎。五个引擎智能调度，提供全面的病毒防护。如图 7-31 是 360 杀毒进行全盘扫描的过程。

图 7-31　360 杀毒软件

(3) 两者结合使用

　　360 安全卫士充当实时防御，可以把一些临时文件进行清理。杀毒软件充当攻击手，可以把一些移动设备进行检测，这样可以起到更高的作用。推荐同时安装，但是要注意方法，杀毒软件不是万能的，重要资料一定定期做好备份。

步骤三：解决问题

找回消失的 U 盘文件

- 根据小刘的描述，小刘的 U 盘可能因为在复印社的公共计算机上使用 U 盘引起的，违背了前面所说的"计算机病毒防御"里的第 7 条。
- 小刘的 U 盘很可能是中了病毒，病毒修改了小刘 U 盘文件和文件夹的属性，这种病毒并不破坏文件，所以不用担心。但要注意，在病毒清除之前最好不要再继续向 U 盘复制文件了，以免进一步感染或影响新文件的使用。
- 如果小刘的计算机安装了杀毒软件，特别是 U 盘防御、U 盘恢复方面的，可以使用其带的恢复工具进行文件的恢复。如图 7-32 所示，使用 360U 盘小助手。
- 单击小助手下方的"恢复"命令，会加载 360 的恢复工具，如图 7-33 所示。在"选择驱动器"中选择 U 盘盘符，单击"开始扫描"按钮。
- U 盘扫描后可以看到如图 7-34 所示的扫描结果，选择需要恢复的文件后单击右下角的"恢复选中的文件"按钮，进行恢复即可。
- 如果没有安装这类的杀毒软件，可以通过文件夹属性来"显示隐藏的文件或文件夹"。也可能恢复病毒隐藏的文件，如果恢复不了还是需要安装前面所说的 U 盘恢复工具。

图 7-32　360U 盘小助手

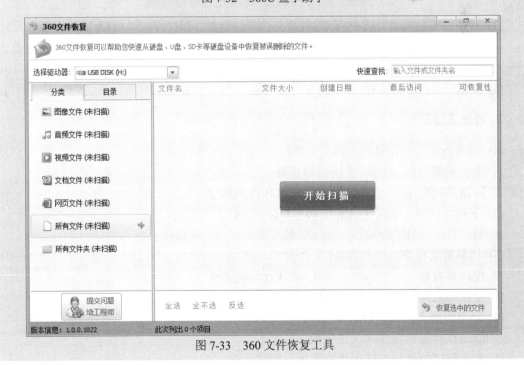

图 7-33　360 文件恢复工具

图 7-34　找回的文件列表

举一反三

1. 理论填空题

(1) 计算机病毒具有(　　　　　)、(　　　　　)、(　　　　　)、可触发性的特点。

(2) 广义上的计算机病毒是传统计算机病毒和(　　　　　)、蠕虫等一切恶意程序的总称。

(3) 对于计算机病毒，主要采取以(　　　　)为主，以(　　　　)为辅的方法。

(4) 寄生型病毒按链接方式可分为：操作系统型病毒、(　　　　)病毒、入侵型病毒、(　　　　)病毒。

(5) 根据病毒的命名规则，木马病毒的前缀是(　　　　)，蠕虫病毒的前缀是(　　　　)。

2. 理论选择题

(1) 通常所说的"计算机病毒"是指(　　　　)。

A. 细菌感染　　　　B. 生物病毒感染

C. 被损坏的程序　　D. 特制的具有破坏性的程序

(2) 下列 4 项中，不属于计算机病毒特征的是(　　　　)。

A. 潜伏性　　B. 传染性　　C. 触发性　　D. 免疫性

(3) 计算机病毒造成的危害是(　　　　)。

A. 使磁盘发霉　　　　　　B. 破坏计算机系统

C. 使计算机内存芯片损坏　　D. 使计算机系统突然掉电

(4) 计算机病毒的危害性表现在(　　　　)。

A. 能造成计算机器件永久性失效

B. 影响程序的执行，破坏用户数据与程序

C. 不影响计算机的运行速度

D. 不影响计算机的运算结果，不必采取措施

(5) 确保学校局域网的信息安全，防止来自 Internet 的黑客入侵，采用(　　　　)以实现一定的防范作用。

A. 网管软件　　　　B. 邮件列表

C. 防火墙软件　　　D. 杀毒软件

(6) 以下措施不能防止计算机病毒的是(　　　　)。

A. 保持计算机清洁

B. 先用杀病毒软件将从别人机器上复制来的文件清查病毒

C. 不用来历不明的 U 盘

D. 经常关注防病毒软件的版本升级情况，并尽量取得最高版本的防毒软件

3. 思考题

(1) 扩展阅读特洛伊木马的故事和特洛伊木马病毒的起源？

(2) 个人计算机如何进行病毒防御？

4. 案例分析

小周的计算机时而蓝屏时而能够进入操作系统主界面，小周应该采取怎样的措施来挽救自己的计算机？以后他要怎么做，防止这类问题再次发生？

综合实训

通过本项目的三个任务，你对目前寝室的或者家里的网络连接状态、计算机的安全防护方面有没有更深入的了解呢，你觉得还有哪些需要改进的地方呢？

参 考 文 献

[1] 李亮辉. Excel 应用技巧入门与实战. 北京：清华大学出版社，2015

[2] 刘小伟，王萍，刘晓萍. Office 2007 办公套件使用教程. 北京：电子工业出版社，2007

[3] 神龙工作室. Office 2010 中文版从入门到精通. 北京：人民邮电出版社，2012

[4] 谢忠新. 学前教育信息技术基础教程. 上海：复旦大学出版社，2012

[5] 白永祥，汪忠印. 计算机应用基础项目化教程. 北京：北京理工大学出版社，2013

[6] 谢江宜，蔡勇. 大学计算机基础. 北京：航空航天大学出版社，2013

[7] 时巍，董毅. 计算机应用技术项目教程. 北京：冶金工业出版社，2016

[8] 龙马高新教育. Office2016 办公应用从入门到精通. 北京：北京大学出版社，2016

[9] Andrew Faulkner Conrad Chavez 著(王士喜 译). Adobe Photoshop CC 2017 经典教程. 北京：人民邮电出版社，2017

[10] 李金明，李金荣. Photoshop CS5 完全自学教程. 北京：人民邮电出版社，2010

[11] baike.baidu.com

[12] www.microsoft.com

[13] www.nipic.com